酒红球盖菇生态高效栽培技术

马令法　著

U0244528

天津出版传媒集团

天津科学技术出版社

图书在版编目（CIP）数据

酒红球盖菇生态高效栽培技术 / 马令法著. -- 天津：
天津科学技术出版社，2021.4

ISBN 978-7-5576-9197-4

Ⅰ.①酒… Ⅱ.①马… Ⅲ.①食用菌－蔬菜园艺 Ⅳ.
①S646

中国版本图书馆CIP数据核字(2021)第076795号

———————————————————————————

酒红球盖菇生态高效栽培技术
JIUHONGQIUGAIGU SHENGTAI GAOXIAO ZAIPEI JISHU
责任编辑：曹　阳
责任印制：兰　毅
出　　版：　天津出版传媒集团
　　　　　　————————————————
　　　　　　天津科学技术出版社
地　　址：天津市西康路35号
邮　　编：300051
电　　话：（022）23332369（编辑部）
网　　址：www.tjkjcbs.com.cn
发　　行：新华书店经销
印　　刷：北京时尚印佳彩色印刷有限公司

开本 710×1000　1/16　印张 22　字数 310 000
2021 年 4 月第 1 版第 1 次印刷
定价：88.00 元

前　言

　　食用菌营养丰富、味道鲜美,符合联合国粮农组织倡导的21世纪天然、营养、健康的保健食品要求,是国际公认的健康食品。食用菌产业具有不与人争粮、不与粮争地、不与地争肥、不与农争时、不与其他行业争资源的产业优势;具有点草成金、化害为利、变废为宝、无废生产的特点;可以大量消化工农业有机废弃物,减轻环境压力,有利于农业循环经济模式的形成,符合建设资源节约型、环境友好型的经济发展要求。因此,食用菌产业具有广阔的发展前景。

　　食用菌人工栽培是一门古老的园艺技术。我国是世界上最早认识、食用、药用和人工栽培食用菌的国家,是香菇、草菇、黑木耳、银耳、金针菇、竹荪、茯苓的发祥地,我国人民在长期的生产实践中积累了丰富的经验。从20世纪初纯菌丝体菌种发明以来,食用菌人工栽培技术不断改进、不断完善,生产规模不断扩大,形成了一个新的产业,受到了世界各国的普遍重视。20世纪30年代纯菌丝体菌种栽培食用菌技术进入我国,但仅在上海有少量种植。新中国成立以后,我国科技工作者在理论研究、技术创新、技术推广方面做了大量的工作,促进了食用菌栽培在我国的发展。特别是20世纪80年代以后,食用菌栽培日益普及,栽培面积不断扩大,生产水平不断提高,规模化、工厂化生产逐步成为我国食用菌栽培的发展趋势。我国现在已成为食用菌的最大生产国。

随着经济的发展和人们生活水平的提高，对食用菌的需求量越来越大。酒红球盖菇集香菇、蘑菇、草菇三者优点于一身，有预防冠心病、助消化、疏解人体精神疲劳之功效，具有"素中之荤"的全价营养保健食品。酒红球盖菇营养丰富，药用价值高，色泽艳丽，肉质细嫩，盖滑柄脆，清香可口，而且栽培原料来源广、产量高，生产成本低，具有非常广阔的发展前景。

目前，酒红球盖菇已成为国际菇类交易市场上的十大菇类之一，也是联合国粮农组织向发展中国家推荐栽培的一种食用菌发展大球盖菇生产，不仅在资源再利用和净化环境方面起着十分重要的作用，而且对于调整农业结构，促进农村经济发展，增加农民收入都具有重要意义。

目　录

第一章 食用菌概述

食用菌,俗称"蘑菇"或"菇""菰""蕈",是可供食用、能形成大型肉质或胶质子实体或菌核组织的真菌的总称。目前,世界上已被描述的真菌有12万余种,能形成大型子实体或菌核组织的有6000余种,可供食用的有2000余种。其中多属担子菌亚门,常见的有:香菇、草菇、蘑菇、木耳、银耳、猴头、竹荪、松口蘑(松茸)、口蘑、红菇、灵芝、虫草、松露、白灵菇和牛肝菌等;少数属于子囊菌亚门,其中有:羊肚菌、马鞍菌、块菌等。上述真菌分别生长在不同的地区、不同的生态环境中。现在食用菌在全球被广泛食用,食用菌产业已经成为重要的农业支柱产业。

第一节 食用菌的形态结构

食用菌的种类繁多,戴玉成等对我国食用菌进行了系统考证,确定了有936种。食用菌的种间形态各异,有伞状的(香菇)、贝壳状的(平菇)、头状的(猴头菌)、耳状的(木耳)、花瓣状的(银耳)、蜂窝状的(羊肚菌)等。食用菌是由基质内的菌丝体和生长在基质表面的子实体组成的。菌丝体是食用菌的营养器官,子实体则是其繁殖器官。

一、食用菌的菌丝体

食用菌的孢子在适宜的条件下,萌发形成丝状体,每根细丝叫菌丝。菌丝无色或有色,在基质内生长,蔓延伸展、反复分枝,菌丝之间互相交织形成一个群体,通称为菌丝体。此外,有些食用菌的菌丝还可以形成一些具有特殊功能的特殊结构,如菌核、菌索。自然界的食用菌的菌丝体与其生长环境的微生物混合在一起,食用菌生产所使用的"菌种"就是其纯菌丝体。

(一)菌丝的结构

食用菌的菌丝是由孢子萌发生长形成的一种多细胞、细胞壁呈薄而透明的管状结构。子囊菌亚门食用菌的菌丝细胞内有一个或多个细胞核,担子菌亚门食用菌的菌丝细胞内含有两个细胞核。凡是细胞中仅含一个细胞核的菌丝称单核菌丝,含有两个细胞核的称为双核菌丝,含有两个以上细胞核的称多核菌丝。绝大多数食用菌的菌丝属于双核菌丝,是食用菌菌丝存在的主要形式,生产上使用的菌种也都是双核菌丝。双核菌丝的顶端细胞常发生锁状联合,这是鉴别菌种的主要依据之一。锁状联合主要存在于担子菌中(子囊菌中只有某些块菌的菌丝细胞上能发生锁状联合),是双核菌丝细胞分裂的一种特殊方式(图1-1)。但不是所有的担子菌的菌丝都能产生锁状联合。一般来说,菌丝较细的种类,如香菇、木耳、银耳、牛肝菌、灵芝、茶新菇等的双核菌丝上有锁状联合;菌丝较粗的种类,如蘑菇、草菇、蜜环菌、红菇、乳菇等的菌丝上则没有锁状联合。

图1-1 双核菌丝的锁状联合

食用菌是异养生物,没有根、茎、叶的分化,菌丝细胞不含光合色素,不能进行光合作用。食用菌是通过菌丝表面的渗透作用,从周围基质中吸收可溶性养料的,多数营腐生、共生生活,少数以寄生方式生活。现在用于生产栽培的菇类食用菌,几乎都是腐生生活的。在自然界中,菌丝体是多年生的,常生活于富含有机质的枯立木、倒木、落叶层、粪草等环境里,如果条件适宜,菌丝体可以无休止地繁殖下去。菌丝体的繁殖通常是从一点开始向周围呈辐射状蔓延扩展的,因此,有些菇类外围新生菌丝形成的子实体常呈圈状分布,称"蘑菇圈"或"仙人环"。草原上的口蘑、雷蘑,松林里的松口蘑、蛤蟆菌,都是形成蘑菇圈的著名食用菌或毒菇。了解这些特性对野外采集有一定的指导意义。

食用菌菌丝的生命力随时间的加长而逐渐降低。幼嫩菌丝细胞的原生质稠厚,液泡细小而分散,生命力较强;老生菌丝细胞的原生质中出现气泡,生命力衰退。因此,菌种分离和菌种移植都要选用生命力较强的幼嫩菌丝为材料。

(二)特殊的菌丝体

菌丝体是真菌营养体的基本结构,一般处于分散状态,但是,有些真菌的菌丝体在生长的一定阶段或遇到不良条件时,部分分散的菌丝体可以相互扭结形成菌核、子座、菌索等特殊的菌丝体。

1.菌核。菌核是由菌丝密集而成的块状或颗粒状的休眠体,质地坚硬、色深、大小不一,小的如鼠粪,大的如头颅,一般呈深褐色。菌核外层细胞较小,细胞壁厚;内部细胞较大,壁薄,大多为白色粉状肉质。菌核是真菌的储藏器官,又是渡过不良环境的菌丝组织。我国常见的真菌药材——茯苓、猪苓、雷丸都是这些真菌的菌核。菌核有很强的再生能力。在条件适宜时,菌核可以萌发产生菌丝,或由菌核上直接产生子实体,释放孢子,繁衍后代,因此,可以作为菌种分离的材料或做菌种使用。

2.子座。子座是真菌从营养阶段发育到繁殖阶段的一种过渡形式,某些子囊菌有子座。子座可以由纯菌丝体组成,也可以由菌丝体和部分营养基质相结合而形成。子座形态不一,食用菌的子座多为棒状,如名贵中药冬虫夏草、蝉花、蛹草等的子座均呈棒状,子囊孢子生于棒状子座的顶端。

3.菌索。菌索是由菌丝组成的绳索状结构,与树根相似,故又称根状菌索(图1-2)。菌索与菌核很相似,皮层菌丝排列紧密,角质化,条件恶劣时能够抵抗不良环境;内部菌丝成束排列,具有输导作用;前端有似根的生长点,遇到适宜的条件又可以恢复生长,生长点可形成子实体。有的担子菌与高等植物共生,形成菌根,如牛肝菌、红菇、口蘑和蜜环菌等,药用天麻(兰科植物)的发育就是依靠蜜环菌的根状菌索输送养分。蜜环菌、假蜜环菌的幼嫩菌索可以发出波长为530纳米的蓝绿色荧光,其生活力与发光强弱呈正比,因此,常取发光强的部分做分离材料。

图1-2　菌索及其纵切面

二、食用菌的子实体

子实体是由已分化的菌丝体组成的繁殖器官。伞菌的子实体的形态、大小、质地因种类而异,但它们的基本结构类似。典型的子实体是由菌盖、菌褶、菌柄、菌环和菌托等组成的(图1-3)。下面我们以伞菌为例,简单介绍食用菌子实体的结构。

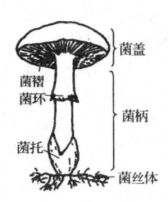

图1-3 伞菌模式图

（一）菌盖

菌类子实体的顶端部分为菌盖。它的形状、颜色等特征是食用菌分类的重要依据。

1.形态大小。菌盖的形态因食用菌的种类而异，一般呈圆形、半球形、圆锥形、钟形或漏斗形、喇叭形或马鞍形（图1-4）；中央多平展，也有下凹、凸起或呈脐状的；边缘多全缘，或开裂或花瓣状，内卷或上翘、反卷；表面光滑或粗糙，湿润或龟裂干燥（图1-5）。

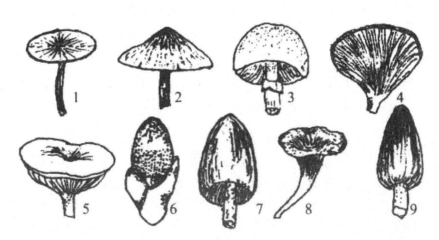

注：1.平展形 2.斗笠形 3.半圆形 4.扇形 5.漏斗形 6.卵圆形 7.钟形 8.喇叭形 9.圆锥形

图1-4 菌盖的形状

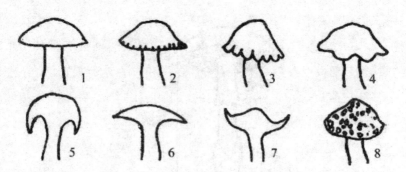

注:1.光滑 2.条纹 3.凹槽 4.波状 5.内卷 6.平展 7.上翘 8.表面有网纹

图1-5 菌盖边缘特征

不同的食用菌菌盖大小差异也很大,小的仅几毫米,大的达几十厘米。通常将菌盖直径小于6厘米的称小型菇,菌盖直径在6~10厘米的为中型菇,菌盖直径超过10厘米的为大型菇。

2.颜色。食用菌的菌盖颜色各异,如白蘑菇和口蘑为白色,灰蘑、草菇为灰色,紫晶菇为紫色,香菇为棕褐色或黄褐色,鸡油菌、金针菇为黄色等。菌盖的颜色与发育阶段、环境条件特别是阳光照射有关。如平菇的菌盖,幼年时呈蓝灰色,逐渐变浅,最后变成灰白色。许多食用菌的菌盖颜色在光线不足时较浅。

3.菌肉。菌肉是食用菌最具有食用价值的部分。菌肉绝大多数为肉质,少数为蜡质、胶质或革质。大多数的食用菌的菌肉为白色,受伤后不变色,少数菌肉受伤后变色。如松乳菇的子实体为黄色或橙黄色,受伤后变为绿色。根据子实体的结构,可以将菌肉分为3种类型:丝状菌肉、泡囊状菌肉、胶质丝状菌肉。

丝状菌肉是由丝状的菌丝组成的菌肉。条件适宜时,丝状菌肉可以长成新的菌丝。大多数种类的食用菌属于此类(图1-6)。

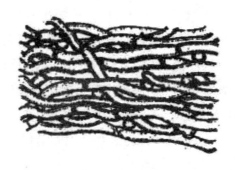

图1-6 丝状菌肉

泡囊状菌肉内除了少量的菌丝外,其他全是由菌丝膨大而成的泡囊。这些泡囊虽源于菌丝,但已失去了再生能力(图1-7),如红菇、乳菇。

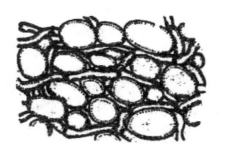

图1-7 泡囊状菌肉

胶质丝状菌肉由菌丝扭结而成,菌丝间充满胶状物质,所以,这类菌肉菌丝极少,如黑木耳、白木耳。

（二）菌褶

1.典型菌褶。菌褶位于菌盖的腹面,上面与菌肉相连,下面游离,这些部分也称为子实层。菌褶是伞菌产生担孢子的地方。菌褶常呈刀片状,少数为网状、叉状。菌褶颜色一般为白色,孢子成熟时呈孢子印的颜色。

2.特殊的菌褶。不同种类食用菌子实层的着生方式不同。伞菌的子实层着生在菌褶的两侧,多孔菌的子实层着生在菌管四壁,猴头菌的子实层着生在菌刺表面,银耳的子实层覆盖在整个耳瓣表面,木耳的子实层只覆盖于光滑的一面。

3.菌褶与菌柄的着生关系也是分类鉴定的重要依据。其着生方式有以下四种(图1-8):①直生(贴生)。菌褶的一端直接着生于菌柄上,如滑菇、鳞耳;②弯生(凹生)。菌褶一部分着生在菌柄上,如香菇、金针菇、松口蘑;③离生(游生)。菌褶与菌柄不接触,具有一定的距离,如双孢蘑菇、草菇;④延生(垂生)。菌褶的后端随菌柄下延,如平菇、灰树花、鸡油菌。

注:1.直生 2.弯生 3.离生 4.延生

图1-8 菌褶与菌柄的着生关系

(三)菌柄

1.菌柄的形态结构。菌柄是由营养菌丝组成的柱状结构,是菌盖的支持部分。除耳状食用菌菌柄退化外,绝大多数的食用菌都有菌柄。菌柄的颜色多为白色,多为圆形或纺锤形等(图1-9)。菌柄可分为中实型(完全肉质)、中空型和中松型(中间为疏松的髓质)三种类型。大多数的食用菌菌柄为肉质,部分为蜡质、纤维质、脆骨质。菌柄的质地一般与菌盖的质地相同,少数食用菌,如毛柄金针菇的菌柄,下部为革质,与菌盖质地相异。菌柄表面大多光滑,部分食用菌的菌柄表面有鳞毛、碎片、纤毛等附着物。有些种类的菌柄上有菌环,基部有菌托。

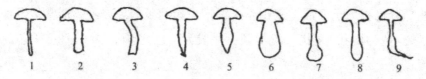

注:1.细长 2.圆柱形 3.弯形 4.自上往下渐细 5.纺锤形 6.肥胖 7.基部鳞茎形状 8.棒球棍状 9.基部根状

图1-9 菌柄的形状

2.菌柄在菌盖上的着生位置因食用菌的种类而异,可分为三种类型:①中生型。菌柄位于菌盖中央,如蘑菇、草菇;②偏生型。菌柄着生于菌盖的偏心处,如香菇;③生型。菌柄着生于菌盖的一侧,如侧耳。

(四)菌环与菌托

1.菌环。有的食用菌在幼龄时,菌柄与菌盖边缘之间有一层包膜,这层包膜叫内菌幕。当子实体长大以后,内菌幕破裂,一部分残留在菌盖边缘上,而另一部分残留在菌柄上,残留在菌柄上的内菌幕继续发育,形成菌环(图1-10)。菌环绕菌柄着生,质地为膜质,其大小因种类而不同。菌环有的是单层,有的是双层,在菌柄上的着生位置,有的为上位(即位于菌柄的顶部),有的为中位(即位于菌柄的中部),有的为下位(即位于菌柄的下端)。菌环有的较厚,有的较薄,有的固定不动,有的可以移动。

图1-10　伞菌菌环和菌托的形成

2.菌托。有些食用菌在幼龄时,子实体外面包有一层菌膜,这层膜叫外菌幕。当菌柄伸长,子实体长大后,外菌幕破裂,菌盖突出外菌膜之外,残留在菌柄基部的外菌膜被称为菌托。有的外菌膜较薄,在膨大的菌柄基部残留数圈外菌幕残片,上半部则残留在菌盖上成为鳞片附属物,如草菇、鹅膏菌。不同种类的食用菌菌托的形状不同,有鳞状、茎状、瓣裂状等。有的食用菌的菌托上缘开裂呈波状。此外,不同的食用菌菌托的大小、厚薄、质地、颜色以及存在的时间长短也不同,这些都是分类鉴定的重要依据。

(五)孢子

1.有性孢子。有性孢子是指食用菌通过减数分裂产生的孢子,担子菌产生担孢子,子囊菌产生子囊孢子。有性孢子是食用菌分类鉴定的重要依据。担孢子和子囊孢子是一种有繁殖能力的休眠孢子,为单细胞。

有性孢子表面有的光滑,有的粗糙,其形态多种多样,有椭圆形、球形、卵形、圆柱形、肾形、多角形、瓜子形等(图1-11)。单个孢子在显微镜下透明无色,但无数孢子堆在一起则呈不同颜色。孢子堆的颜色和孢子印的颜色是一致的。孢子印是菇菌子实体成熟后,菌褶或菌管产生的孢子散落下来形成的印迹,可以显示菌褶或菌管的排列方式和孢子堆的颜色。孢子印的颜色大致有白色、红色、紫色、黑色等多种,是食用菌分类鉴定的重要依据。

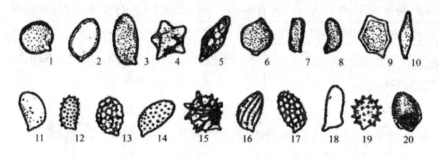

注:1.圆球形 2.卵圆形 3.椭圆形 4.星形 5.纺锤形 6.柠檬形 7.长方椭圆 8.肾形 9.多角形 10.梭形 11.表面近光滑 12.小疣 13.小瘤 14.麻点 15.刺棱 16.纵条纹 17.网纹 18.光滑不正形 19.具刺 20.具外包膜

图1-11　孢子形状及表面特征

2.厚垣孢子。有些食用菌的初生菌丝或次生菌丝长到一定时期,有一些分支出来的侧生菌丝能产生膨胀细胞,继而发育成圆球形的厚壁的无性孢子,这种无性孢子称为厚垣孢子。厚垣孢子成熟后,脱离菌丝,处于休眠状态。厚垣孢子具有较强的抵抗外界不良环境的能力,一旦环境条件适合,又会重新萌发出新的菌丝。如草菇菌丝老熟时会形成厚垣孢子。

3.分生孢子。有些食用菌菌丝的一部分转变成分生孢子梗,前端生出分生孢子,如毛柄金钱菌、黑木耳。分生孢子又可以形成菌丝。

4.节孢子。节孢子也称粉孢子,是由食用菌菌丝断裂形成的无性孢子。当菌丝顶端停止生长后,菌丝形成多个横隔膜,将菌丝分成多个节段,在横隔处断裂,每个菌丝小段就是一个节孢子,如金针菇。

第二节 食用菌的分类

真菌在生物界中属于低等生物中的高等类群,也是高等生物中的低等类群。结构上,真菌比细菌、放线菌更复杂,功能更完善,与动植物一样,有真正的细胞核和细胞器,能进行有丝分裂及减数分裂,属真核细胞生物,与高等生物较为接近。真菌的菌丝不分枝或多分枝,无隔或有隔,没有组织分化;营养方式上,属于吸取营养方式。如光合自养方式和摄食方式低等。此外,原核生物、真菌、植物的细胞壁结构、繁殖方式的差异和胞内染色体的数量及倍数,均表明真菌比原核生物高等而比植物低等。真菌分类与重要的食用菌分目情况见图1-12。

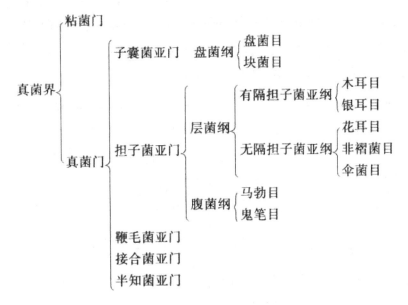

图1-12 重要食用菌分目状况

食用菌的分类是认识和研究食用菌的基础。在自然资源的开发、食用菌栽培与生产的发展以及野生菌的采集、驯化和利用中,食用菌的鉴定和分类具有重要的意义。因此,必须掌握食用菌的分类学知识。

食用菌的分类归属于真菌分类学。以往的食用菌分类方法中,常将不可食或有毒的菌类与食用菌混编在一起,使用起来不够方便。现在把大型真菌菌体能否食用作为分类的第一标准,对食用菌进行单独编目,可以方便查阅,便于使用。

食用菌的分类单位和结构体系与其他生物一致,通常划分为门、纲、目、科、属、种,在此基础上可再分出亚单位,其中"种"为分类的基本单位。把具有相近特征的种归为一类称为属,把具有相近特征的属归为一类称为科,以此类推直到门。食用菌在分类学上属于真菌门中的子囊菌亚门和担子菌亚门。

一、子囊菌亚门

子囊菌是有性生殖产生子囊和子囊孢子的真菌的总称。在有性繁殖时,菌丝体形成含有子囊的子实体,子囊通过减数分裂产生子囊孢子。子囊菌亚门的食用菌主要分布在盘菌纲,包括块菌目和盘菌目。

子囊菌亚门中著名的食用菌有马鞍菌、羊肚菌、地菇菌和块菌等,它们的子实体大都是盘状、鞍状、钟状或脑状,子囊产生在子实体的表面或者产生于开口的腔内。

(一)块菌目

本目真菌子囊果较大,近球形,裂隙有或无,肉质或蜡质,成熟后往往有木栓质或木质髓,少有粉末状的不孕中心。子囊柱状至球状,顶端无明显的囊盖或孔,常含8个孢子,散生或排列成子实层。子囊孢子单胞,无色至褐色,平滑或有纹饰。不释放孢子于空中,常以特殊气味引诱动物取食借以传播。本目真菌多生于地下,常是菌根真菌。子囊果的结构、子囊的着生情况和侧丝顶部是否融合是分科的重要根据。

块菌目,包括块菌科和地菇科。

1.块菌科。该科真菌发生在地下,通常生近地面处。腐生或寄生,或与树根共生。子囊果球形或近球形,埋生土中。子囊之间的侧丝顶端不融合。本科有些种为美味食用菌,如黑孢块菌、大块菌和冬块菌等。

2.地菇科。子囊果多地下生,子囊球形至棍棒形,生于子实层内或散生于组织内。

(二)盘菌目

本目真菌多腐生于腐殖质丰富的土壤、植物残体或粪上。通常以肉质为主,有时由易碎到革质,罕为胶质;大者直径10～20厘米,小者不足1厘米。本目真菌子囊盘常自菌丝发生,子实层自始裸露或后期暴露,形状、颜色、质地和大小均有很大差异。子囊果盘状、杯状、钟状和羊肚状等,有的颜色非常鲜艳,可制成美丽的标本,有的则呈褐色或黑色;子囊多为圆柱形至棍棒形,很少卵形;成熟时以盖开裂或缝裂强力射出孢子。子囊孢子多为8个,可少至2个或多至7000个以上;无色至褐色,很少紫色;外壁平滑或具有纹饰,两极和辐射对称。

盘菌目,包括盘菌科、羊肚菌科和马鞍菌科。

1.盘菌科。该科真菌子囊果盘状、杯状或透镜状,无柄至有柄,鲜色至暗色,肉质脆而易碎;平滑,有绒毛或刚毛。子囊以柱状为主,在碘液中顶端或全体呈蓝色反应,常含有8个孢子,成熟后强力放射。该科真菌分布广泛。常见的属为盘菌属、肉球菌属。棕黑盘菌、冠裂球肉盘菌是中国常见的种。

2.羊肚菌科。羊肚菌科的子囊果大而具柄,常有海绵状或钟罩状的菌盖,髓囊盘被由交错组织构成,外囊盘被由角胞组织和矩胞组织构成。子囊柱形,无拟淀粉反应,含孢子2～8个,常为8个。子囊孢子椭圆形,平滑,无色,多核(每个孢子含20～60个细胞核),无油滴,但在其两端的造胞剩质中含有大量的小油滴。该科常见属有皱盘菌属、钟菌属和羊肚菌属。羊肚菌属的子囊果具粗柄,有凹陷和脊突的菌盖,子实层着生在子囊果上部的凹坑内,状似海绵,是重要的美味食用菌。中国常见的有粗柄羊肚菌、鲜羊肚菌、普通羊肚菌等8种。

3.马鞍菌科。子囊果小,菌盖马鞍形,宽2～4cm,蛋壳色至褐色或近黑色,表面平滑或卷曲,边缘与柄分离。菌柄圆柱形,长4～9cm,粗0.6～0.8cm,蛋壳色至灰色。子囊(200～280)μm×(14～21)μm,孢子8

个单行排列。孢子无色,含一大油滴,光滑,有的粗糙,椭圆形,(17～22)μm×(10～14)μm。侧丝上端膨大,粗6.3～10μm。

二、担子菌亚门

担子菌是指有性生殖过程中产生担子和担孢子的一类真菌。担子菌是真菌的最高等类群,也是食用菌分布最多的类群。担子菌亚门食用菌结构复杂,生活史多样,是人工栽培的主要真菌。

本亚门包括七个目,即银耳目、木耳目、花耳目、非褶菌目、伞菌目、鬼笔目和马勃目,共21科。

(一)银耳目

本目分为三个科,即链担耳科、明木耳科和银耳科,食用种类集中在银耳科的银耳属。

银耳属的担子果胶质,不定型至瓣状或扁平分枝。担子由两个相互交叉的纵分隔分成4个细胞,每个细胞产生1个孢子。孢子球形至椭圆形,白色或透明无色。主要种类有银耳、亚橙耳、金耳、茶耳、橙耳。

(二)木耳目

本目食用只有木耳科,可食种类主要为木耳属的一些种。

木耳属的担子果韧胶质至胶质,红褐至暗褐色,耳壳状至近杯状,不孕面有毛。担子圆柱状,由3个横分隔分成4个细胞。孢子圆柱形至腊肠形,无色。主要食用种类有黑木耳、毛木耳、皱木耳、琥珀褐木耳、薄肉木耳。

(三)花耳目

本目只有花耳科,担子果为胶质,瓣状或匙状,颜色鲜艳。担子没有分隔,只有分叉。担孢子长方形至椭圆形,常弯曲。主要食用种类为桂花耳、黄花耳。

(四)非褶菌目

本目子实体有菌盖,有柄或无柄。柄单生或分枝。菌盖扁平状、杯状、扇状或珊瑚状,肉质或幼嫩时肉质,老时或干时变为革质、脆骨质。

子实层体平滑,齿状、刺状或疣状、管状。本目包括五个科:珊瑚菌科、牛排菌科、多孔菌科、齿菌科、绣球菌科。

1.珊瑚菌科。本科有两类担子果。一类子实体呈树枝状或珊瑚状;另一类子实体不分枝,呈棒状,单生或族生。本科可食的菌类有四属,即冠瑚菌属、枝瑚菌属、锁瑚菌属和珊瑚菌属。

(1)冠瑚菌属:孢子无色,椭圆形,光滑,$(3.5 \sim 4.5)\mu m \times (2 \sim 3)\mu m$。子实体群生或丛生,高 3~14cm。初期近白色,渐变淡黄色或粉红色,老后或伤后变为暗土黄色。菌肉白色至污白色,质脆。菌柄纤细,粗 2~3mm,向上膨大,顶端杯状,由杯缘分出一轮小枝,各枝顶端又膨大成杯状,杯缘再生一轮小枝,如此多次自下而上分枝,最上层小枝顶端呈小杯状。

(2)枝瑚菌属:子实体小,多分枝形成稠密的细枝,高 2~5cm,分枝粗 0.3~0.5cm,上部米黄色,下部黄褐色,基部白色,并有绒毛状菌丝索。柄短,往往从柄之基部开始分枝。小枝直立密集。菌肉白色,柔软。担子细长棍棒状,具4小梗,$(55 \sim 60)\mu m \times (6.5 \sim 8)\mu m$。孢子椭圆形,浅黄色至近无色,有小疣,$(6 \sim 8)\mu m \times (3 \sim 4)\mu m$。

(3)锁瑚菌属:子实体群生或丛生。高 5~15cm,不分枝,纤细,棍棒状,顶端窄或尖。菌柄常扁平,鲜黄色。菌肉韧、脆,后期中空,黄色,无气味,口感稍苦。孢子卵形,光滑,$(5 \sim 9.4)\mu m \times (4.5 \sim 9)\mu m$;孢子成堆时白色。

(4)珊瑚菌属:子实体由基部生出多回分枝,基柄粗大,圆柱状或柱状团块,光滑,基部白色,具粉状斑点手压后变褐色;菌肉白色,有蚕豆香味;由基部向上分叉,中上部呈多次分枝,成丛,淡粉色、肉桂红色,顶端呈指状丛集,蔷薇红色,老时肉褐色,孢子狭长,脐突一侧压扁,有斜长的斑马纹状平行脊突。

冠珊瑚菌属中的杯冠瑚菌(别名杯珊瑚菌),枝瑚菌属的黄枝瑚菌(别名疣孢黄丛枝),锁瑚菌属中的冠锁瑚菌(别名仙树菌),珊瑚菌属的杆棒,都是有名的食用菌。

2.牛排菌科。本科只有一个属,即牛排菌属。此属突出特征是担子果肉质,子实层体为孔状,而且菌孔自分开。该属有三个种,我国只有一个种,即肝色牛排菌,也称牛舌菌,子实体舌型。

3.多孔菌科。本科有孔状的子实层体,但菌孔不分开,可与牛排菌科相区别。菌盖多为圆形、半圆形、扇形、齿形,而不像牛肝菌那样为典型的伞状。本科食用菌包括五个属,即卧孔菌属、灵芝属、多孔菌属、干酪菌属和棱孔菌属。

(1)卧孔菌属:子实体多年生,无菌盖,平伏贴生于基物表面。

(2)灵芝属:子实体一年生或多年生,木质或木栓质,有柄侧生、偏生或中生;菌盖表面常有硬质皮壳,皮壳有油漆样光泽。菌肉一层,单色或2~3层,不同色;三系菌丝。菌管单层至多层;孢子卵形、顶端平截,内孢壁褐色,有小刺突或较粗糙。

(3)多孔菌属:子实体中等至稍大,菌盖肾形或近扇形,稍平展且靠近基部下凹,直径(5~12)cm×(3~8)cm,厚0.3~1cm,浅褐黄色至栗褐色,表面近平滑,边缘薄,呈波浪状或瓣状裂形。菌肉白色或污白色,稍厚。菌柄侧生或偏生,0.7~4cm,粗0.3~1cm,黑色,有微细绒毛,后变光滑。菌管长2~3mm,与管面同色,后期呈浅粉灰色。管口圆形至多角形,每毫米3~5个。

(4)干酪菌属:担子果无柄或近乎无柄,菌肉新鲜时软而多汁,干后是干酪质或木栓质。

(5)棱孔菌属:子实体单生、群生,菌盖肾形至扇形。担子果有柄,侧生,菌孔大,蜂窝状。

本科卧孔菌属中的茯苓、灵芝属中的灵芝、棱孔菌属中的漏斗棱孔菌、多孔菌属中的贝叶多孔菌(俗称栗蘑)以及干酪菌属中的硫色多孔菌等是著名的食用菌。其中茯苓、灵芝、漏斗棱孔菌及贝叶多孔菌已进行人工栽培。

4.齿菌科。本科菌体均呈头状或齿状,子实体肉质或革质,子实层着生于向地性的菌刺上。属于齿菌科的食用菌主要有两个属:齿菌属和猴头菌属。

（1）齿菌属：菌盖扁平圆形，无鳞片，担子果地上生。

（2）猴头菌属：无明显菌盖，菌柄分叉。

齿菌科中的食用菌以猴头菌属的猴头菌最著名。

5.绣球菌科。本科只有一个属，即绣球菌属，该属中有绣球菌。其子实体中等至大形，肉质，由一个粗壮的柄上发出许多分枝，枝端形成无数曲折的瓣片，形似巨大的绣球而得名。

（五）伞菌目

该目的特点是子实体由菌盖、菌柄和菌褶构成，有时还有菌环或菌托，甚至两者都有。该目包括11个科：牛肝菌科、鸡油菌科、蜡伞科、白蘑科、侧耳科、粉褶蕈科、鹅膏菌科、蘑菇科（黑伞科）、桩菇科、红菇科、丝膜菌科。食用菌大部分属于该目。

1.牛肝菌科。本科子实体为伞形，肉质，子实层体孔状，罕为褶状。本科包括以下9个属：松塔牛肝菌属、条孢牛肝菌属、小牛肝菌属、褐小牛肝菌属、粉末牛肝菌属、圆孔牛肝菌属、乳牛肝菌属、牛肝菌属、疣柄牛肝菌属。

（1）松塔牛肝菌属：子实体中等至较大。菌盖直径2～11.5（15）cm，初半球形，后平展，黑褐色至黑色或紫褐色，表面有粗糙的毡毛状鳞片或疣，直立，反卷或角锥幕盖着，后菌幕脱落残留在菌盖边缘，直生或稍延生，长1～1.5cm，污白色或灰色，后渐变褐色或淡黑色，管口多角形，与菌管同色。柄长4.5～13.5cm，粗0.6～2cm与菌盖同色，上下略等粗或基部稍膨大，顶端有网棱。下部有鳞片和绒毛。孢子印褐色。孢子淡褐色至暗褐色，近球形或略呈椭圆形，有网纹或棱纹。侧囊体棒形具短尖，近瓶状或一面稍鼓起，褐色，两端色淡。

（2）条孢牛肝菌属：子实体中等至较大，菌盖扁平，直径5～13cm，表面干，具绒毛状小鳞片或往往密集成疣状，暗红褐或紫褐色，有浅色圆形斑纹，边缘表皮延伸近膜质。菌肉黄白色，近盖表皮呈黄色至带紫色，伤处色变暗。菌管层离生，较长，初期浅黄色，逐渐呈污黄色。管口约1mm左右圆形或多角形,伤处污黄色。菌柄长8~12cm,粗1~3cm,稍粗壮,呈棒状,往往基部膨大,较盖色浅或顶部呈黄色,中上部有长形的网纹,内部实心呈黄白色或近表皮处带红色。孢子长椭圆形或近似梭形,光滑,带黄色。

(3)小牛肝菌属:子实体小至中等大。菌盖直径2~10cm,初期半球形或近钟形,后渐平展、扁半球形至近平展,中部有宽的凸起,表面起紫色至近血红色,具纤毛状小鳞片或丛毛状小鳞片,边缘后期近波状,湿时粘。菌肉黄色,近表皮处红色,伤处变色,中部稍厚,稍有酸味。菌管延生,黄色至污黄色,放射状排列,管口角形。菌柄较细,圆柱形,长3~8cm,粗0.5~0.8cm,顶部具有网纹,下部污黄色,有红色棉毛或纤毛状鳞片或花纹,内部实心。菌环膜质,很薄,浅褐色,易碎破,孢子椭圆形至近椭圆形,光滑,浅黄色。有褶缘和褶侧囊体,近纺锤形或柱形。

(4)褐小牛肝菌属:子实体小或中等。菌盖直径3~8cm,扁平至近平展,浅橙褐色至棕红褐色,光面光滑,粘,边缘内卷,延伸且附菌幕残片,其下子实层不育。菌肉橙黄色,伤处不变色,中部较厚,无明显气味。菌管黄色至土黄色,伤处不变色。菌管黄色至土黄色,伤处不变色,不易剥离。管口角形,每毫米0.5~2个,放射状排列,其上有黑色小腺点。菌柄圆柱形,长4~5cm,粗0.7~1cm,同盖色,表面有绒物而无腺点,内部实心。菌环常残留与盖边缘。孢子椭圆形,带浅黄色。管侧囊体褐色,群生,细棒状。

(5)粉末牛肝菌属:菌盖直径4~10cm。湿润时稍粘,表面有一层柠檬黄色粉末,易脱落。菌肉白色,受伤时变浅蓝色。菌管浅黄色,伤后暗褐色,管口多角形,每毫米间2个。菌柄近圆柱形,实心,长6~10cm,径1~1.5cm,近上部有珠网状菌环,易消失。孢子印青褐色;孢子平滑,椭圆形至长椭圆形。

(6)圆孔牛肝菌属:菌柄内部松软为中空,孢子印黄色。

(7)乳牛肝菌属:菌盖直径3~10cm,土黄色、淡黄褐色,表面光滑,湿时很黏。菌肉淡黄色。菌管延生,淡黄褐色,管口复式,宽 0.7~1.3毫米。菌柄2.5~7cm,粗0.5~1.2cm,近圆柱形,无腺点。孢子印黄褐色,孢子长椭圆形、椭圆形,平滑,淡黄色。

（8）牛肝菌属:菌柄粗壮,常有网纹,孢子印橄榄色或橄榄绿褐色。

（9）疣柄牛肝菌属:子实体一般中等。菌盖直径4~7.5cm,中凸,后微平展,盖缘幼时微内卷,无黏液,但有脂状感,少平滑,土黄色,橘黄色,褐黄色,后期多具龟裂状花纹。菌肉淡黄色,乳黄色,伤后变成酒红色。菌管长约10mm,孔口径1.2~2mm,淡黄褐色,橄榄:褐色,干后呈黄色。菌柄长5~7cm,粗2~4.5cm,锑黄色,上端有较浓的金黄色或暗红色小粒点,坚脆,少数柄基具糠麸状鳞片,易脱落。孢子印呈蜜黄色。孢子光滑,呈纺锤状。担子短棍棒形,管侧囊体稀少,长纺锤形,透明。管缘囊体腹鼓状、棒状。

本科中著名的食用菌有美味牛肝菌、点柄乳牛肝菌、褐圆孔牛肝菌等,但这些食用菌至今仍不能栽培,全为野生。

2.鸡油菌科。本科食用菌子实体有柄,肉质至膜质,管状、漏斗状或喇叭状。包括两个属:喇叭菌属和鸡油菌属。

（1）喇叭菌属:子实体小,浅棕灰色至暗灰色,高1.5~3.5(5.5)cm。菌盖直径2~3.5cm,较薄,近半膜质,表面有细绒毛,边缘呈波浪状。子实层平滑或有皱纹,浅烟灰色,干后变为淡粉灰色。菌肉很薄。菌柄圆柱形,长1~3.5cm,粗0.2~0.4cm,内部松软。孢子印带黄色。孢子光滑,椭圆形,淡黄色。

（2）鸡油菌属:子实体肉质,喇叭形,杏黄色至蛋黄色,菌肉蛋黄色,香气浓郁,具有杏仁味,质嫩而细腻,鲜美,又名鸡蛋黄、杏菌。子实层皱褶,有分叉或纵棱。菌盖直径3~9厘米,最初扁平后下凹,边缘波状,常裂开内卷。菌柄内实,光滑,长2~6厘米,直径0.5~1.8厘米。

喇叭菌属中的灰号角,鸡油菌属中的喇叭菌和各种鸡油菌都是有名的食用菌。

3.蜡伞科。本科只有一个属,即蜡伞属。该属菌类呈伞状,担子果蜡质或肉质,多为鲜明颜色,无菌幕。孢子卵圆至椭圆形,无色,多数光滑,少数粗糙。

4.白蘑科。本科食用菌的子实体小型到大型,菌盖形状多样,菌褶直生、延生至离生。菌柄中生,基部有时有假根。本科包括四个属:蜜环菌属、金钱菌属、口蘑属、皮伞属。

(1)蜜环菌属:子实体一般中等大。菌盖直径4~14厘米,淡土黄色、蜂蜜色至浅黄褐色。老后棕褐色,中部有平伏或直立的小鳞片,有时近光滑,边缘具条纹。菌肉白色。菌褶白色或稍带肉粉色,老后常出现暗褐色斑点。菌柄细长,圆柱形,稍弯曲,同菌盖色,纤维质,内部松软变至空心,基部稍膨大。菌环白色,生柄的上部,幼时常呈双层,松软,后期带奶油色。

(2)金钱菌属:子实体较小。菌盖宽2~7cm,半球形至近平展,中部稍凸,有时成熟后边缘反起,浅土黄色至深土黄色,光滑,湿润时具不明显条纹。菌肉白色,薄。菌褶白色,较密,直生至近离生,不等长。菌柄细长,圆柱形,有时扁圆或扭转,长3~6.5cm,粗0.2~0.7cm,浅褐色至黑褐色,纤维质,空心,基部具白色绒毛。孢子印白色。孢子无色,光滑,椭圆形。

(3)口蘑属:子实体伞状,白色。菌盖宽5~17厘米,半球形至平展,白色,光滑,初期边缘内卷。菌肉白色,厚。菌褶白色,稠密,弯生不等长。菌柄粗壮,白色,长3.5~7厘米,粗1.5~4.6厘米,内实,基部稍膨大。担孢子无色,光滑,椭圆形。

(4)皮伞属:子实体小。菌盖直径1~4cm,初期半球形至偏球形,中部稍凸,边缘有细条纹。菌肉污白色,薄,柄部菌肉带褐色。菌褶白色或带灰色,密,直生至离生,不等长。菌柄细长,似有绒毛,长5~20cm,长圆柱形,暗褐色,基部延长根状,内部变空心。孢子印白色。孢子圆形,光滑。

口蘑属中的松口蘑、金钱属中的毛柄金钱菌都是菇肉鲜美的著名食用菌。

5.侧耳科。科菌体肉质,菌柄偏生至侧生,其中有许多有名的食用菌。侧耳科中目前普遍栽培的包括四个属:侧耳属、亚侧耳属、香菇属、革耳属。

(1)侧耳属:菌盖肉质,罕为半膜质。柄肉资,偏生、侧生,或无柄。菌褶凹生、直生、延生或由中心辐射而出。孢子无色,罕带淡粉红色或淡紫色,长方形至球形,平滑。无囊状体。

(2)亚侧耳属:子实体中等至稍大,菌盖直径9~12cm,扁半球形至平展,半圆形或肾形,黄绿色,粘,有短绒毛,边缘光滑,菌肉白色。菌褶稍密,白色带淡黄色,近延生。菌根侧生,很短或近乎没有。

(3)香菇属:子实体单生、丛生或群生,子实体中等大至稍大。菌盖直径5~12cm,有时可达20cm,幼时半球形,后呈扁平至稍扁平,表面菱色、浅褐色、深褐色至深肉桂色,中部往往有深色鳞片,而边缘常有污白色毛状或絮状鳞片。菌肉白色,稍厚或厚,细密,具香味。幼时边缘内卷,有白色或黄白色的绒毛,随着生长而消失。菌盖下面有菌幕,后破裂,形成不完整的菌环。老熟后盖缘反卷,开裂。菌褶白色,密,弯生,不等长。菌柄常偏生,白色,弯曲,长3~8cm,粗0.5~1.5cm,菌环以下有纤毛状鳞片,纤维质,内部实心。菌环易消失,白色。孢子印白色。孢子光滑,无色,椭圆形至卵圆形。用孢子生殖。双核菌丝有锁状联合。

(4)革耳属:子实体小或中等大。菌盖宽2~9cm,中部下凹或漏斗形,初浅土黄色,后深土黄色,茶色至锈褐色,有粗毛,革质。菌褶白至浅粉红色,干后浅土黄色,窄,稠密,延生。柄偏生或近侧生,短,内实,长0.5~2cm,粗0.2~1cm,同菌盖,有粗毛。孢子无色,光滑,椭圆形。囊体无色,棒状。

香菇属中的香菇,侧耳属中的金顶侧耳、糙皮侧耳、鲍鱼菇、凤尾菇等是目前普遍栽培的食用菌。

6.粉褶蕈科。科担子果膜质至肉质,菌盖平展,脐凸或脐凹形,边缘多有条纹,菌褶弯生至延生。孢子印粉红色,孢子角状,表面有纵条纹至沟纹。本科包括两个属:粉褶蕈属和斜盖伞属。

(1)粉褶蕈属:孢子角形。

(2)斜盖伞属:孢子表面有纵条纹至沟纹。

本科的代表种有粉褶蕈属的角孢粉褶蕈和斜盖伞属的<u>丛生斜</u><u>盖伞</u>。

7.鹅膏菌科。科菌类均呈伞状,肉质。包括五个属:鹅膏菌属、环杯菇属、光柄菇属、托柄菇属、小苞脚菇属。

(1)鹅膏菌属:有菌环和菌托,菌盖橘黄色至橙色,孢子白色。

(2)环杯菇属:有菌环和菌托,菌褶离生。

(3)光柄菇属:无菌环和菌托,菌褶离生。

(4)托柄菇属:孢子印白色。

(5)小苞脚菇属:孢子印粉红色。

鹅膏菌属又名毒伞属,该属中有许多极毒的伞菌,甚至是剧毒的种类,也有美味的食用菌,如橙盖鹅膏、赭盖鹅膏等。

8.蘑菇科(黑伞科)。科菌类肉质,菌柄与菌盖明显分开,有典型的菌环。包括五个属:蘑菇属、球盖菇属、垂幕菇属、沿丝伞菌属、斑褶菌属。

(1)蘑菇属:子实层体是长在菌盖下面产生子实层的部分,有的呈叶状,叫作菌褶。有的呈管状,叫作菌管。菌褶呈放射状排列,向中央连接菌柄的顶部,向外到达菌盖边缘、子实层就排列在菌褶两侧,或存在于菌管里面的周围。菌褶离生,孢子印褐色,孢子卵形至椭圆形。

(2)球盖菇属:蕈柄上明显的蕈环,核心物种菌丝体中含有棘红细胞。孢子印成熟时多呈中等至深的紫棕色,边缘为白色,也有部分物种孢子印为铁锈般的棕色。菌褶为直生或弯生,菌褶弯生。球盖菇属其中包括酒红球盖菇。

(3)垂幕菇属:菌柄肉质,菌褶弯生,孢子印紫色。

(4)沿丝伞菌属:孢子印紫色。

(5)斑褶菌属:孢子印黑色。

9.桩菇科。科菌类菌盖杯状或浅杯状,无菌环、菌托。包括两个属:桩菇属和褶孔菌属。

（1）桩菇属：菌柄中生，菌褶与菌伞易分离，孢子大。

（2）褶孔菌属：菌柄中生，侧生或偏生，菌褶与菌伞不易分离，孢子小。

10.红菇科。科菌类无菌环、无菌托，肉质。包括两属：乳菇属和红菇属。

（1）乳菇属：新鲜的担子果有汁液。

（2）红菇属：新鲜的担子果无汁液。

11.丝膜菌科。科子实体小至大型，坚实肉质。菌褶直生至弯生或延生。菌柄多为中生，少为侧生以至无柄，有或无菌幕，有菌幕的为蛛网状。

本科只有一个属，因具有丝膜的菌幕而易于识别。

（六）鬼笔目

本目只有一个科，即鬼笔科。包括两个属：鬼笔属和竹荪属。

1.鬼笔属。子实体直立，有菌托，无菌幕。

2.竹荪属。子实体直立，钟状，有菌托和菌幕，菌幕如裙，有网孔。

（七）马勃目

本目只有一个科，即马勃科。该科包括三个属：桂皮马勤属、马勃属和秃马勃属。

1.桂皮马勤属。孢子有网纹，产孢组织成熟时有空腔，担子果有柄。

2.马勃属。子实体一般较小，近球形、梨形等形状。直径1.5～3.5cm，高与直径相近似，不孕基部小，初期近白色后土黄色，上部灰至黄色，外表皮有细微的小刺或颗粒亦后可脱落，内表皮薄，平滑，顶部在成熟时存裂开口。孢体土黄色，成熟后变为浅烟色。孢子球形，光滑，黄色至浅青色，无柄，3～4.5μm。孢丝与孢子同色，分枝或少分枝，粗2.5～5μm。

3.秃马勃属。外包被皮状，薄，存留或消失；内包被膜质，纸状，上部不规则地以裂缝开裂；产孢组织丛卷毛粉状，有存留的不孕基部；孢丝离生，分枝渐细；孢子球形，平滑或刺状疣状，有或没有柄，带色泽。

第三节 食用菌的营养与代谢

食用菌与其他生物一样，在生命活动中不断地吸收环境中的各种营养物质，通过生物氧化还原作用获得能量、合成自身并产生各种代谢产物。食用菌在不断地新陈代谢中生长发育。食用菌的生长发育既取决于内在因素，也受到环境因素的影响。食用菌细胞不含叶绿体，不能像植物一样进行光合作用固定二氧化碳合成有机物，它的生长发育要求有合适的有机营养条件。食用菌的生长发育还受到温度、光照、空气等环境因素的影响。

食用菌种类繁多，生长发育具有自身的规律。不同的食用菌生理活动虽然有许多相似之处，但也有许多不同的地方。因此，了解并掌握食用菌的生理知识，对于做好栽培管理，提高食用菌的产量和质量，获得良好的经济效益是极其重要的。

一、食用菌的物质构成

自然界常见的90多种化学元素中，只有约20种元素参与生命活动，包括C、H、O、N、P、S、Na、K、Mg、Mn、Ca、Cl、Fe、Zn、Cu、Co、Ni、Mo、Se、W。组成食用菌的化学元素，主要以化合物的形式存在，少数以离子形式存在。C、H、O、N、P、S，6种元素组成有机物和水，Na、K、Mg、Mn、Ca、Cl，6种元素以离子形式游离于细胞质中，其余元素是组成各种酶的辅基，在食用菌中含量很少，称为微量元素。食用菌的构成物质可分为无机物和有机物。了解构成食用菌细胞的物质，我们就能明确食用菌栽培过程中应该提供多少种营养物质、多大比例的营养物质。

(一)无机物

1.水。水是生命活动的基础。水是生物溶剂，各种生化反应、物质运输都离不开水。细胞内的水分为两种存在方式，即游离水和结合水。游离水也称为自由水，具有正常水的性质，具有溶剂的性质和运载基质的作用;结合水在细胞内与其他物质结合在一起,不流动,不作为溶剂,也不容易挥发,在0℃下也不结冰。自由水在细胞内参与生化反应,结合水不参与代谢活动。食用菌菌丝体的含水量一般为70%~80%,子实体的含水量为80%~90%,甚至90%以上。食用菌的含水量因种而异,因发育阶段而异,因环境(特别是湿度)而异。

无论菌丝体还是子实体食用菌,均没有防止水散失的结构,因此容易失水。食用菌细胞内的水含量降低,其生命活动的强度就受到抑制,缺水情况下菌丝就会干枯甚至死亡。野生食用菌对环境水分条件要求很高,其子实体只在水分充足的季节如雨季形成。空气相对湿度低的环境中,萌生的子实体会因为水分散失太快而停止生长。食用菌也不能在含水量过高的环境中生长,空气相对湿度过高,菌丝表面水分散失速度慢,或子实体吸收空气中的水分,会造成基质内菌丝的营养不能运输到子实体而停止生长;水中的菌丝体也会因为环境缺氧而死亡。

给食用菌提供合适的基质含水量和适宜的空气相对湿度,是保证人工栽培食用菌成功的重要条件。

2.无机盐。食用菌细胞中的无机盐主要以离子形式存在,如K^+、Ca^{2+}、Mg^{2+}、PO_4^{3-}等,约占鲜菇总重的0.3%~0.9%。

(二)有机物

1.蛋白质。蛋白质是参与食用菌细胞组成的一种高分子物质,是细胞生命活动的基本物质,常被分为两类,即单纯蛋白与复合蛋白。复合蛋白是指单纯蛋白质与非蛋白质分子组成的物质,如核蛋白、脂蛋白、糖蛋白等,占食用菌干重的20%~25%。高燕红等对姬松茸、冬菇、干枞菌、云耳、银耳和岩耳进行了蛋白质含量测定,结果表明,食用菌是蛋白质含量丰富的食物,见表1-1。

表1-1　6种食用菌中蛋白质的含量

食用菌	蛋白质含量(g/100g)
姬松茸	56.40
冬菇	28.30

续表

食用菌	蛋白质含量(g/100g)
干枞菌	25.70
云耳	10.30
银耳	9.60
岩耳	9.00

2.碳水化合物(糖类)。食用菌细胞内除少量单糖和双糖外,主要是多糖,以游离或糖蛋白、脂蛋白形式存在,参与细胞结构或作为储藏物质。碳水化合物占细胞干重的30%~93%。不同的发育阶段食用菌碳水化合物含量变化很大,如草菇,纽扣期碳水化合物含量为48.6%,成熟期降至34.8%。

3.核酸。食用菌细胞中的核酸是食用菌的遗传物质,是由核苷酸组成的。除少数以游离状态存在外,大多数核酸与蛋白质结合成核蛋白。它们决定食用菌的遗传与变异以及蛋白质的合成。食用菌的核酸含量为5.34%~8.8%。

4.脂类。脂肪是食用菌细胞质膜的组成成分,也作为细胞内的储藏物质,常以脂蛋白形式存在,也可在细胞中以油滴状态存在。脂类物质一般占细胞总干重的2%~8%。

5.维生素。维生素是一类低分子有机化合物。它虽不是细胞的结构成分,但它是细胞生命活动中不可缺少的物质。食用菌含有较多的B族维生素,如VB_1(硫胺素)、VB_2(核黄素)等,而且其含量往往比其他食品高得多。食用菌还含有维生素C、维生素PP、维生素D、泛酸、生物素、叶酸等,但含有维生素A的食用菌种类较少,只有鸡油菌、蜜环菌维生素A含量较高,其余的含量极低。

二、食用菌的营养

营养是指生物体吸收和利用营养物质的过程。营养的作用是保障食用菌细胞的生物合成,提供食用菌各种生命活动所需要的能量和产生各种代谢产物。食用菌的营养包括食用菌吸收营养物质的类型、营养要素、养分在细胞内的运输过程、利用营养物质产生代谢产物等。

（一）食用菌的营养类型

食用菌属于异养生物，不同于植物，食用菌不能自身合成养料，而是通过菌丝细胞表面的渗透作用，从周围基质中吸收现成的可溶性养料。基质往往含有不能被细胞直接吸收的大分子物质，如蛋白质、纤维素、半纤维素等，必须将这些大分子分解成小分子，如氨基酸、葡萄糖等，才能被食用菌细胞所吸收。食用菌释放胞外酶分解基质中的大分子物质，包括羟甲纤维素酶、淀粉酶、漆酶、蛋白酶、多酚氧化酶、半纤维素酶等，最为主要的酶是羟甲基纤维素酶、淀粉酶和漆酶。不同的食用菌从基质中分解吸收营养的方式是不同的。根据食用菌营养方式的不同，将它们分为腐生型、共生型和兼性寄生型三种营养类型。

1.腐生型。腐生型是大多数食用菌的营养类型，属于这种类型的食用菌又称为腐生菌，如香菇、草菇、蘑菇等，它们所需的营养物质来自死亡的有机体。根据有机物的不同又可将食用菌分为木腐型和草腐型两种类型，有些学者还提出有土生型之分。

（1）木腐型：香菇、木耳、猴头菌、灵芝等，在野生条件下常生长于枯木上，属于木腐型食用菌，主要以木本植物尤其是阔叶树的木材为主要碳源。木材中的纤维素、半纤维素、木质素的含量约占木材干物质的95%以上，含氮物质占0.03%~0.10%。木腐菌细胞能够分泌大量的分解这些物质的酶类，使它们成为小分子而获得营养。不同的木腐菌对树种也有不同的适应性。如栽培香菇宜选用淀粉性的壳斗科的树种，栽培木耳宜选用脂肪性大的树种，而栽培茯苓则要选用松属树种。同种食用菌在不同树种中的生长速度以及产量均有差异。因此，在实际栽培中，应重视选择适生树种。

（2）草腐型：以落叶或腐草为生长基质的腐生真菌称为落叶及腐草生真菌，草腐型食用菌在野外主要见于腐熟的堆肥、厩肥以及腐烂的草堆中。人工栽培的草腐型食用菌以蘑菇、草菇为代表，主要以草本植物特别是禾本科植物的秸秆为主要碳源，稻草、玉米芯等是人工培养草腐型食用菌的主要原料。草腐菌对秸秆中碳源的利用，一方面依靠本身产生的水解酶的作用;另一方面常借助发酵过程中的各种微生物的协同作用。如蘑菇的主要培养料是稻草和牛粪混合起来经过发酵和巴斯德消毒的一种堆肥,堆肥中的微生物能够部分地分解稻草或其他秸秆中的纤维素、半纤维素和木质素,从而满足蘑菇的营养需要。此外,这些微生物在发育过程中还能提供蘑菇生长所必需的氨基酸、维生素和盐类,这些物质都能刺激蘑菇菌丝的生长发育。堆肥中的微生物合成的菌体蛋白和多糖体,也是蘑菇的良好营养源。

土生型食用菌多生长在森林腐烂落叶层、牧场、草地、肥沃的田野中,如红菇、口蘑、马勃、毛头鬼伞等。

2.共生型。在食用菌中,有不少种类能与植物、动物或微生物形成相互依存、互为有利的关系,这类食用菌即为共生型。菌根菌是食用菌与植物共生的典型代表,菌丝与植物的根结合而成的复合体称为菌根,和菌丝形成菌根的植物称为菌根植物。菌根菌能分泌吲哚乙酸等生长激素,刺激植物根系生长,并且菌丝还能帮助植物吸收水分和无机盐;而菌根植物则能把光合作用合成的碳水化合物提供给菌根菌,供菌根菌生长发育之需。块菌科、牛肝菌科、口蘑科、红菇科、鹅膏菌科的许多种类都是菌根菌,其中松口蘑、松乳菇、大红菇、铆钉菇、美味牛肝菌都是我国最常见的菌根菌。

菌根又分为外生菌根和内生菌根两种。外生菌根的菌丝大部分紧密缠绕在根的表面,形成一个菌套,并向四周伸出致密的菌丝网,仅有少部分菌丝进入根的表皮细胞之间生长,但不侵入植物细胞内部。木本植物的菌根多数是外生菌根,如赤松根和松口蘑、米槠根和正红菇等。内生菌根的菌丝侵入植物根的组织内部,但又被植物细胞消化吸收掉,成为植物的营养源——"吐出消化型",如天麻和蜜环菌。

由于人们对菌根菌和高等植物之间的营养关系还没有了解清楚,因此菌根食用菌到目前还很难进行人工栽培。

食用菌与动物构成的共生关系也是十分有趣的。现在已发现有30多种白蚁栽培的食用菌,我国著名的食用菌——鸡枞菌就是黑翅土白蚁栽培的。

在表现食用菌与其他微生物的共生关系中，银耳属的食用菌最为突出，都具有某种程度上的共生关系。现在已经很明确，银耳与阿氏碳团(俗称"香灰菌")存在一种偏利共生关系，通常称之为"伴生菌"。

3.兼性寄生型。这类食用菌是生长在活的生物体上，从活的寄主细胞中吸取营养。在食用菌中真正营寄生生活的种类十分罕见，大多是兼性寄生的，即既可以寄生，也可以腐生。蜜环菌是这类食用菌的典型代表，它既能腐生，又能寄生在200多种植物上。土生型蒙古口蘑是兼性寄生在牧草的地下部分生长。有些寄生菌先寄生后腐生，有些则先腐生后寄生。一般虫生真菌，如虫草等，是属营寄生方式的。

(二)食用菌的营养要素

食用菌不像植物一样能通过光合作用来合成碳水化合物，所以，不管是哪一种营养方式，它都必须从基质中摄取碳源、氮源、无机盐、维生素等所有营养物质。这些营养物质的质与量直接影响着食用菌的生长与发育。

1.碳源。碳源是食用菌最重要的营养来源，是一切生命活动的碳素来源，不仅是构成活细胞中的蛋白质、核酸、糖等所必需的元素，而且是代谢活动中重要的能量来源。食用菌所需的碳源都来自于有机物，如糖类、醇类、有机酸、脂类等。

(1)糖类:糖类有单糖、寡糖和多糖之分。在单糖(葡萄糖、戊糖、果糖、半乳糖)中，最常选用的是葡萄糖。在寡糖(蔗糖、麦芽糖、乳糖)中，麦芽糖优于蔗糖。在多糖(淀粉、纤维素)中，淀粉是绝大多数食用菌的良好碳源。食用菌的菌丝体能够分泌纤维素酶、半纤维素酶、木质素酶、淀粉酶等细胞外水解酶，将木材、秸秆等高等植物中的纤维素、半纤维素、木质素、淀粉等大分子分解为食用菌细胞可吸收利用的单糖物质。因此，植物中的纤维素、半纤维素、木质素被认为是食用菌营养的主要碳源。不同食用菌分解糖类的能力不一样，采用不同的糖类培养食用菌其效果也不一样，如表1-2。

表1-2　不同糖类对平菇子实体的生长影响

碳源（1%）	菌丝（mg/20mL）	子实体（mg/20mL）	总重量（mg/20mL）
葡萄糖	65.7	18.3	84
果糖	50.1	31.2	81.3
甘露糖	78.6	24.5	103.1
蔗糖	41.2	36.1	77.3
麦芽糖	60.3	19.3	79.6
淀粉	77.2	28.6	105.8
纤维素	–	27	–

尽管食用菌能够分解利用纤维素等大分子,但在实际栽培中对这类大分子的分解吸收速率还是较慢的。因此,往往在以木材、秸秆为主的栽培料中,适当添加一些易被利用的碳源,如麸皮、米糠或蔗糖(白砂糖)等,作为生长初期的补充碳源,以加速食用菌菌丝的生长。

(2)醇类:像其他微生物一样,某些食用菌如香菇、平菇也可以乙醇、甘油等醇类为碳源。在实验室条件下,金针菇也能用乙醇作为碳源来产生子实体。

(3)有机酸:食用菌能够利用有机酸,其中柠檬酸、琥珀酸、苹果酸、富马酸是食用菌相对容易利用的有机酸。它们不仅可以作碳源,而且和葡萄糖搭配时,能起到刺激菌丝生长和促进子实体产生的作用。

(4)脂类:实验表明,香菇、凤尾菇、黑木耳、金针菇等7种食用菌在菌丝生长期,培养料中的粗脂肪含量普遍降低,表明脂肪是食用菌菌丝生长期容易利用的一种碳源。

2.氮源。氮源是指食用菌生命活动的氮素来源。氮素是碳素以外用量最多的营养物质,是构成细胞蛋白质、核酸必不可少的原料。能作为食用菌氮源的有机氮有蛋白质、氨基酸、尿素等,无机氮有铵态氮、硝态氮等。有机氮最适宜食用菌的生长,食用菌能利用它合成生长所必需的各种氨基酸。食用菌不具备利用无机氮合成细胞所需的全部氨基酸的能力,所以,大多数食用菌在以无机物为唯一氮源的培养料中生长速度缓慢,甚至不出菇。

在自然界中,食用菌的氮源主要来自树木、秸秆、堆肥及其他腐殖质;在栽培生产中,常用豆饼粉、麸皮、米糠、玉米粉、尿素等作为氮源补充物质;在实验室中,常用酵母粉、牛肉膏、蛋白胨等作为食用菌的氮源。

培养料中氮源的浓度对食用菌的生长发育关系极大。在菌丝生长期,料中含氮量以0.016%~0.064%为宜,在子实体阶段,则以0.016%~0.032%为宜,过高的氮含量反而有碍子实体的发生与生长。

3.碳氮比。碳源和氮源的质和量直接影响着食用菌的生长与发育。食用菌的生长发育还要求培养料具有适宜的碳与氮含量比例,即碳氮比(C/N)。一般情况下,在菌丝生长阶段,C/N以20:1为好,在子实体发育阶段以30:1~40:1为好。之所以目前许多食用菌栽培常选用棉籽壳为主原料,就是因为棉籽壳的C/N接近20:1,利于食用菌的生长。

4.无机盐。无机盐是食用菌生命活动不可缺少的物质。它不仅是细胞的组成成分,还是酶的组成成分,许多微量元素作为酶的辅助因子,与酶的活性有密切的关系。

(1)磷:磷在细胞的代谢中十分活跃,它是核酸、磷脂和ATP的组成元素。食用菌所需的磷主要是以有机磷状态吸收的,在母种培养基中通常适当添加磷酸二氢钾作为补充。在栽培生产中,由于原料中的磷含量一般能够满足食用菌生长的需求,所以不予额外添加。以下提到的各种元素也是一样的。

(2)硫:硫是细胞中含硫氨基酸、某些酶的辅基以及许多生长素的组成元素。食用菌所需的硫,一般是以硫酸盐和有机硫化物形式吸收的。

(3)钾:钾是许多酶的活化剂,在代谢中起重要的促进作用,钾在维持细胞内液渗透压、调节细胞内外液酸碱平衡方面起重要作用,因而是食用菌生长发育最重要的元素之一。

(4)钙:钙是控制细胞生理活动的重要元素。实验表明,添加钙对促进子实体的形成具有重要作用。钙在食用菌的培养中需求量较大,栽培料中常以碳酸钙、硫酸钙(石膏粉)或过磷酸钙形式添加,添加量在1%左右。

(5)镁:镁也是许多酶的激活剂,是食用菌生长发育不可缺少的。

(6)微量元素:主要是指铁、铜、锰、锌、钼等需求量甚微的元素,但它们是酶活性中心的组成成分,或是酶的激活剂。微量元素在栽培料和水中都有一定含量,不必另外添加。

5.生长素。有些食用菌在适当的水分、碳源、氮源和无机盐条件下,如果没有添加适量某些像维生素等的特殊有机物质,就不能正常生长。这些特殊有机物质往往需求量很少,但食用菌自身又不能合成,是食用菌正常生长发育所不可缺少的,在食用菌栽培中称为生长素。一般食用菌的生长素包括维生素类、核酸、核苷酸以及生长刺激素等。

维生素 B_1 是一种各种食用菌都需要的主要生长素,是食用菌碳代谢必不可少的酶类——脱羧酶的重要组成部分。如果培养基中维生素 B_1 不足,则食用菌生长迟缓,严重缺乏时,生长完全停止。在培养基中加入2%～3%的麸皮即可满足食用菌对维生素 B_1 的需求。

有些食用菌还需要核黄素(维生素 B_2)、生物素(维生素 H)、吡哆醇(维生素 B_6)、泛酸(维生素 B_5)、烟酸(维生素 PP)等。在马铃薯、麸皮、麦芽、米糠、酵母中,各种维生素含量比较丰富,在培养料中若有这些原料,就不必额外添加了。

核酸和核苷酸是促进食用菌子实体发育的生长因子,尤其是环一磷酸腺苷(C-AMP)。它是子实体形成的诱导物。例如,在一般培养基上美味牛肝菌不会形成子实体,而在添加了微量的C-AMP以及茶碱、咖啡因等生长因子后,便能形成子实体。

还有一些生长刺激素对食用菌菌丝体的生长发育也有促进作用,如三十烷醇、萘乙酸、吲哚乙酸、赤霉素等。一般认为,生长刺激素的施用浓度,菌丝为1～2ppm,子实体为2～3ppm,最多不超过10ppm,有时可采用间隔(一般一个月左右)喷施的办法施用。食用菌生长发育所需的营养要素,除菌根菌必须依靠共生植物供给外,都可以从各种秸秆、树木或粪土中得到。不同食用菌对营养素的要求是不同的,如木生菌和草生菌必须采用各自适宜的培养料,而且,多数食用菌在菌丝体和子实体形成阶段,对营养条件的要求是有差异的,如猴头菇菌丝在玉米秆培养基上生长良好,但就是不出菇。

目前,我们对腐生型食用菌的营养研究是比较多的,这类食用菌的栽培生产也比较成功。而对共生型食用菌如松口蘑、牛肝菌、鸡㙡菌等的营养要求研究得比较少,对它们在生长发育阶段,尤其是子实体形成阶段对营养的要求了解得很少,所以至今未能成功地进行人工栽培。因此,掌握食用菌的营养生理知识,对栽培生产的成功具有重要意义。

(三)食用菌细胞吸收营养的方式

食用菌没有专门的吸收器官,对营养物质的吸收与产物的排出都是通过细胞膜进行的。食用菌细胞吸收营养物质的机制有单纯扩散、促进扩散、主动运输等几种方式。

1. 单纯扩散。单纯扩散即自由扩散,是指物质从浓度高的一侧通过细胞膜向浓度低的一侧转运的物质出入细胞方式,例如 O_2、CO_2、N_2、甘油、乙醇、苯等物质的转运。细胞膜孔的大小和形状对透过的物质具有选择性,小分子物质和离子可以自由通过。只要菌体细胞外的物质浓度大于细胞内的物质浓度,细胞外的这些物质就可不断地自由地进入细胞内,直到菌体细胞内外物质浓度相等时,这种扩散作用就停止。这种扩散速度较慢,但不需要外来的能量。

2. 促进扩散。促进扩散是指非脂溶性物质或亲水性物质,如氨基酸、糖和金属离子等借助细胞膜上的膜蛋白的帮助顺浓度梯度进入膜内的一种运输方式。这种扩散作用较单纯扩散复杂,不消耗ATP。菌体细胞外的营养物质要进入细胞内,必须先与细胞膜表面的载体蛋白特异性结合,载体蛋白将营养物质载入细胞内,在膜的内表面释放,完成营养物质的运输(图1-13)。载体蛋白与营养物质的结合是一种可逆性的结合,结合时不存在化学反应,也不需要代谢能量,也不是逆被载物浓度梯度的运输,但是扩散的速度远比单纯扩散快,被运送的物质因渗透酶具有特异性而被有选择地载入菌体细胞内。

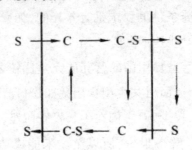

注:C为转运蛋白 S为被载物质

图1-13 促进扩散载体功能模式图

3.主动运输。主动运输是一种更为复杂的营养物质向菌细胞内的扩散作用。物质进入细胞内,不但要有渗透酶存在,而且在转运过程中需要代谢能量的加入。经转运后,细胞内的物质浓度可以高出细胞外物质浓度的几百倍。这种运输和细胞对各种营养物质的被动吸收都受细胞生理活动的控制,二者并不互相排斥,见图1-14。

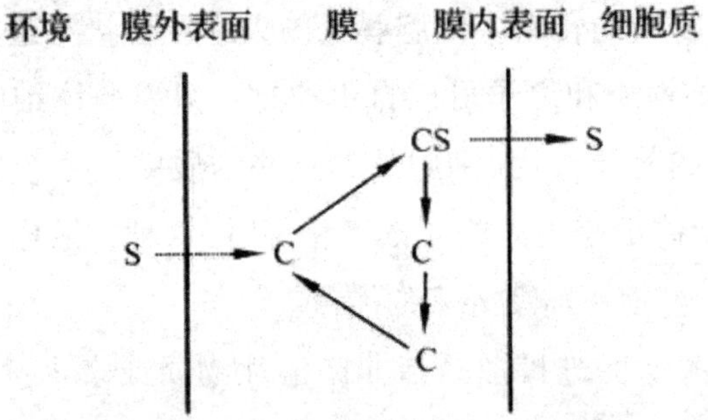

注:C为渗透酶 S为被载物质 CS为能量偶联后的渗透酶与被载物

图1-14 主动运输载体功能模式图

(四)食用菌细胞内养分的运输

1.菌丝体内菌丝细胞间养分的输送。食用菌的菌丝体常可分为基内菌丝和气生菌丝。气生菌丝所需要的营养物质是从基内菌丝输送来的。研究菌丝体内养分运输的方法很多,如色素或同位素示踪法、平板营养测量法。

2.子实体内养分的输送。菌丝体达到生理成熟后,在合适的环境条件下即可形成子实体。原基和子实体形成时,营养菌丝内的养分都集中地向子实体输送。原基形成时,营养菌丝可以从基质中吸收外源的碳素营养(主要是低聚糖或单糖),而氮素则由菌丝中贮存的含氮物质来供应。用灰盖鬼伞作材料进行实验发现,结菇时菌丝中原具有浓密的内含物的原生质减少了,形成了许多液泡,这种现象是由细胞内的肝糖和贮藏物质大量被运输到子实体内造成的。Schutte指出,食用菌菌丝内的原生质是流动的,其流动的方向和营养物质转运的方向是一致的,在子实体内有一定的转运带。

三、食用菌的代谢产物

食用菌在生长发育过程中,一方面分解利用营养物质产生能量,同时产生各种中间代谢产物;另一方面利用所产生的能量和中间代谢产物合成自身所需的各种物质,如各种氨基酸、核苷酸、脂肪酸、维生素、酶等。在食用菌生长的后期或在不正常的代谢条件下,还会合成和积累一些次生物质,如抗生素等。在食用菌呼吸作用过程中发生有机物不完全氧化的终产物,如草酸、醋酸、柠檬酸等有机酸,这些都可称为食用菌的代谢产物。食用菌的代谢产物不仅可提高食用菌自身的食用与药用价值,而且有些还可作为制药工业、食品发酵工业和化学工业的原料。按其功能不同,我们把食用菌的代谢产物分为以下七大类。

1.抗生素。抗生素又称抗菌素,是一种能抑制或杀死其他细菌细胞的生理活性物质。自Fleming发现青霉素以来,至今已发现的抗生素有9000余种。过去,抗生素的生产主要是用放线菌类,实际上很多食用真菌都能产生抗生素,开发利用的前途十分广阔。

已知食用菌产生的抗生素有几十种,它们能抑制多种革兰氏阴性细菌、革兰氏阳性细菌、分枝杆菌、噬菌体和丝状真菌等的生长繁殖。例如蜜环菌甲素($C_{12}H_{10}O_5$)和蜜环菌乙素($C_9H_{10}N_3O_3$)是假蜜环菌的代谢产物,具有消炎、退黄疸和降低谷丙酸转氨酶(GPT)的作用,对胆囊炎、急慢性和迁延性肝炎都有一定的疗效。现已用假蜜环菌生产了"亮菌片"和"亮菌糖浆"等药物。水粉蕈素（杯伞菌素或雷蘑素）是烟云杯伞产生的一种抗生素，为含氮杂环类（嘌呤类）化合物，它能强烈抑制分枝杆菌和噬菌体的增生。马勃菌素是大秃马勃菌产生的一种抗生素（$C_6H_5N_3O_3$），对金黄色葡萄球菌、炭疽杆菌、伤寒沙门氏杆菌、宋氏志贺氏痢疾菌、耻垢分枝杆菌、白色假丝酵母、新型隐球酵母或稻瘟病菌、稻长蠕孢和稻白叶枯病等，都有一定的拮抗活性，并有抗肿瘤的作用。

2.抗肿瘤物质。抗肿瘤药物的研究和筛选工作发现，食用菌的一些代谢产物，如多糖、多肽类或糖类的化合物等有抗肿瘤活性。这些有抗肿瘤活性的物质，多数是从食用菌的子实体浸出物中提取出来的，有一些是从深层发酵的菌丝体中得到的。它们的抗肿瘤作用不是直接攻击癌细胞，而是起一种"宿主中介"的免疫作用。多糖对小白鼠肉瘤S-180等多种肿瘤均有较强的抑制作用。

3.干扰素诱导物（蘑菇核糖核酸）。常吃香菇的人能抵抗感冒病毒，这一事实启示人们，食用菌代谢产物含有干扰素诱导物。经深入研究发现，这种物质是一种双链RNA（也称蘑菇RNA），能诱导细胞产生干扰素，具有抑制细胞增殖和抗癌作用。这种物质在香菇的子实体、菌丝体和担孢子中都存在。但香菇的双链RNA不耐热，所以强调低温提取。

4.降低胆固醇物质。多数食用菌都能降低血压、防治动脉粥样硬化等心血管病，这是由于在食用菌的代谢产物中，普遍存在着降低胆固醇的有效成分。如蘑菇子实体含有酪氨酸酶，香菇中的香菇素、草菇和金针菇中的毒心蛋白、长根菇中分离出来的长根素（长根菇酮）均有降低血压的作用。平菇中微量的牛磺酸对脂类的吸收、胆固醇的溶解起着重要的作用；黑木耳所含的腺苷对动脉粥样硬化的发生具有预防作用；银耳的酸性异多糖等可用于治疗高血压、高脂血症。

5.特殊的呈味物质。许多食用菌具有特殊的鲜美风味，与它们的细胞中含有多种高浓度的氨基酸或核苷酸有关。核苷酸中以鸟苷酸最为著名，它是香菇、蘑菇等食用菌的重要呈味物质。另外，口蘑、橙盖鹅膏和蘑菇等食用菌还含有口蘑氨酸和鹅膏蕈氨酸,这些是一般生物少见的稀有氨基酸,能产生很浓厚的鲜味。食用菌的香味成分是其代谢产物的重要特征。干香菇具有香菇精,蘑菇和鲜香菇有松菇醇、异松菇醇、甲基桂皮酸以及一系列八碳化合物,其中,1-辛烯-3-酮是香味最浓厚且具有典型蘑菇香味的化合物。

6.酶。酶是蛋白质,是细胞内新陈代谢过程中的生物催化剂。食用菌在生长与发育过程中能产生多种多样的酶,如香菇含有30多种酶。大部分食用菌都能分泌纤维素酶、半纤维素酶、木质素酶、果胶酶、蛋白酶等,这些水解酶可将大分子营养物质分解成小分子物质,便于食用菌细胞吸收。因此,酶在食用菌的营养过程中具有重要作用,是食用菌的主要代谢产物之一。

7.其他代谢产物。除了上述六种代谢产物外,食用菌还含有维生素、有机酸以及不同食用菌所特有的代谢产物,如香菇的麦角固醇、香菇香精,鸡油菌的真菌甘油酯、类胡萝卜素,美味松乳菇的橡胶物质等。许多食用菌都能产生多种维生素,尤其是B族的维生素B_1、B_2、B_{12}等。食用菌在代谢过程中还能产生多种有机酸,如茯苓含有茯苓酸、去氧层孔酸,尤其是从其液体培养物中提取的含20%～30%的齿孔酸,已经作为医药工业的重要原料;又如蘑菇、平菇、草菇等能产生草酸、抗坏血酸等;牛肝菌能产生延胡索酸。

四、食用菌的生活史

食用菌的生活史是指从孢子萌发形成菌丝体到发育成子实体产生孢子的整个生长发育过程。子实体产生的孢子散落后,在适宜的条件下开始萌发,形成单核菌丝,两条可亲和的单核菌丝融合形成双核菌丝,双核菌丝继续生长,当双核菌丝发育到生理成熟阶段,菌丝扭结形成子实体,子实体发育成熟后在子实层通过减数分裂产生新一代孢子,孢子散落完成一个生活周期。双孢菇和草菇的生活史中没有初生菌丝和次生菌丝的变化过程,而是形成多核菌丝体,可以直接形成子实体。生活史反映了食用菌个体发育的顺序和完成每个阶段的时间(图1-15)。

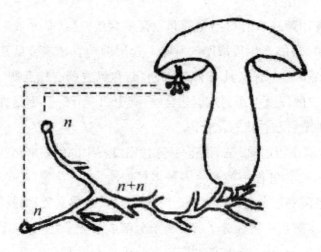

图1-15　食用菌生活史模式图

（一）伞菌类的生活史

食用菌中伞菌类的典型生活史由以下6个阶段组成。

1.孢子萌发。孢子萌发即子实体散落的担孢子在适宜的条件下萌发，长出芽管的现象。孢子吸水膨胀，经过一段时间，在孢子的一端或其他部分区域的细胞壁明显变薄，然后从细胞壁变薄的位置长出突起。并逐渐伸长成为初生菌丝。孢子不仅可以一端萌发，也可以两端萌发，甚至可以从其他部位萌发。孢子萌发也有一个萌发部位产生菌丝以后，其他部位相继出现芽管的情况。有些食用菌如平菇、香菇的担孢子容易萌发；有些食用菌的担孢子不易萌发，如双孢蘑菇、草菇和灵芝；有些食用菌的担孢子需要诱导物质才能萌发。

2.初生菌丝。孢子萌发长出的芽管不断伸长、分枝，形成菌丝体。由孢子萌发形成的菌丝称为初生菌丝。菌丝细胞内只有一个细胞核的，称为单核菌丝。初生菌丝并非都是单核，也有多核的初生菌丝。食用菌的单核菌丝在不良条件下，菌丝中的某些细胞可以形成厚垣孢子，厚垣孢子在条件适宜的时候，又可萌发形成单核菌丝。多数食用菌的单核菌丝体不能形成子实体，而有些食用菌单核菌丝能形成子实体，如金针菇、滑菇，但这种子实体小，发育不完全。

3.次生菌丝。两条可亲和的单核菌丝融合（质配），形成异核的双核菌丝即次生菌丝,多数食用菌的双核菌丝具有锁状联合。锁状联合是双核菌丝细胞进行分裂的一种特殊细胞分裂方式,双核菌丝顶端细胞通过钩状细胞阶段将细胞核分裂产生的两个子细胞核分配到前后两个子细胞中,使子细胞保持异核,菌丝得以生长(图1-16)。双核菌丝能够独立地、无限地繁殖,有些种的双核菌丝能产生粉孢子、厚垣孢子等无性孢子。

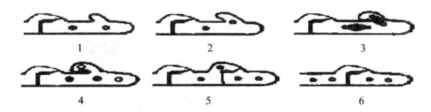

注:1.双核细胞形成钩状突起 2.一核进入突起 3.双核分裂 4.两个子核移向顶端 5.隔离成两个细胞 6.双核菌丝

图1-16 双核菌丝分裂的锁状联合

4.子实体形成。在适宜的环境条件下,双核菌丝发育成结实性菌丝(三生菌丝)并组织化,产生子实体。食用菌子实体的形成和发育大致经历菌丝聚集、原基形成、子实体形成和分化、子实体快速伸展、成熟这样五个阶段。

(1)菌丝聚集:次生菌丝经一定时期的生长,积累了足够的养分,在外界条件(如温度、湿度、光照和氧气)适宜时,便开始聚集联结形成凸起。

(2)原基形成:菌丝聚集成凸起物后,菌丝之间变得紧密组织化,这一组织化的凸起物就是子实体原基。原基没有明显的子实体形态结构的分化,就伞菌来说,没有菌盖和菌柄的区别。

(3)子实体的形成和分化:原基继续膨大并分化。出现菌柄和菌盖,进而分化出菌褶和子实层。

(4)快速伸展期:分化完成后,便进入迅速伸展期,这一时期菌盖、菌柄同步伸展,个体迅速生长。

5.担子发生与担孢子形成。在子实体生长的同时,子实体菌褶表面或菌管内壁的双核菌丝的顶端细胞发育成担子,食用菌进入有性生殖阶段。来自两个亲本的一对交配型不同的单倍体细胞核在担子中融合(核配),形成一个双倍体细胞核。担子的双倍体核立即进行成熟分裂,即减数分裂。减数分裂使两个不同交配型的细胞核的遗传物质发生重组和分离,形成4个单倍体核。各个单倍体核分别移到担子小梗的顶端,形成担孢子。在一般情况下,每个担子形成4个单核的担孢子(图1-17)。

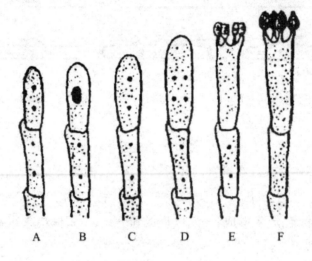

注:A:顶端细胞形成担子 B:单倍体核融合 C、D:减数分裂形成四分子(单倍体担孢子核)E:担孢子核进入孢子梗 F:形成担孢子

图1-17　担子的发生和担孢子的形成

6.担孢子弹射。伴随着担孢子的形成,食用菌的子实体不再增大,多数伞菌菌盖边缘出现波状或上卷,有的则菌盖渐渐展平而薄,大量的担孢子被弹射释放到空中。至此,完成一个完整的生活史。

(二)双核菌丝的形成

双核菌丝是由单核菌丝结合形成的。单核菌丝结合成双核菌丝分为同宗结合和异宗结合两种类型。

1.同宗结合。同宗结合的菇类,其单核菌丝是自交可育的,可以用单孢子分离方法选育优良品种,属于这种类型的有蘑菇、草菇、粪田鬼伞等,约占食用菌总数的10%。同宗结合又分为初级同宗结合和次级同宗结合两种类型。

(1)初级同宗结合:初级同宗结合是指来自一个减数分裂的单核菌丝不需经过异体菌丝的融合就可发生双核化,进而形成子实体。草菇即属于这一类型。

(2)次级同宗结合:次级同宗结合担子形成担孢子时,减数分裂形成的四个子核不是分配到四个担孢子中,而是担子上只有两个担孢子,每个担孢子都是异核的,担孢子萌发形成的菌丝体为双核菌丝体。双孢蘑菇即属于这一类型,其担孢子一般含有两个核,萌发后,自身发育就可形成子实体。

2.异宗结合。异宗结合的菇类产生的担孢子有"性别"之分,即担孢子形成的初生菌丝有亲和型之分,只有在两条亲和型不同的初生菌丝相互接触时才能结合完成质配,同一担孢子形成的菌丝细胞之间和不同担孢子形成的同一亲和型的菌丝不亲和,不能完成质配,这种现象称异宗结合。异宗结合的菇类,其单孢菌丝必须经过配对质配才能产生子实体。异宗结合是由遗传基因所控制的,又分为二极性和四极性异宗结合两种类型。

(1)二极性异宗结合:二极性异宗结合的菇类,亲和型有两种,是由一对遗传因子Aa所决定的。含A因子的单核菌丝只能和含a因子的单核菌丝配对结合,含A因子的不能与同样含A因子的菌丝结合,含a因子的同样不能和含a因子的菌丝结合(表1-3),属于这种类型的有木耳、光帽鳞伞以及鬼伞属的一些种,约占食用菌总数的33%。二极性异宗结合的担孢子的结合率占孢子总数的50%。

表1-3 二级性异宗结合的亲和组合

亲和型	A	a
A	—	亲和
a	亲和	—

(2)四极性异宗结合:四极性异宗结合的菇类,亲和型有四种,是由

两对独立遗传的遗传因子 Aa、Bb 决定的。只有所含的 AB 两个因子都不相同的两条单核菌丝才能结合(表1-4),含 AB 因子的单核菌丝只能和含 ab 因子的单核菌丝配对结合,含 Ab 因子的单核菌丝只能和含 aB 因子的单核菌丝配对结合。属于这种类型的有香菇、毛木耳、平菇、银耳等,约占食用菌总数的57%。四极性异宗结合的孢子能完成质配的占25%。

表1-4 四极性异宗结合的亲和组合

亲和型	AB	Ab	aB	ab
AB	—	—	—	亲和
Ab	—	—	亲和	—
aB	—	亲和	—	—
ab	亲和	—	—	—

(三)几种有代表性的生活史类型

各种食用菌的生活史,由于控制有性过程的基因不同而有差异。下面是四个有代表性的食用菌生活史循环示意图。

1.草菇的生活史。草菇的双核菌丝形成属于初级同宗结合,生活史如图1-18所示。

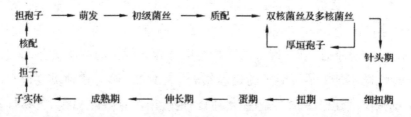

图1-18 草菇的生活史

2.双孢蘑菇的生活史。双孢菇的次生菌丝形成属于次级同宗结合,由单因子控制,属于二极性,如图1-19所示。

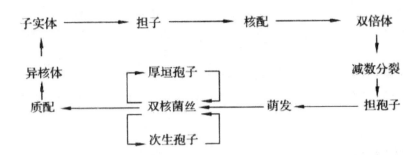

图1-19 双孢蘑菇的生活史

3.滑菇的生活史。滑菇属于异宗结合,是由单因子控制的,属于二极性,如图1-20所示。

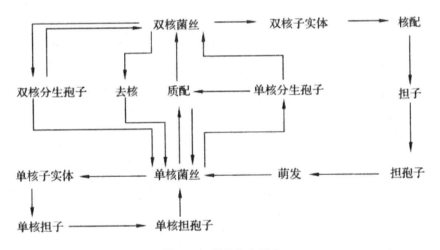

图1-20 滑菇的生活史

4.香菇的生活史。香菇双核菌丝的形成需要异宗结合,是由双因子控制的,四极性,如图1-21所示。

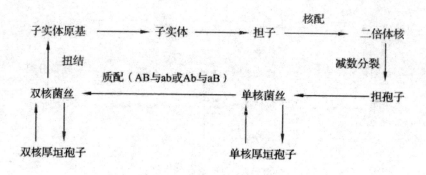

图1-21　香菇的生活史

五、菌丝的生长

食用菌是一类大型丝状真菌,其生长也表现为菌丝的伸长生长。伴随着营养的不断吸收,食用菌菌丝不断生长、分支,形成网状的丝状体。在适宜的条件下,发育成熟的菌丝体进入生殖发育阶段形成子实体。研究表明,菌丝的伸长生长、菌丝的分支及其调节控制,是靠菌丝的生长点来实现的。

1.菌丝生长点。菌丝生长点位于菌丝的顶端,呈钝圆锥形,每个分支的顶端都具有生长点。生长点内主要含有浓度很高的原生质和囊泡,有隔真菌生长时,靠近菌丝顶部还有一个易被染色的小体,称为顶体,如图1-22所示。

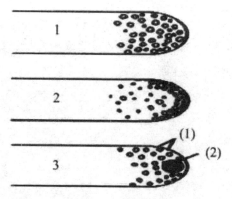

注:1.卵菌纲　2.接合菌纲　3.有隔真菌　(1)泡囊　(2)顶体

图1-22　菌丝顶尖示意图

2.菌丝生长的调节。菌丝生长点中的囊泡在菌丝生长中起着重要的作用。囊泡含有丰富的多糖、几丁质合成酶、细胞壁溶解酶、酸性磷酸酯酶、碱性磷酸酯酶,还含有几丁质前体,这些都是菌丝细胞膜与细胞壁分解与合成所需要的酶和组成物质。菌丝的顶端生长就是伴随着这些囊泡中的物质——水解酶,使顶端细胞膜和细胞壁不断分解,在前体等物质参与下和酶的作用下又不断合成的过程。

有实验证明,顶体可能以某种方式调节菌丝的生长。将正在生长的菌丝顶端暴露在强光下,在很短的时间内,可发现顶体从顶部向基部运动,如继续光照,顶体则完全消失,即使还存在囊泡,但菌丝生长已停止。避光后,顶体则再次出现,菌丝生长也重新开始。另外还发现,顶体位置的改变,往往发生在菌丝生长方向的改变之前,提示顶体可能对菌丝的生长方向起一定的调节作用。

六、环境对食用菌生长发育的影响

食用菌在长期的生存繁殖过程中,逐渐适应了其生存环境。人工栽培食用菌,首先要了解环境对食用菌生长发育的影响,从而创造适于食用菌生长发育的环境,这是成功栽培食用菌的必要条件。

影响食用菌生长发育的环境因素有物理因素、化学因素和生物因素,其中重要的有温度、水分、湿度、空气、光照、酸碱度(pH)以及其他生物。不同的食用菌对环境条件的要求也不同,如金针菇要在寒冷的冬天生长,草菇则在炎热的夏季生长,口蘑盛产于草原,猴头菌则出现在枯枝上,鸡枞菌多生长在蚁窝中,而美味牛肝菌则总是长在松根旁。同一种食用菌在不同发育阶段对环境的要求也不同,如一般食用菌在子实体阶段要求有比菌丝体阶段较低的温度,有的还要求一定的温差刺激以及更多的通风与较高的空气相对湿度等。

(一)温度

食用菌的生长发育要求在一定的温度条件下进行,不同的食用菌要求的环境温度不同,同一种食用菌的不同生长发育阶段对环境温度的要求也不同。表1-5给出了几种常见食用菌的不同发育时期对环境温度的要求。

表1-5　各种食用菌需温情况(℃)

菇名	菌丝体		子实体	
	温度范围	适温	温度范围	适温
双孢蘑菇	8～23	24～25	5～20	13～18,低温型7～20
香菇	5～35	20～27	一般品种7～10	中温型7～20,高温型15～25
草菇	15～45	25～38	26～34	30±2
金针菇	4～32	24～27	分化6～19	12～15,极早生型8～20
珍珠菇	5～32	23～27	3～20	早生型8～20,晚生型5～15
平菇	15～36	24～28	20～4	10～20
凤尾菇	10～35	23～28	20～30	25±2
榆黄蘑	14～35	23～28	18～28	23～26
栎平菇	20～33	26～28	23～33	26～28
银耳	5～35	25～28	12～32	18～23
黑木耳	5～35	22～32	16～32	20～24
毛木耳	8～40	22～32	15～34	22～30
茯苓	10～37	25～30	15～32	24～28

　　一般的食用菌在生长发育的适宜温度范围内,随着温度的升高,生长速度加快;超出适温范围后,不论是在低温还是在高温条件下,生长速度都会降低甚至停止生长。几乎所有的食用菌子实体形成和发育所要求的温度,都比菌丝体生长所要求的温度低。

　　1.孢子萌发对温度的要求。各种食用菌的孢子,都要求在一定的温度条件下萌发,见表1-6。

　　多数食用菌担孢子萌发的适宜温度是20℃～30℃,最适为25℃。一般在适温范围内,随着温度升高,孢子萌发率升高;超出适温范围,萌发率均下降;温度超出极端高温,孢子就不萌发或死亡;在低温条件下,多数孢子一般不易死亡。如草菇孢子在25℃～45℃的范围内均能萌发,最适温度为35℃～40℃,在25℃以下不萌发,25℃～30℃萌发率极低,35℃以上萌发率急剧上升,40℃时最高,超过40℃又下降,45℃以上不萌发,温度再高孢子就死亡。

表1-6 食用菌孢子产生、萌发的温度(℃)

种类	孢子产生的适温	孢子萌发的适温
双孢蘑菇	12～18	18～25
草菇	20～30	35～39
香菇	8～16	22～26
平菇	13～20	24～28
木耳	22～32	22～32
银耳	24～28	24～28
金针菇	0～15	15～24
茯苓	24～26.5	28

2.菌丝生长对温度的要求。多数食用菌菌丝体生长的适宜温度也是20℃～30℃,以25℃时生长最好,见表1-7。

据报道,香菇在5℃时每日生长6.4毫米,10℃时13毫米,15℃时40毫米,20℃时61毫米,25℃时85.5毫米,30℃时41.5毫米。可见最适温度为25℃,在5℃～25℃范围内,随着温度升高,其生长速度几乎成倍增加。在适温范围以外,不论是高温还是低温,菌丝生长发育都将受到影响,乃至死亡。如果以25℃时的香菇菌丝生长速度作为100%,在25℃+5℃时的生长速度是它在25℃时的50%,而在25℃-5℃时的生长速度是25℃时的80%。

表1-7 几种食用菌对温度的要求(℃)

种类	菌丝体生长温度		子实体分化与发育的最适温度	
	生长范围	最适温度	分化温度	发育温度
蘑菇	6～33	24	8～18	13～16
香菇	3～33	25	7～21	12～18
草菇	12～45	35	22～35	30～31
木耳	4～39	30	15～27	24～27
平菇	10～35	24～27	7～22	13～17
银耳	12～36	25	18～26	20～24

种类	菌丝体生长温度		子实体分化与发育的最适温度	
	生长范围	最适温度	分化温度	发育温度
猴头菌	12～33	21～24	12～24	15～22
金针菇	7～30	23	5～9	8～14
大肥菇	6～33	30	20～25	18～22
口蘑	2～30	20	2～30	15～17
松口蘑	10～30	22～24	14～20	15～16
滑菇	5～33	20～25	5～15	7～10
茯苓	10～35	28～32	-	24～26.5

注:茯苓菌核形成适温为32℃～36℃。

多数食用菌菌丝体生长的最低温度是2℃,最高温度是39℃,一般的生长范围是5℃~33℃。一般来说,菌丝对低温的耐受能力比高温强得多,很多食用菌菌丝在0℃或0℃以下的低温下不至于死亡,只是不能正常地生长发育。口蘑菌丝在自然界中至少可耐受-13.3℃的低温;香菇菌丝在菇木内即使遇到-20℃也不会死亡。大多数食用菌菌丝体在有10%甘油做防冻剂的条件下,可在-196℃的液氮超低温条件下保存多年而不死亡。由于高温使蛋白质变性,使酶失去活性,菌丝体代谢不能正常进行,因此,在高温条件下菌丝体的生活力迅速降低,甚至死亡。香菇菌丝在40℃下经4小时,42℃下2小时,45℃下40分钟就死亡。多数食用菌菌丝体的致死温度都在40℃左右。但草菇例外,其菌丝耐高温而不耐低温,它在40℃下仍可旺盛生长,但在5℃下就会死亡。

3.子实体分化与发育对温度的要求。下面我们从三个方面简单介绍不同温度对子实体分化与发育的影响。

(1)子实体的分化需较低的温度:不论什么食用菌,其子实体分化和发育的适温范围都比较窄,且比它的菌丝体生长所需的温度低。如香菇菌丝生长的最适温度为25℃左右,而子实体分化的适温是15℃左右,21℃就停止分化,见表1-7。菌丝生长后期,如果温度降低,受到较低温度的刺激,形成子实体的激素刺激,菌丝体扭结形成子实体原基;

如果温度过高,就不能形成原基。不同食用菌在子实体分化期间对温度的要求存在一定的差异,根据子实分化所需的最适温度,我们将食用菌分成三大类群:低温型、中温型、高温型。

低温型:在较低温度下菌丝才能分化形成子实体,最适温度在20℃以下,最高不超过24℃。如香菇、金针菇、平菇等。

中温型:子实体分化的最适温度为20℃~24℃,最高不超过28℃,如银耳、黑木耳等。这类食用菌多在春秋两季发生。

高温型:子实体分化的最适温度在24℃以上,最高可达40℃,草菇是最典型的代表,常见的还有灵芝、白黄侧耳、长根菇。

(2)子实体的发育温度略高于分化时的温度:食用菌子实体分化形成以后,便进入子实体的发育阶段,子实体由小变大,逐渐成熟并产生孢子。在这一阶段,要求温度略高于分化时的温度,这样的温度条件是子实体分化发育最理想的情况。在这种条件下,食用菌子实体生长正常,朵形好,菌柄与菌盖比例正常,肉质肥嫩,质量高。若温度过高,其生长虽然加快,但组织疏松,干物质少,菇肉(耳片)薄,柄盖比例不正常,容易开伞,质量降低;如果温度过低,生长过于缓慢,周期拉长,总产偏低。

(3)温差刺激:有些种类的食用菌在子实体形成期间,不仅要求较低的温度,而且要求有一定的温差刺激才能形成子实体,我们将这类食用菌的特性称作变温结实性,相应的食用菌称为变温型,如香菇、平菇、紫孢平菇等。子实体形成不需要温差刺激的,则称为恒温结实性和恒温型,如金针菇、蘑菇、猴头菇、黑木耳、草菇、灵芝等。

(二)水分和空气相对湿度

水在食用菌生命活动中具有重要的作用。水不仅是食用菌的重要成分,也是新陈代谢、吸收营养必不可少的基本物质。新陈代谢的任何生物化学反应都必须在水溶液中进行;水直接参与代谢反应过程;高比热与汽化热以及较高的导热性,使水在稳定与调节细胞内温度的过程中,发挥重要的作用;由于水保持了细胞的紧张度,也因此维持了各种食用菌固有的姿态。

1.食用菌的水来源。食用菌菌丝中的含水量一般在70%~80%;子实体的含水量一般在80%~90%。有时甚至可达90%。但是,不同食用菌的含水量是不同的;同一种食用菌的含水量在其不同的生长阶段、环境条件,包括基质含水量、空气相对湿度、温度等,具有密切的关系。一般在子实体发育的成熟期,食用菌的含水量比较低,在基质含水量或空气相对湿度较高时,食用菌的含水量就比较高。

食用菌水的来源有两个,即生活基质与周围空气。基质含水量除了指培养基(料)和段木的含水量外,还有菌根菌着生的土壤湿度。空气含水量常用空气相对湿度表示,空气相对湿度是空气中实际水气压与同温度下饱和水气压之比值,用百分数表示。凡是影响湿度的因素,都会直接或间接影响到相对湿度的变化。在大气中水含量不变的条件下,温度增高,相对湿度减少;温度降低,相对湿度增大。例如:在20℃时,每立方米的空气中含有17.3克的水蒸气,其相对湿度是100%;每立方米空气中含有8.7克水蒸气时,相对湿度是50%。

2.食用菌对环境水分的要求。食用菌在不同生长发育阶段对水分的要求不同(见表1-8),菌丝生长阶段对水分的要求主要体现在生活基质的含水量;而在子实体生长发育阶段,除了生活基质的含水量外,更重要的是空气相对湿度。

表1-8　食用菌不同发育时期对水分的要求

食用菌种类	段木含水量(%)	菌丝生长阶段培养基(料)的含水量(%)	子实体发育阶段空气相对湿度(%)
双孢蘑菇	38~42	63~68	89~90
香菇		60~65	80~90
草菇		65~70	85~95
金针菇		60~65	80~92
平菇	45左右	60~70	85~95
凤尾菇		65~72	80~95
滑菇	45	65~75	80~90

食用菌种类	段木含水量(%)	菌丝生长阶段培养基(料)的含水量(%)	子实体发育阶段空气相对湿度(%)
鲍鱼菇	45	65～70	90左右
银丝草菇		60	85～90
杨树菇		64～70	85～90
杯蕈		60～65	80～90
榆黄蘑		60～65	90左右
鸡腿蘑		60～65	80～90
黑木耳	45	71～80	85～95
毛木耳	45左右	65～75	85～95
银耳	42	66～71	85～95
猴头菌		60～72	80～90
茯苓	50～60	50～60	80～90
灰树花		60～63	80～95
竹荪		55～60	80～95

（1）食用菌生长发育对基质含水量的要求：我们从菌丝体阶段和子实体阶段来做具体解释。

菌丝体阶段：食用菌菌丝在基质最适含水量下生长最好；含水量太大，菌丝生长因通气不良而长势不旺，甚至受到抑制；含水量太小，菌丝生长量不但少，而且细弱。段木在多雨的季节由于含水量高，食用菌的菌丝一般在外部蔓延，很难深入到内部；相反，在干旱季节，由于段木表层含水量很低，菌丝很难在外部蔓延，而经常深入到段木内部。段木适宜的含水量一般在50%左右，复合代料的适宜含水量为60%左右。在适宜含水量的条件下，培养料（基质）有足够的水分，又有一定的通气量，利于菌丝的代谢活动；水分太高，容易造成通气不良，抑制呼吸作用，使菌丝吸水力减低，影响代谢活动；水分太低，料中通气量增大，水分挥发增大，造成水分供应不足，营养物质的吸收受到抑制，因而菌丝生长不良。

总而言之，培养料太湿或太干都会直接或间接地减少菌丝的吸水力,从而引起菌丝的生长不良。

子实体阶段:子实体是菌丝扭结而成的,从菌蕾分化完成到子实体成熟,它的细胞数目并不增加,主要是细胞贮存养料与水分的过程。如果基质中没有充足的水分,子实体就不能分化,已经分化的子实体生长就缓慢甚至停止生长。因此,基质中的含水量的高低直接影响食用菌的产量。当香菇菌丝长满后,培养料含水量在60%~65%时,子实体发生的个数最多,其重量也最大;培养料含水量为70%时,子实体发生量少,干重量次之;培养料含水量在50%~55%时,由于水分不足,子实体数量与干重最少。

可见,食用菌生活基质的含水量不仅影响菌丝的生长,而且会涉及子实体的产量。

(2)食用菌生长发育对空气相对湿度的要求:我们从菌丝体阶段和子实体阶段来做具体解释。

菌丝体阶段:食用菌菌丝体生长所需的水分,主要来源于培养基质,对空气相对湿度要求不高,但对于敞开式栽培(生料床栽等),周围的空气湿度会影响培养料中水分的蒸发,过分干燥会影响料面菌丝的生长。所以,在菌丝体生长阶段,也要求保持周围环境一定的空气相对湿度,一般为70%左右。

子实体阶段:子实体的分化与发育阶段,不仅要求培养基具有合适的含水量,还要求有适宜的空气相对湿度,否则,子实体就不能分化,即使已经发育的子实体也不能继续生长。适当的空气相对湿度,能够促进子实体表面的水分蒸发,从而促进菌丝体中的营养向子实体转移,又不会使子实体表面干燥,导致子实体干缩。出菇期若空气相对湿度在70%以下,会导致正在形成的菌盖变硬甚至发生龟裂,低于50%则子实体枯死,停止出菇;若空气相对湿度过高,形成的静止高湿环境会影响氧气的供应,导致二氧化碳和其他有害气体的积累,对子实体形成毒害,还会减少菇体水分蒸发,妨碍菌丝体中的营养向菇体运输。另外,出菇期若空气相对湿度在90%以上,菇盖上会留有水滴,引起细菌污染,造成细菌性斑点蔓延。栽培木耳时,当空气相对湿度在50%以下时,培养基很快干缩,小耳不能分化;在60%～70%时,小耳即使能分化,出耳量也很少,并停止发育;在70%～95%时小耳大量出现;在80%～85%时分化速度最快,耳丛最大,耳片较小而薄;在90%～95%时分化的小耳很快成长为大耳,其耳片也厚。一般食用菌子实体生长发育阶段要求空气相对湿度为85%～95%。

(3)孢子萌发对水分的要求:食用菌孢子在一定的湿度条件下,孢子萌发良好,而在干燥时,孢子不易萌发。一般食用菌的孢子萌发对水分的要求与菌丝体的相似,基质含水量为60%～65%,空气相对湿度70%左右。

总之,不同的食用菌对水分的要求具有一定的差异,同一种食用菌的不同生长发育阶段对水分萌发的要求也不同。

3.影响食用菌吸收水分的因素。在整个生长发育过程中,食用菌所需的水分主要是通过菌丝吸水来实现的。影响菌丝吸水的主要外界因素有温度、通气量和水质。

(1)温度:环境温度的降低会在一定程度上影响食用菌的菌丝和子实体的正常生长,会引起子实体表面起皱等脱水现象发生,表明低温影响了食用菌的吸水。其原因主要是低温能使原生质黏度增大,流动性变小,扩散减慢,降低了细胞的吸水力,水分很难通过细胞膜;同时,低温也影响了呼吸作用,伴随着产生包括吸水作用在内的许多生理活动的减慢。

(2)通气程度:在通气良好的环境中,食用菌的菌丝体的生长和子实体的发育良好,这与良好的通气保证了食用菌细胞的吸水作用密切相关。在实践中往往发现,培养料含水量过大,菌丝尤其是在培养料深部的生长不好,这就是培养基内部通气性差而妨碍菌丝吸水的缘故。这可能与通气保证了氧气供应,能加强菌丝细胞内代谢活动而促进吸水作用有关。

(3)水质:水质是指水中矿物质的成分和含量。若栽培用水含有对食用菌菌丝生长有毒害的物质,将必然影响菌丝生长,尤其是矿物质浓度过高的水,如海水、石灰岩水、盐碱水、锈水田水等,会造成培养料矿物质浓度过高,引起菌丝细胞内渗透压下降,大大降低细胞的渗透吸水,甚至使细胞脱水。

(三)空气(氧气及二氧化碳)

空气是食用菌生长发育必不可少的重要生态因子。我们周围的空气主要气体成分是氮气、氧气、氩气、二氧化碳等,其中氧气和二氧化碳对食用菌生长发育的影响最为显著。食用菌是一类需氧生物,其呼吸作用同其他生物一样,需吸收氧气,呼出二氧化碳,同时释放出能量。因此,在食用菌的生长发育过程中,需要充足的氧气,同时,随之产生的越来越多的二氧化碳将对其产生一定的影响。实验中发现,氧气对一些食用菌子实体的形状的形成具有明显的促进作用,二氧化碳对食用菌子实体的发育具有显著影响。

1.食用菌的需氧呼吸。所有的食用菌都是需氧微生物,都要进行呼吸作用以提供生长代谢所需的能量。当空气不流通、空气中含氧量低时,食用菌的呼吸受到阻碍,菌丝体的生长和子实体的发育也因呼吸的窒息而受抑制,甚至死亡,即使靠糖酵解作用暂时维持生命,也因消耗大量营养,使菌丝易衰老、死亡。

2.食用菌对二氧化碳的敏感性。如果没有及时地通风换气,呼吸作用产生的大量二氧化碳聚集,浓度升高,对于那些对二氧化碳敏感的食用菌具有一定的毒害作用而影响其正常生长。草菇、蘑菇菌丝体在10%的二氧化碳浓度下,其生长量只有正常空气下的40%;有两种平菇菌丝体,在二氧化碳浓度为20%~30%时,生长量比正常的还增加30%~40%,只有当在二氧化碳大于30%时,菌丝生长才骤然下降。这表明不同的食用菌对二氧化碳的敏感性是不同的。蘑菇、平菇等属于二氧化碳敏感菌,香菇、黑木耳、金针菇等属于二氧化碳抵抗菌。

3.空气对食用菌子实体的影响。空气对食用菌子实体的影响表现在两个方面。一方面表现为子实体形成阶段的"趋氧性"。段木栽培香菇时,采用加压造成段木内部缺氧,结果比没加压的有明显的增产效果;在袋栽食用菌时,如香菇、木耳、平菇、猴头菇等,菌丝生长到成熟阶段,在袋上开口划破塑料袋,就容易从接触空气的开口部位生长出子实体;另一方面表现在一定浓度的二氧化碳会使菌盖发育受阻,菌柄徒长,造成畸形菇。商品形态的金针菇就是根据此原理培育而成的。

因此,在栽培生产实践中,菌丝体阶段以及子实体的形成期,要给予充足的氧气,尽量避免较高浓度的二氧化碳的影响,即要求提供大量的新鲜空气。在实践中通常采取"通风换气"的措施。在子实体发育阶段,应根据不同食用菌的商品要求,通过调节氧气和二氧化碳浓度的措施控制子实体的形态,以达到提高食用菌商品性状的目的。

(四)酸碱度(pH)

与其他生物的细胞一样,食用菌的生长发育尤其是其菌丝体的生长,要求生长基质具有适宜的稳定的酸碱度(pH)。不同的食用菌对酸碱度的要求不同,如表1-9所示。人工栽培要调节好培养基质的酸碱度,保证食用菌的正常生理活动。

表1-9 几种常见食用菌对pH的要求

种名	pH范围	适宜的pH
双孢蘑菇	5.5～8.5	6.8～7.0
双环蘑菇	4～8	6.0～6.4
香菇	3～7	4.5～6
草菇	4～8	6.8～7.2
金针菇	3～8.4	4～7
滑菇	3～8	4～5
平菇	3～7.2	5.5
白平菇	4～8	5.4～6.0
凤尾菇	5.8～8	5.8～6.2
白木耳	5.2～6.8	5.4～5.6
(羽毛状菌丝)	2.4～8	
黑木耳	4～7	5.5～6.5

种名	pH 范围	适宜的 pH
毛木耳	4～8	5.0～6.5
猴头菌	2.4～5.4	4
茯苓	3～7	4～6
灰树花	3.4～7.5	4.4～4.9

1.环境酸碱度对食用菌的生理影响。下面我们从胞外酶活性、营养物质的吸收和呼吸作用三方面简单介绍。

（1）pH与胞外酶活性有关：食用菌的营养作用是通过菌丝细胞向基质中分泌多种水解酶,将大分子物质分解为小分子后再进行营养吸收。这种分解过程都是酶促反应,而任何一种酶的催化作用都要求在特定的 pH环境中进行,否则都将引起酶活性下降甚至失活,影响营养物质的分解。因此,食用菌生长基质 pH 的任何不适,都将影响其营养吸收作用而阻碍生长。所以,为了使食用菌能正常生长,就必须提供适宜的pH基质环境。

（2）pH与营养物质吸收有关：pH另一方面通过影响食用菌营养作用而影响其生长,与营养物质的吸收有关。因为,环境溶液的氢离子浓度会影响原生质膜带电荷成分的性质,从而影响细胞的渗透性。低pH时,氢离子浓度增高,质膜被氢离子所饱和,妨碍了细胞对阳离子的吸收;相反,则会干扰细胞对阴离子的吸收。

（3）pH与呼吸作用有关：细胞外溶液的pH与环境的氧化还原电位有关。pH低时,氧化还原电位高,环境处于富氧状态;而pH高时,氧化还原电位低,环境处于富氢状态。食用菌是好氧性真菌,因此,过高的pH会影响菌体的正常呼吸。

2.食用菌生长发育对酸碱度的要求。大多数食用菌同一般真菌一样,喜酸性环境,见表1-9。适宜菌丝生长的pH在3～8之间,最适pH为5.0～5.5。木生菌生长的适宜pH一般为4～6,而粪草生菌则在6～8,这与这两类食用菌营养作用所分泌的水解酶不同有关。大部分食用菌在pH大于7.0时生长受阻,大于8.0时生长停止。不同食用菌对环境pH

的要求存在差异,其中猴头菌最耐酸,它的菌丝体在 pH 低至 2.4 时仍能生长,适宜的 pH 为 4,但它不耐碱,pH 大于 7.5 时菌丝即难以生长;草菇则喜碱,最适 pH 在 7.5 左右,在 pH8.0 的草堆中,仍能良好地生长发育。

由于培养基在灭菌过程以及食用菌在生长代谢过程中会产生酸性物质,如乙酸、柠檬酸、草酸等有机酸,会使环境的 pH 下降,因此,在生产实践中,为了使培养基质的酸碱度稳定在最适 pH,常在配制培养料时适当添加磷酸氢二钾、磷酸二氢钾以及碳酸钙(或石膏粉)等 pH 缓冲物质。

(五)光照

食用菌细胞内没有叶绿素,不能像植物一样需要光照进行光合作用,但是,光照对食用菌生长发育的影响是极其明显的。光照对菌丝体生长的抑制作用、对子实体分化的促进作用、对子实体形态发育的生物学效应等说明,食用菌的生长发育与光照密切相关,至今尚未发现一种不需要光的食用菌。不同的生长阶段对光的要求及光照的影响也不同。

1.光照对食用菌菌丝生长的影响。大多数食用菌菌丝体的生长不需要光线,光线对某些食用菌的菌丝体生长甚至是抑制因素,如猴头、香菇、灵芝、金针菇等。这种抑菌作用是由于日光中紫外线的杀菌作用,日光下的培养基水分急剧蒸发而失水,以及光使培养基中的某些成分发生光化学反应而产生有毒物质抑制菌丝的生长,也称光毒作用。光照对香菇菌丝生长的影响见表 1-10。光照对菌丝体的这种生物学效应,不仅与光量有关,而且与光质有密切的关系。实验表明,引起这种不良影响的主要是波长为 380～540 纳米的蓝光,而红光对菌丝生长影响最小。

表1-10　光照对香菇菌丝生长的影响

菌丝长度(cm)	2	4	6	长满瓶
完全遮光	12 天	20 天	29 天	35 天
20～50lx	13 天	20 天	30 天	36 天
100～500lx	12 天	19 天	28 天	34 天
1000～5000lx	11 天	19 天	28 天	35 天

2.光照对食用菌子实体发育的影响。尽管食用菌菌丝体的生长不需要光照,但是,大部分食用菌在子实体的发育阶段又需要一定的散射光线。

(1)光照对子实体分化的影响:把同时接种在培养基上的糙皮侧耳一部分培育在始终是黑暗的条件下,另一部分则给予散射光条件,结果当后者已大量形成子实体原基时,前者却仍然停留在菌丝体阶段。通常侧耳在适度光照下子实体出现时间要比在黑暗下的提前20天;香菇、平菇、木耳的发生一般是在"三分阴,七分阳"的地带。这些现象证明了光照与食用菌子实体的分化有着密切的关系。适度的漫射光能够促进子实体的分化。对于一些食用菌的生长发育,光线是一个重要的生长因子,没有光线就不能形成子实体,这种在光线条件下产生子实体的反应,称作光效应。但是对于另一类食用菌,如双孢蘑菇、大肥菇以及生长在地下的茯苓、块菌等,子实体的生长发育对光线不敏感,甚至连散射光都不需要,在完全黑暗条件下,同样能够形成子实体。这种菇菌被称为嫌日性菌类。

光效应与光量、光质有关,而且不同食用菌对光的要求也不同。弱光照条件有利于香菇子实体的形成,最适光照度一般为10勒克斯,强光对子实体的形成有一定的抑制作用;凤尾菇菇蕾形成在130勒克斯的光照强度下最快,在每天光照8小时、10小时,菌丝扭结快,长蕾快,菇蕾数量多;12小时光照下次之,全光照下再次。不同光照对鲍鱼菇子实体形成的影响见表1-11。

表1-11 不同光照度对鲍鱼菇形成的影响

光照强度(lx)	发生菇蕾所需天数
40	11.6
80	12.5
120	11.4
0	16.3

不同的光质对子实体的形成有着不同的影响。据报道,从近紫外、

紫色光到青色光(波长 350～500 纳米)对子实体的形成是有效的;蓝光
是最有效的,在蓝光下,不但分化速度快,分化数量和菇体生长情况均
与全光照相似;黄、橙、红色光是无效的,几乎与黑暗一样。不同光质下
食用菌子实体分化速度如图1-23所示。

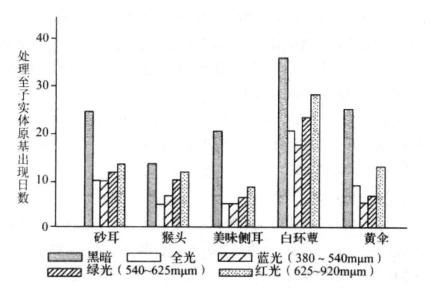

图1-23 不同光质下食用菌子实体分化速度比较

光线影响子实体发生的机制:有人认为,在诱使子实体原基形成的
光生物反应中,菌丝细胞利用光的信号作为细胞分化的转换机制。在
光反应诱发细胞分化后,菌丝细胞分裂活性提高了,分支旺盛,由膨胀、
厚壁化、胶质化等各种各样的细胞分化综合起来进行组织分化,形成子
实体原基。有人还发现,光照与环一磷酸腺苷的代谢调节有关,而环一
磷酸腺苷是子实体形成的诱导物质。

(2)光照对子实体发育的影响:光能抑制某些食用菌菌柄的徒长。
在完全黑暗或光线微弱的条件下,灵芝的子实体长成菌柄瘦长、菌盖瘦
小的畸形菇。一般在1000勒克斯以上,灵芝子实体才能正常生长。香
菇子实体在光照强度10～300勒克斯之间,菌盖与菌柄的比例有增大的
趋势,在10～40勒克斯的光照下,可获得质量良好的香菇子实体。商品
要求的金针菇柄长、菇盖小,因此,在子实体发育阶段,要求一定的避光

条件。

(3)光照对子实体色泽的影响:黑木耳在400勒克斯的光照条件下,子实体是正常的黑色;在200~400勒克斯条件下,子实体是淡黄白色;在无光或极微弱的光照(1~15勒克斯)条件下栽培出来的黑木耳,几乎和银耳一样的洁白。在光线明亮的环境中,金针菇的色泽是深棕色的;而在完全黑暗的环境中栽培出来的香菇,其色泽是白色的。这些都清楚地说明,食用菌子实体的色泽很大程度上是由不同的光照引起的。一般地说,光照能加深子实体的色泽。

由此可见,几乎所有的食用菌子实体的发育都需要一定的光线,光是食用菌正常生长发育必不可少的环境因子,只有调节好适宜的光照,才能得到产量高、菇形正、色泽好的食用菌产品。

(六)生物因子

影响食用菌生长发育的生物因子,也就是指食用菌的生物环境。构成这一环境的有植物、动物和其他微生物,其中有些是必需的,有些则是有害的。不少食用菌能与植物共生,互为有利,但也有不少食用菌侵害树木,造成根腐与干腐;不少食用菌常遭动物的危害,也有不少动物能"栽培"食用菌;许多微生物是食用菌病害的病源,但也有一些食用菌的生长发育必须依靠微生物的帮助。了解和研究食用菌和各种生物之间的相互关系,对食用菌的引种驯化、菌种制作、培养基的制备和病虫害的防治,都有十分重要的现实意义。

1.植物。食用菌与植物之间的关系紧密而复杂。首先,绿色植物是食用菌营养物质的直接或间接的供应者,为食用菌的人工栽培提供无尽的原料;其次,大量的绿色植物为自然生长的食用菌创造了适宜的气候条件,如一定的遮蔽度与漫射光、蓝绿光、温湿度调节、空气的清新度(O_2)等;最后,不同的树种与植被,造就了品种繁多的食用菌,如在针叶树林地上常产生松乳菇、灰口蘑等,在山毛榉林中产生猴头菇,在竹林中产生竹荪,赤松林中产生松口蘑等。

在营养方式和营养生理方面,食用菌与绿色植物构成了重要而复杂的关系,表现在以下几个方面。

(1)腐生:绝大多数食用菌都是行腐生营养方式的,也就是说,死亡的植物是绝大多数食用菌——腐生型食用菌赖以生存的营养物质。

(2)共生(菌根):除了腐生型食用菌,部分食用菌还能与某些生长着的植物的根构成互为有利的共生关系,与植物的根结合形成一种复合体,称菌根。菌根真菌能分泌吲哚乙酸等生长物质,刺激植物的根系生长,菌丝可以帮助植物吸收水分和无机盐,而植物可以把光合作用产生的碳水化合物提供给真菌。

许多著名的食用菌——大红菇、青头菌、松乳菌、美味牛肝菌、黑孢块蕈等都属于菌根菌。直至目前,人们对这些菌根菌与高等植物之间的微妙关系还知之甚少,所以,上述几种食用菌一直未能进行人工栽培。

(3)兼性寄生:所谓兼性寄生,就是指既能在死木枯草上生长,又能侵入植物体内营寄生生活。兼性寄生型食用菌在我国有十多种。其中蜜环菌的寄生性最强,它可以寄生在200多种植物上,常造成这些植物的根腐病。著名的山珍——猴头菌,也常常寄生在栎树、桦木等阔叶树上,使其发生白腐病,十分粗大的树干不到两年也会被猴头菌的菌丝"蛀"空。兼性寄生食用菌,基本上仍是腐生菌,所以还是可以进行人工栽培的。

2.动物。同植物相比,动物与食用菌的关系相对不那么突出、重要。对于食用菌的生长发育而言,动物可分为有益动物与有害动物。

(1)有益动物:动物的粪便和尸体是许多腐生型食用菌良好的碳源和氮源,许多粪生食用菌,如毛头鬼伞、蘑菇等常生长在草食性动物的粪便上。由于动物粪便和尸体含有大量的有机氮,因此,畜牧业、养殖业可为食用菌业提供优质廉价的有机氮,有利于食用菌栽培业的发展。

动物常是某些食用菌的传播媒介。苍蝇可以帮助竹荪传播孢子,野猪可以帮助地下蕈菌——黑孢块菌的传播。草原上的一些食用菌的孢子经过牛羊消化道后,更容易萌发,有利于食用菌的繁殖与传播。但是动物也是食用菌病虫害的传染媒介。

白蚁"栽菌"是食用菌与动物发生共生关系的典型例子——白蚁的半消化食物作为鸡枞菌生长所需的营养,而鸡枞菌的菌丝则是幼白蚁的主要食物。人们发现在热带与亚热带有近百种蚂蚁能够"栽培"蘑菇,如巴西的切叶蚁所建的菌圃,最大可达100平方米。

(2)有害动物:在自然界中,许多动物如蚂蚁、菇蝇、菇蚊、菇螨、线虫、蜗牛、鼠类、野猪、猴子等,会直接吞食或咬食食用菌的菌丝体或子实体,危害食用菌的生长;另一些动物虽然不直接吞食食用菌的菌丝体或子实体,如天牛幼虫、金龟子幼虫、白蚁等,但它们会蛀食各种木材、菌棒木屑等纤维材料,与食用菌争食,同样造成减产甚至栽培失败。

3.微生物。微生物与食用菌的关系是最为复杂和微妙的。自然界中微生物的种类繁多,但仍然可以将其分为对食用菌生长发育有益与有害的两类。

(1)有益微生物:有益微生物的作用表现为以下三个方面。

第一,许多微生物能给食用菌提供必要的营养物质:如假单孢菌、嗜热真菌和嗜热放线菌、高温放线菌能分解纤维素、半纤维素,软化草茎,为蘑菇生长提供必需的氨基酸、维生素和醋酸盐等。

第二,部分食用菌的孢子在人工培养基上不能萌发,必须在有其他微生物存在时才能萌发:如红腊蘑、大马勃的孢子在有红酵母等存在时才能萌发。

第三,蘑菇栽培中"覆土"的作用可能与其中的"球形微生物"的作用有关:在双孢蘑菇的栽培中,覆土是一项重要的栽培措施,双孢蘑菇的子实体只有经覆土后才能大量形成。覆土的作用可能就在于能吸附蘑菇菌丝体产生的挥发性代谢物,从而使天然生长在覆土层中的"球形微生物"得到大量繁殖,而这些微生物大量繁殖的结果,又产生能刺激蘑菇原基形成的激素类质,并活化了铁——蘑菇原基形成必不可少的元素,从而促进蘑菇子实体的大量形成。

(2)有害的微生物:竞争性杂菌或病原菌。这类微生物主要与食用菌争夺养料、污染菌种和培养料、引起子实体腐烂、造成子实体病害等。这类微生物种类繁多,有细菌、放线菌、丝状真菌和病毒等。

细菌是单细胞的裂殖微生物,繁殖快,分布广,很多种能产生芽孢,耐热性强,不易杀灭,常造成食用菌菌种污染。主要有枯草杆菌黏液变种和蜡状芽孢杆菌黏液变种。有些细菌还能侵害蘑菇子实体,如荧光假单胞菌和托氏假单胞菌等,能引起蘑菇细菌性斑点病和痘痕病,使蘑菇商品价值大大下降。

放线菌是单细胞丝状微生物,主要存在于土壤和厩肥中,常侵入菌种造成污染。常见且危害较大的有白色链霉菌、湿链霉菌和粉末链霉菌等。

酵母菌是单细胞真菌,对食用菌生长发育有害的酵母是一些红酵母,如深红酵母、淡红酵母和橙色红酵母等,它们常引起银耳、木耳发生病害而腐烂。

丝状真菌亦称霉菌,是危害食用菌的重要微生物,包括青霉、曲霉、镰刀霉、头孢霉、木霉、疣孢霉等,其中有的与食用菌争夺培养基,有的寄生于食用菌的子实体上产生病害,往往造成食用菌严重减产甚至绝产。

病毒是生物界最小、结构最简单的微生物。自1950年法国流行"法国蘑菇病""蘑菇X病""蘑菇顶枯病",到1961年首次发现蘑菇菌丝和孢子中有病毒样的颗粒才肯定是病毒病以来,蘑菇病毒病目前已蔓延成为世界性的病害。不仅如此,人们又发现6~7种香菇病毒,并在茯苓、平菇的子实体和菌种中也发现了病毒。食用菌被蘑菇病毒感染后,菌丝体生长十分缓慢,甚至停止生长;结菇明显减少,即使出菇,菇体也多畸形,严重时菌柄出水腐烂,最后枯萎死亡。有趣的是,香菇病毒并不像蘑菇病毒那样引起病害,无论对香菇的菌丝生长还是子实体产量都没什么影响,其中奥妙有待人们进一步研究揭示。

总之,生物因子对食用菌生长发育的影响是极复杂的,而且生物因子是很活跃的、可变的因子,在食用菌栽培过程中是最不容易控制的。

因此,除了应用现有的知识外,还必须对生物因子进行更深入的研究。

(七)环境因素对食用菌生长发育的综合影响

上述各种因子是互相结合、综合地对食用菌的生长发育发生作用的。在栽培实践中尽可能模拟和创造最适于食用菌生长发育的环境条件,才能获得最高的产量和最好的质量。

食用菌完成正常的生育过程必要的条件归纳如下图1-24所示。

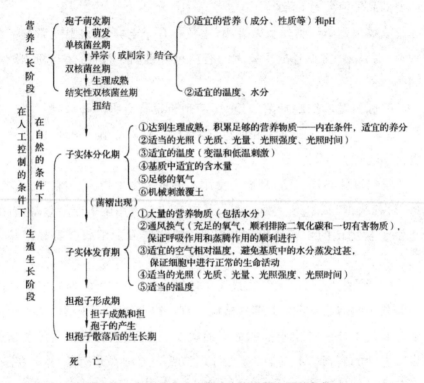

图1-24　食用菌完成正常的生育过程必要的条件

总而言之,任何一个单独因子的变化都会影响到其他环境因子。各环境因子必须很协调才能保证食用菌从营养生长阶段顺利地转入生殖生长阶段,从而获得高产。

第二章 酒红球盖菇概述

酒红球盖菇,又名球盖菇、皱环球盖菇、大球盖菇、褐色球盖菇、裴氏球盖菇、裴氏假黑伞等。酒红球盖菇是我国近几年来刚刚兴起的一株璀璨的食用菌新秀。菇体色泽艳丽,腿粗盖肥,食味清香,肉质滑嫩柄爽脆,营养丰富,口感极好,食后让人们记忆犹新。干菇香味浓郁,富含相当高的蛋白质和对人体有益的多种矿物质元素及维生素,能治疗或改善人体多种疾病之功效,堪称是色鲜味美,具有"素中之荤"的全价营养保健食品。

酒红球盖菇是食用菌中的后起之秀,是集香菇、蘑菇、草菇三者于一身的美味食品。酒红球盖菇不论是爆炒,还是煎炸,还是煲汤、涮锅,都很受欢迎。酒红球盖菇还具有预防冠心病、助消化、疏解人体精神疲劳之功效,酒红球盖菇在国内外市场很畅销。尤其是美国纽约、洛杉矶、芝加哥等大都市的超市,更是供不应求,出尽了风头,成了抢手货。

酒红球盖菇富含蛋白质、多糖、矿质元素、维生素等生物活性物质,氨基酸含量达 17 种,人体必需氨基酸齐全。酒红球盖菇子实体粗蛋白含量为 25.75%,粗脂肪为 2.19%,粗纤维为 7.99%,碳水化合物 68.23%,氨基酸总量为 16.72%,E/(E+N)及 E/N 比值分别为 39.11% 和 0.64。矿质元素中磷和钾含量较高,分别为 3.48% 和 0.82%。

酒红球盖菇对小白鼠 S-180 肉瘤和艾氏腹水癌的抑制率高达 70%。酒红球盖菇干品中含灰分 11.4%,碳水化合物 32.73%,蛋白质 25.81%,脂类 2.60%。无机元素中磷含量最多,100g 干品中约含磷 1204.65mg,之后依次为钙 98.34mg,铁 32.51mg,锰 10.45mg,铜 8.63mg,砷 5.42mg,钴

0.38mg。还含丰富的葡萄糖、半乳糖、甘露糖、核糖和乳糖。总氮中72.45%为蛋白氮，27.55%为非蛋白氮。蛋白质中42.80%为清蛋白和球蛋白。除此之外，还含有多种维生素，如100g干品大球盖菇中含烟酸51.38mg，核黄素3.88mg，硫胺素0.51mg，维生素$B_6$0.42mg，维生素B_{12}0.41mg。酒红球盖菇含胆碱、甜菜碱、组胺、鸟嘌呤、胍和乙醇胺等多种生物胺，其中组胺、乙醇胺和胆碱含量较高。(根据科学研究，到目前为止，已被确认与人体健康和生命有关的必需微量元素有18种，即有铁、铜、锌、钴、锰、铬、硒、碘、镍、氟、钼、钒、锡、硅、锶、硼、铷、砷等。这每种微量元素都有其特殊的生理功能。尽管它们在人体内含量极小，但它们对维持人体中的一些决定性的新陈代谢却是十分必要的。一旦缺少了这些必需的微量元素，人体就会出现疾病，甚至危及生命。)

酒红球盖菇具有非常广阔的发展前景。第一，栽培技术简便粗放，可直接采用生料栽培，具有很强的抗杂能力，容易获得成功；第二，栽培原料来源丰富，它可生长在各种秸秆培养料上（如稻草、麦秸、亚麻秆等），在中国广大农村，可以当作处理秸秆的一种主要措施，栽培后的废料可直接还田，改良土壤，增加肥力；第三，酒红球盖菇抗逆性强，适应温度范围广，可在4℃~30℃范围出菇，在闽粤等省区可以自然越冬，由于适种季节长，有利于调整在其他蕈菌或蔬菜淡季时上市；第四，酒红球盖菇由于产量高，生产成本低，营养又丰富，作为新产品只要一经投放市场，便很容易被广大消费者所接受。

第一节 酒红球盖菇的现状

一、自然分布

在植物分类学上，酒红球盖菇隶属于真菌门，担子菌亚门，层菌纲，伞菌目，球盖菇科，球盖菇属，是一种草腐菌。野生酒红球盖菇主要分布于欧洲、北美洲、亚洲的温带地区,在我国则主要分布于云南、四川、西藏、吉林等地。在自然界中,酒红球盖菇于春、夏、秋三季均可自然发生,多着生于路旁、草丛、林地、园地、垃圾场、木屑堆边缘、牧场的牛马粪堆等地。对生活条件要求不严,与其他草腐菌(如蘑菇、草菇等)的生活习性基本相同。该属在我国已知有10多种。野生酒红球盖菇,在青藏高原上生长于阔叶林下的落叶层上,在攀西地区则生于针阔混交林中。

二、经济价值

酒红球盖菇菇盖为葡萄酒红色,其色泽艳丽,菌盖嫩滑,菌柄脆爽,香味浓郁,口感颇佳,富含有益于人体健康的蛋白质及糖类、矿物元素、维生素等营养保健物质,具有很高的营养及药用价值。酒红球盖菇的营养十分丰富,据测定,每100克干品含粗蛋白29.1克、脂肪0.66克,碳水化合物54.0克。所含粗蛋白是香菇的1.6倍,高于银耳和黑木耳等菇(耳)类;蛋白质中含有17种氨基酸,人体所必需的8种氨基酸都有;在其所含的多种维生素中,维生素PP的含量很高,是西红柿、甘蓝、黄瓜的多倍。此外,还含有人体必需的多种矿质元素,如磷、钙、铁、镁等(表2-1、表2-2)。经常食用酒红球盖菇,可以有效地降低血液中的胆固醇,预防冠心病,防治消化系统、神经系统疾病等。在其所含的碳水化合物中,多糖含量十分丰富,具有抗肿瘤活性和功能。其子实体提取物对小白鼠肉瘤S-180和艾氏腹水瘤的抑制率均达70%。新研究发现,酒红球盖菇不但抗肿瘤,同时还具有抗艾滋病病毒的作用。

表2-1 酒红球盖菇一般成分分析(100克干品)

项目	含量(克)	项目	含量(毫克)
水分	11.9	钙	249
粗蛋白	29.1	磷	448
脂肪	0.66	铁	11
碳水化合物	54.0	维生素B_1	未测出
粗纤维	9.9	维生素B_2	2.14
灰分	4.36	维生素C	6.8

表2-2　酒红球盖菇干品的氨基酸含量

必需氨基酸	含量(%)	非必需氨基酸	含量(%)
异亮氨酸	0.750	酪氨酸	0.256
亮氨酸	0.546	丙氨酸	0.579
赖氨酸	0.513	精氨酸	0.360
甲硫氨酸	0.451	天门冬氨酸	0.823
苯丙氨酸	0.363	胱氨酸	0.173
苏氨酸	0.430	酪氨酸	1.556
缬氨酸	0.474	甘氨酸	0.373
色氨酸	未测	脯氨酸	0.223
*组氨酸	0.206	丝氨酸	0.445

注：氨基酸总含量8.521%，必需氨基酸占3.733%，为总氨基酸的43.81%。带*的为婴幼儿必需氨基酸。

三、生产现状

酒红球盖菇是国际菇类交易市场上的十大菇类之一，也是联合国粮农组织（FAO）向发展中国家推荐栽培的食用菌品种。1922年，美国人首先发现并报道了酒红球盖菇，其后，欧洲各国、日本、中国也相继发现了野生的酒红球盖菇。酒红球盖菇人工栽培的历史虽很短，但发展却较迅速。1969年，在当时的东德进行了人工驯化栽培，获得成功；20世纪70年代发展到波兰、捷克斯洛伐克、匈牙利、苏联等地区，现已成为许多欧美国家人工栽培的食用菌品种之一。我国引种栽培比较迟。1980年，上海市农业科学院食用菌研究所曾派员赴波兰考察，引进菌种，并试栽成功，但未推广。1992年，福建省三明市真菌研究所立题研究，在橘园、田间栽培酒红球盖菇获得良好效益，并逐步向省内外推广。近年来，国内不少单位都引种或分离野生菌株进行栽培研究，探索出了一套投资少、见效快的栽培技术，并逐步扩大推广范围。目前，福建、江西、河北、北京、云南等地已有一部分种植者。从鲜菇上市情况来看，易为消费者接受，前景看好，是农村致富奔小康的优良农业项目之一。

四、市场前景

酒红球盖菇是国际上公认的营养食品,又是药用价值较高的药用菌,具有较广阔的市场发展前景。在欧洲,酒红球盖菇已广为栽培,但在国内,它还属于一种新的有待于进一步开发的食用菌。几年来的引种推广情况表明,酒红球盖菇的生产,具有如下的一些优点。

第一,栽培原料来源广泛。酒红球盖菇可生长在各种秸秆培养料上,如稻草、麦秸、玉米秸、亚麻秆等。这些原料在农村极易找到,且成本很低。栽培后的废料可直接还田,改良土壤,增加肥力。目前,我国每年产出农作物秸秆如稻草、麦草、玉米秸、豆秸等5~6亿吨,但其利用率却很低。每年夏、秋收获季节,人们为了抢种,大量焚烧农作物秸秆,严重污染了大气环境,极大地影响了交通,也造成了可再生资源的极大浪费。有鉴于此,利用农作物秸秆种植酒红球盖菇,既降低了生产成本,又可以获得较大的经济效益,同时又减少或杜绝了堆弃腐烂,尤其是大量焚烧对环境及空气的污染,可有力地促进生态农业的发展。如在一些废弃的砖厂、场院等处种植酒红球盖菇,其改良土壤、复耕土地的效果更为显著。

第二,生产技术简单易行。栽培酒红球盖菇时,可直接利用整稻草或麦秸、玉米秸、大豆秸等农作物秸秆,甚至可以不加任何辅料,经过适当浸泡之后,便可进行生料、床式、覆土等方式栽培。其栽培工艺省工、省力、节省能源和设施,容易获得成功,比平菇生料栽培还要简便。同时,酒红球盖菇抗逆性强,具有很强的抗杂、抗病能力。且其适温范围广,可在4℃~30℃范围内出菇,即除了炎热的夏季外,其余季节均可种植。在福建、广东等省区,还可以自然越冬。由于适种季节长,有利于调整在其他蕈菌或蔬菜淡季时上市。其管理条件要求不严,生产过程较为粗放,适合大面积规模化、集约化、商业化栽培。

第三,市场开发潜力巨大。酒红球盖菇营养丰富,清香可口,享有"山林珍品"之美誉。其鲜菇肉质细嫩,有野生菇的清香味;干菇香味浓郁,味道鲜美,深受国内外消费者欢迎。尤其是在国际市场上十分看好,畅销欧美、日本等国家。在中欧各国,鲜菇市场价为每公斤 1~3 美元;美国市场鲜菇每公斤 8~15 美元。酒红球盖菇干品在国际市场上每公斤 40~60 美元。由于其货源紧俏,价格较高,利于出口创汇。据有关部门透露,1999 年中国向国外出口 150~200 吨酒红球盖菇干品,还远不能满足市场需求,缺口较大。在国内市场上,由于国人刚刚开始认识酒红球盖菇,且目前还处于发展阶段,尚未得到大规模的开发,生产数量较少,所以售价较高,鲜菇销价一般在每公斤 6~12 元,生产利润相对丰厚。

第四,经济效益十分可观。酒红球盖菇的种植,除具有原料丰富、成本低廉等特点外,还具有场地选择灵活、生产周期短、收益高、见效快等优点。它可在室内外进行栽培,更可与各种作物林果间作套种,不占用良田。从播种到采菇只有 60 天左右,每批菇潮间隔 10~12 天。一般可采收 3 潮菇。整个生产周期 90~100 天,一年可种植多次。栽培此菇,每平方米投料 20~25 千克,可产鲜菇 15~20 千克。国内市场,鲜菇价每千克 8~16 元。按最低产量和价格计算,每平方米产鲜菇 10 千克,每千克 12 元,每平方米产值约 120 元。除去原料、菌种、人工等开支约 50 元,每平方米可获纯利约 70 元。每公顷(约 15 亩)空闲地栽培,面积按 6000 平方米计算,可获利 42 万元(每亩地可超万元),其收入是种植一般农作物的 10 倍以上。若在果木林园进行立体栽培,上结果下长菇,经济效益更加可观。

综上所述,酒红球盖菇的开发和生产,具有投资少、风险低、见效快的特点。作为一种集营养、疗效于一体的珍贵的食用兼药用菌,酒红球盖菇具有较广阔的发展前景。栽培者抓住有利时机,适度发展酒红球盖菇的生产,将会产生良好的经济效益、社会效益和生态效益。这对于促进农村经济的发展和农民增收,将发挥积极的作用。

酒红球盖菇具有食用、保健、医药三大功用,市场前景肯定是可观的。但是我们还需要从以下几个方面做一些工作:①挖掘和普及烹饪技术酒红球盖菇自古以来就被人们称誉为山珍,是明、清两代宫廷中的名菜。我们应该将其烹饪技术全部挖掘出来,普及给民众,让大家都能享受到山珍酒红球盖菇的美味;②加强优质品种选育目前我国酒红球盖菇的优良品种不多,高产优质的品种更少。这就必须加强其遗传学、生理学的研究,以选育出更多更好的高产优质品种;③利用当地栽培原料研究新的培养料配方,充分利用当地原料,利用野生植物,保护有限的阔叶林资源。例如,福建省永安市利用松木屑大规模栽培酒红球盖菇成功,就为减少阔叶林资源消耗开辟了一条很好的途径,并大大降低了生产成本;④研制高效保健产品酒红球盖菇营养成分全面而丰富,通过实验研究,与中药和其他食品配伍,一定能研制出更多的美味可口、作用高效的酒红球盖菇保健食(饮)品来。

另外,随着国内外各界对包括食用菌在内的食品质量安全的日益关注,以及食品质量市场准入机制的建立和不断完善,食用菌的无公害生产正成为大势所趋,这对于保证包括食用菌生产者在内的广大消费者的身体健康是极其重要的。为此,本书适时地引入了酒红球盖菇无公害生产的概念和具体要求,希望能引起大家足够的重视。实施酒红球盖菇的无公害生产,有助于树立酒红球盖菇产品在广大消费者中的良好形象,可增强产品在国内外市场的竞争力,提高产品的综合效益。这对确保酒红球盖菇生产的可持续发展,具有十分重要的意义。

实际上,无公害生产的标准,是现代农产品高质量生产体系中最低的一级,其要求也都是最基本的,但对于已经习惯了常规方法生产的一些栽培者来说,可能还有一个认识和掌握的过程。虽说国内外的形势迫使我们必须尽快全面实施酒红球盖菇的无公害生产,不断提高产品质量,但在目前的情况下,要想让所有的酒红球盖菇生产者都达到无公害生产的标准也有点不太现实。对本书中提出的无公害生产标准,较好的做法是,有条件的可尽量参照无公害的标准去做,条件暂时不太具备的可按一般常规进行生产,然后再尽快过渡到无公害生产。

还有一点需要提及的是,由于人们对野生食用菌鉴别常识方面的欠缺,故不时地出现有个别人甚至是多人因误食了毒蘑菇之类的有毒野生菌而中毒以致死亡的事件。虽说不是很常见,但多年来发生的一些事例也足以让人感到震惊和遗憾。

据统计,我国的毒蘑菇有近 200 种,仅致命性的毒蘑菇就有 20 多种,其中 10 多种含有剧毒。每当夏秋季节湿润多雨,正是采集野生蘑菇的好时机。这时,人们常到山林、草原、旷野等处采集蘑菇。在野外条件下,蘑菇种类繁多,形态特征相似,如果误食了毒菌,就会造成呕吐、腹泻、剧烈恶心、流口水、流泪、昏迷、出虚汗、抽风、全身痛痒发紫、精神失常,甚至死亡。目前,对误食毒蘑菇中毒,尚无特效治疗措施。误食者中毒后,一旦出现临床症状,则多数已属晚期,救治成功率较低。因此,不能随便采食不认识的蘑菇。必须找有经验的人识别之后,方可食用。在我国南北方夏秋之季雨水增多、野生蘑菇生长旺盛的时节,广大群众和餐饮单位要高度警惕,严防误食毒蘑菇事件的发生。市民千万不要购买自己没有吃过或不认识的野生蘑菇;农村居民对不认识的野生蘑菇,或对其是否有毒把握不大、过于幼小或老熟及已霉烂的野生蘑菇,绝不要采食;学校食堂、集体食堂等,应严禁加工烹调野生蘑菇出售;大型活动和群体性聚餐时,要禁止食用野生蘑菇。现将常见的部分极毒蘑菇的种类及毒蘑菇的鉴别方法介绍如下,供大家参考。

(一)常见的极毒毒蘑菇

1.可致命的毒蘑菇。有白毒伞、鳞柄白毒伞、肉褐鳞小伞。

(1)白毒伞:形态与毒伞相似,整体乳白。菌盖直径约10厘米,菌柄较细长。白毒伞分布较广,毒性极大,人误食50克左右,就会致命。

(2)鳞柄白毒伞:整体乳白或褐色,菌盖宽大且厚,菇柄似鱼鳞状,较细长。多分布在湿润的山林之中。此种类也极毒。

(3)肉褐鳞小伞:一般菌盖直径5厘米左右,且有褐色鳞片,有菌环但无菌托。此菌分布在山林、草原、旷野、溪边等处。毒性大,中毒潜伏期长,死亡率高,近年来曾引起大量人员中毒。

2.可致精神反常的毒蘑菇。有花褶伞、毒蝇伞菌、玫毒伞、墨汁鬼伞。

(1)花褶伞:这类蘑菇北方称狗尿苔,南方称笑菌。是生长在粪堆上的蘑菇。菌盖小,呈半球形,菌柄细长可达16厘米;菌褶黑色,常有浓淡相间的花纹。误食者中毒后,表现为精神反常,大声狂笑,严重时说话困难或昏迷不醒。

(2)毒蝇伞菌:此菌体内含有使苍蝇致死的毒素。菌盖直径最大可至20厘米,鲜红至橙红色,具白色颗粒状鳞片。菌柄、菌环及菌托纯白色。在林区均有分布。误食后,产生如醉似痴的感觉。一般中毒后6小时发病。

(3)玫毒伞:类似毒蝇伞,分布广。菌盖直径约10厘米,表面褐色被白色小疣,故又叫白芝麻菌。误食后,出现胡言乱语、昏迷或幻视。

(4)墨汁鬼伞:多生长在林中、路旁、草地上,丛生。食后可轻度中毒,特别与酒同吃,最易中毒。中毒后,可引起精神不安、心血管扩张、心跳加快、耳鸣虚脱、发冷。

3.可致呕吐、腹泻的毒蘑菇。有毒粉褶菌、毒红菇、白乳菇。

(1)毒粉褶菌:在我国南北均有分布。中毒后,引起恶心、呕吐腹痛、腹泻,严重时能致命。

(2)毒红菇:形态小实体大,亦名呕吐红菇,分布于各地。菌盖珊瑚红色,直径约9厘米;表皮易剥离,边缘有条棱,味麻辣。误食后病急,呕吐腹泻,面部肌肉抽搐,甚至死亡。

(3)白乳菇:色泽多样,形小体大。菌盖白色、光滑,菌褶与孢子白色,乳汁白色,菌柄通常较短。食时很辣,食后呕吐。

4.使误食者怕见阳光的毒蘑菇。有胶陀螺、鹿花菌。

(1)胶陀螺:别名猪嘴,是生长在林中的木生菌。新鲜时柔软,有弹性,味美,分布较广。近年发生中毒较多。食后脸部红肿、发痒,火烧似的疼痛,尤其怕见阳光,在暗处则可减轻痛痒。

(2)鹿花菌:是形态特殊的菌类。误食后,常出现急性溶血、血尿,面部红肿、发痒、疼痛。阳光晒时,病情加重,严重时2天死亡。

（二）毒蘑菇的鉴别方法

除根据前面所描述的一些毒蘑菇的特征进行识别外,下面再介绍两种简单可行的鉴别毒蘑菇的方法:常规鉴别方法和生化鉴别方法。

1.常规鉴别方法。采用一些常规的鉴别方法,可以较准确地鉴别毒蘑菇:第一,看形状。毒蘑菇一般较黏滑,菌盖上常沾有杂物或生长一些像补丁状的斑块,菌柄常有菌环;无毒蘑菇则很少有菌环;第二,观颜色。毒蘑菇一般颜色较鲜艳,多呈金黄、粉红、白、黑、绿等色;无毒蘑菇一般颜色较深暗,多呈咖啡、淡紫或灰红色;第三,闻气味。毒蘑菇有土豆或萝卜味;无毒的则有苦杏或水果味;第四,看分泌物。将采摘的新鲜野蘑菇,撕断菌杆,无毒的分泌物清亮如水,个别为白色,菌面撕断不变色;有毒的分泌物稠浓,呈赤褐色,撕断后在空气中易变色;第五,看变化。用切开的葱段,擦拭蘑菇的表面,葱段颜色呈青褐色的为毒蘑菇。

2.生化鉴别方法。由简易的生物化学方法,也能够帮助我们鉴别蘑菇的有毒成分,达到预防蘑菇中毒的目的。例如,在一小块报纸上,涂上鲜蘑菇捣碎压出的汁液烘干后,在纸上滴一滴浓盐酸,如果在1～2分钟内,呈现蓝色,就是含有毒伞肽。含有毒伞肽的毒菌有白毒伞、鳞柄白毒伞、肉褐鳞小伞等多种。如果滴上盐酸后,立即呈现红色,或半小时后又变为浅蓝色,则是含有色胺类毒素的柠檬黄伞等毒蘑菇。此外,如鳞柄白毒伞菌遇到氢氧化钾变金黄色,毒伞遇到硫酸呈青紫色,豹斑毒伞遇到硫酸呈橙黄色等,都是毒蘑菇的表现特征。

第二节 酒红球盖菇的生物学特性

一、形态结构

酒红球盖菇的子实体单生、群生或丛生,个体中等至较大,最大菇丛可重达数公斤,最大朵重可达2.5公斤。菌盖近半球形,后扁平,一般直径5~25厘米,有的可达30厘米以上。菌盖肉质,湿润时表面稍有黏性。幼嫩子实体初为白色,常有乳头状的小突起。随着子实体的长大,菌盖渐变成红褐色至葡萄酒红褐色或暗褐色,老熟后褪为褐色至灰褐色。有的菌盖上有纤维状或细纤维状鳞片,随着子实体的成熟而逐渐消失。菌盖边缘内卷,常附有菌幕残片。菌肉肥厚,色白。菌褶直生,排列密集,初为污白色,后渐变成灰白色,随菌盖平展,逐渐变成褐色或紫黑色,刀片状,稍宽,褶缘有不规则缺刻。菌柄近圆柱形,靠近基部稍膨大,柄长5~20厘米,柄粗(直径)0.5~4厘米。菌环以上的柄呈白色且光滑,而其下部则略有细条纹状,成熟时呈淡黄色。菌柄早期中实有髓,成熟后逐渐中空。菌环膜质,较厚或双层,位于柄的中上部,白色或近白色,上面有粗糙条纹,深裂成若干片段,裂片先端略向上卷。菌环易脱落,在老熟子实体上常消失。孢子光滑,椭圆形,棕褐色,有麻点,大小为(10~16)微米×(6.5~11)微米。顶端有明显的芽孔,厚壁。孢子印紫褐色。褶缘囊状体棍棒状,顶端有小突起,大小为(35~50)微米×(8.5~15)微米。

二、生长条件

(一)营养

营养物质是酒红球盖菇生命活动的物质基础,也是获得高产的基本条件。这些营养物质主要包括碳源和氮源,其中碳源有葡萄糖、蔗糖、纤维素、木质素等,氮源有氨基酸、蛋白胨等。此外,还需要微量的无机盐类。在生产实践中通常以稻草、麦秆、木屑等作为培养料,这不同于其他食用菌所采用的粪草料及棉籽壳。通常以麸皮、米糠作为酒红球盖菇氮素营养来源,这些下脚料不仅补充了氮素营养和维生素,也是早期辅助的碳素营养源,有利于菌丝的生长发育。因此酒红球盖菇的菌种在PDA培养基上能正常生长,制成的菌种接种在纯稻草,或稻草加粪肥、纯玉米秆(铡碎)、麦秸加杂木屑、稻草加麦秸等培养基上,菌丝均能旺盛生长,并长出子实体。

水分是酒红球盖菇菌丝及子实体生长不可缺少的重要条件。酒红球盖菇对水分的要求涉及培养基的含水量和空气相对湿度。基质中含水量与菌丝的生长及长菇量有最直接的关系，菌丝在基质含水量65%~80%之间才能正常生长，最适含水量为70%~75%。培养料中含水量过高，会导致菌丝生长不良，表现为菌丝量稀少、菌丝生长细弱，甚至还会使原来的菌丝萎缩。子实体发育阶段一般要求环境相对湿度在85%以上，以95%左右最好。菌丝从营养生长阶段转入生殖生长阶段必须提高空气的相对湿度，才能刺激出菇，否则菌丝虽生长健壮，出菇也不理想。

酒红球盖菇是一种腐生菌，不含叶绿素，不能利用阳光进行光合作用而制造养分，必须完全依赖培养料中的营养物质来生长发育。从营养的本质来讲，营养物质对酒红球盖菇主要有三方面的作用：一是构建酒红球盖菇细胞的原料。酒红球盖菇的组织细胞除了水分之外，所有的干物质约占10%左右。其中绝大部分为糖类、脂类、蛋白质、核酸、维生素等有机化合物，在这些干物质中还含有少量的无机盐——灰分；二是营养物质为酒红球盖菇提供生命活动的能源。因为酒红球盖菇不能利用光能进行光合作用，只能利用有机物的氧化作用取得化学能，在酒红球盖菇细胞内营养物质的分子所含的化学能只有通过生物氧化才能释放出来，而可被细胞用来做功的能主要是高能化合物，如ATP（三磷腺苷）。酒红球盖菇吸收利用营养物质如糖类等有机物进行氧化和还原分解反应时释放的能量，先将其转变成AIP。当需要能量时使ATP分解，将贮存的高能量释放出来。酒红球盖菇在整个生长发育过程中不停地消耗能量，而能量的基本来源是营养物质的氧化作用。糖、脂肪、氨基酸的氧化分解作用是生成ATP的主要途径；三是营养物质是酒红球盖菇高产稳产的根本保证。酒红球盖菇菌丝体必须在营养丰富的基质中才能旺盛生长，并积累其营养物质。酒红球盖菇子实体形成的多少、生长发育的快慢，即产量、质量的高低和好坏，都直接决定于培养基质内营养成分的数量和配比。

综上所述,营养是酒红球盖菇生长发育的物质基础,选择营养丰富的培养基质,无疑是酒红球盖菇高产的基本保证。在研究酒红球盖菇的营养时,必须注意的问题是:在无菌条件下,纯培养的酒红球盖菇菌丝对营养物质的利用,和在许多微生物存在的栽培条件下,酒红球盖菇菌丝对营养的利用情况是不同的。

1.碳源。酒红球盖菇能广泛利用碳源,如糖类、淀粉、树胶、果胶、半纤维素、纤维素、木质素等各种碳水化合物。这些碳源主要存在于农作物的秸秆之中,被嗜热及中温性微生物及酒红球盖菇菌丝分泌的各种酶分解为简单的碳水化合物而为酒红球盖菇所利用。半纤维素转化为戊糖(阿拉伯糖、木糖)、己糖(葡萄糖、半乳糖、果糖)之后,首先被酒红球盖菇吸收利用,纤维素在转变成纤维二糖后才能被吸收利用。

从播种到第一批黄豆大小的菌蕾出现,大部分木质素(63%～92%)已耗尽。而α-纤维素和戊聚糖含量在菌丝生长阶段下降很慢,到产菇期间,下降则变得迅速。也就是说,酒红球盖菇菌丝生长阶段主要是消耗培养基中的木质素,出菇期间则主要消耗戊聚糖和α-纤维素。由此可以得出一个重要的结论:酒红球盖菇菌丝生长阶段所吸收的碳素营养成分完全不同于出菇期间的碳素营养成分。

2.氮源。氮素营养也是酒红球盖菇生长发育过程中必不可少的重要营养成分,氮素是合成原生质及细胞结构物质的主要成分。

就氮素营养而言,培养基中所有的氮素,只有硝态氮不能供给酒红球盖菇菌丝生长,也就是说,酒红球盖菇不能同化硝酸盐,而铵态氮则可以被同化。酒红球盖菇更适于利用有机氮,其原因是有机氮中的碳可以转化为碳源,从而可促进营养的平衡。酒红球盖菇不能直接利用蛋白质,但能很好地利用其水解产物。酒红球盖菇的主要氮源是蛋白质、蛋白胨、肽、氨基酸、嘌呤、嘧啶、酰胺、胺、尿素、铵盐等,

在堆肥发酵过程中,氮被堆肥中的微生物吸收利用,并转化为菌体蛋白。这种菌体蛋白经过分解后,也是酒红球盖菇所需要的良好氮源。

酒红球盖菇不仅需要丰富的碳源和氮源作为基本的营养,而且在

吸收、利用碳素和氮素营养时,是按照一定比例吸收的。据报道,酒红球盖菇菌丝体的生长和子实体的分化、发育的最适碳氮比例为17∶1。根据这个要求,在配制酒红球盖菇培养料时,原材料的碳氮比应在(30~33)∶1,这样经过堆制发酵后其碳氮比才能达到17∶1。因此,酒红球盖菇培养料粪草成分的配比及加尿素的数量应严格按照这个要求。如果氮肥不足,就会显著影响酒红球盖菇的产量,若氮肥过多也会造成无谓的浪费。

3.无机盐。无机盐作为矿质营养,也是酒红球盖菇生命活动所不可缺少的物质。它们之中有的参与细胞的组成,有的作为酶的组成部分,有的参与能量的转移,有的控制原生质的胶体状态,有的参与维持细胞的渗透性等。

钙以离子状态控制着细胞的生理活动,如降低细胞膜的透性,调节酸碱度等。钙能促进菌丝体的生长和子实体的形成。钙的生理效应和钾、镁是拮抗的。当这些元素过多时,钙就能与其形成化合物,从而消除这些元素对酒红球盖菇菌丝生长的抑制作用。此外,钙还能使堆肥和土壤凝聚成团粒,提高培养料的蓄水保肥能力,增加透气性。在生产上常用石膏(即硫酸钙、碳酸钙和熟石灰等)作为钙肥。此外,钙还有中和酸根和稳定堆肥pH值等作用。

磷不仅是核酸、磷脂、某些酶的组成元素,也是碳素代谢和能量代谢中必不可少的元素。没有磷,碳和氮就不能很好地被利用。酒红球盖菇生产中常把过磷酸钙追加在堆肥中,但是过量的磷酸盐会造成培养料的酸性环境,引起酒红球盖菇的减产。

钾是许多酶的活化剂,同时还可以控制原生质的胶体状态及调节细胞透性。因此,钾在细胞的组成、营养物质的吸收及呼吸代谢中都很重要。由于酒红球盖菇培养料以秸秆为基本原料,其中含有丰富的钾肥,因此不必另外添加。据报道,在合成堆肥中N∶P∶K含量的比例以13∶4∶10为好。

硫存在于细胞的蛋白质中,主要是含硫的氨基酸,某些酶的活性基团也含有硫。堆肥中添加石膏即增加了硫的含量。

4.微量元素。酒红球盖菇在正常生长发育过程中,除了需要一些大量元素外,还需要一些含量少的元素,因需要量甚微,故称为微量元素。

少量的铁对酒红球盖菇生长是有益的,并可促进纯培养中酒红球盖菇原基的形成。铜对酒红球盖菇发育是必需的。此外,酒红球盖菇生长还需要微量的铂、锌等元素。日本在酒红球盖菇堆肥中所施用的"菇源",即包括丰富的矿质元素。

5.生长素。在具备水分、碳源、氮源和无机盐各种营养成分的情况下,酒红球盖菇有时也生长得不好。除掉其他干扰因素外,可能是由于缺少酒红球盖菇生长所必需的某些特殊物质——生长素。

生长素包括维生素、核酸等有机化合物。维生素对酒红球盖菇的生长是非常重要的,因为它们是组成各种酶的活性基团的成分。缺少它们,酶就会失去活性,生命活动也就停止了。如维生素 B_1(硫胺素)是酒红球盖菇生长所必需的生长素,它对酒红球盖菇的糖代谢起着重要的作用。维生素 B_1 缺乏时,首先抑制酒红球盖菇的生长发育;浓度继续降低,菌丝生长将会受到抑制,如不及时添加,生长便会停止。此外,维生素 B_2(核黄素)、生物素(维生素 H)、吡哆醇(维生素 B_6)、泛酸、叶酸等维生素,对酒红球盖菇的营养代谢都起着一定的作用。在酒红球盖菇生产上使用的生长素,如三十烷醇、萘乙酸、吲哚乙酸、健壮素、助长素等,对酒红球盖菇菌丝的生长和子实体的形成都有不同程度的促进作用。

酒红球盖菇属草腐菌类,对营养的要求以碳水化合物和含氮物质为主。所需碳源有葡萄糖、蔗糖、纤维素、半纤维素、木质素等;氮源有氨基酸、蛋白胨等;此外,还需适量的无机盐类。栽培实践证明,稻草、麦秸、大豆秸、玉米芯、麻秆、部分阔叶树木屑等均可作为酒红球盖菇生长所需的碳源,麦麸、米糠等均是酒红球盖菇良好的氮素来源。酒红球盖菇对营养条件要求不高,过高的氮素反而对其生长不利,因此,在栽培过程中,甚至不需要添加肥料。即使添加氮素辅料,辅料含量也不宜过多。有的栽培者只用稻草、麦秸、玉米秸等为原料,不加辅料进行栽培,酒红球盖菇也能生长良好,出菇正常,产量也很高。

(二)温度

酒红球盖菇属中温型菌类,但其适温范围较广,且对低温有较强的抗性。在菌丝生长和子实体形成阶段,对温度有不同的要求。其菌丝生长的温度范围为5℃~36℃,但以23℃~27℃为最适宜;低于10℃或高于32℃,生长速度迅速减慢。气温超过36℃,菌丝生长停止;若高温持续延长,则造成菌丝死亡。温度较低时,菌丝生长虽然缓慢,但不至于影响其活力,所以酒红球盖菇菌丝可以安全过冬;而当温度升高至32℃以上时,虽不至于造成菌丝死亡,但当温度下降至适温时,菌丝生长速度则明显减弱。在实际栽培中,高温发菌有百害而无一利。低温发菌,虽然长速慢一些,但菌丝活性高,出菇旺,有利于提高产量。因此在实际生产中,应控制好发菌期的温度,以免影响菌丝生长,进而影响产量。秋播偏早时,尤其应密切观测,其料温不得超过36℃;春播,温度在10℃以下时,菌丝生长速度极慢,低于5℃停止生长。在子实体形成和生长阶段,所需温度范围为4℃~30℃,原基形成的最适温度为10℃~16℃,子实体生长发育期的最适温度为16℃~21℃,子实体形成阶段的最适温度为18℃~23℃。在适温范围内,温度低,菇体生长慢,但朵形较大,柄粗盖厚,不易开伞,菇质优良;温度偏高,菇体生长快,但朵形小,菌盖较薄,菌柄偏细弱且易开伞,产量较低。子实体生长过程中,若遇到霜雪天气,只要适度御寒防冻,菇蕾仍能存活;但气温超过30℃,则难以形成子实体原基。在实际生产中,将温度调控至适宜范围的偏低水平时,有利于子实体发育,品质好,产量高,可获得较佳栽培效果。这一要求在秋季播种时较易掌握,但在春季生产时则调控难度较大,应创造条件尽量予以满足。

(三)水分和湿度

酒红球盖菇对水分的要求,涉及培养基(料)的含水量和空气相对湿度等。酒红球盖菇菇体较大,且目前多采用畦床式栽培,培养料容易失水,故其需水量较常规食用菌为多。菌丝的正常生长,要求培养基(料)含水量达65%～80%,最适宜的含水量为70%～75%。培养料中若含水量过低,基质干燥,菌丝不易萌发和蔓延;含水量过高,透气性差,菌丝生长不良,表现为稀疏、细弱,乃至萎缩。菌丝生长阶段,要求较低的空气相对湿度,以75%～85%为宜;子实体发育阶段,需要较高的水分和湿度,一般要求培养基含水量在75%左右,空气相对湿度为90%～95%。因为菌丝从营养生长转入生殖生长,必须提高空气湿度,方可促使菌丝扭结出菇,否则,菌丝生长虽很健壮,但空气湿度低,也难以出现原基而形成子实体。

相对湿度对照表如下表2-3所示。

表2-3　相对湿度对照表(%)

干球温度(℃)	干球温度-湿球温度(℃)					干球温度(℃)	干球温度-湿球温度(℃)				
	1	2	3	4	5		1	2	3	4	5
40	93	87	80	74	68	24	90	80	71	62	53
39	93	86	79	73	67	23	90	80	70	61	52
38	93	86	79	73	67	22	89	79	69	60	50
37	93	86	79	72	66	21	89	79	68	58	48
36	93	85	78	72	65	20	89	78	67	57	47
35	93	85	78	71	65	19	88	77	66	56	45
34	92	85	78	71	64	18	88	76	65	54	43
33	92	84	77	70	63	17	88	76	64	52	41
32	92	84	77	69	62	16	87	75	62	50	39
31	92	84	76	69	61	15	87	74	61	48	37
30	92	83	75	68	60	14	86	73	59	46	34
29	92	83	75	67	59	13	86	71	57	44	32
28	91	83	74	66	59	12	85	70	56	42	—
27	91	82	74	65	58	11	84	69	54	40	—
26	91	82	73	64	56	10	84	68	52	—	—
25	90	81	72	63	55	9	83	66	50	—	—

注:表列温湿度关系是在1个标准大气压(101.33千帕或760毫米汞柱)条件下的数据。

（四）酸碱度（pH值）

酒红球盖菇适应于微酸性的生长环境,在基质的pH值4.5～9的范围内均能生长,但以pH值5～7较为适宜。在pH值较高的偏碱性环境下,前期菌丝生长缓慢,但随着菌丝呼吸和代谢中产生有机酸,培养基(料)中的pH值逐步下降。生产中可将基料的pH值调至6.5～8,经短暂吸水软化及产热,pH值可自动下降。尽管菌丝在pH值5.5～6的基料中长势最好,但随着菌丝的大量生长繁殖,势必会在其新陈代谢的过程中产生一些有机酸,因此,播种前基料的pH值虽然偏高一些,但在新陈代谢过程中会被不断中和,从而达到最适水平。如果播种前将pH值调至5.5～6的合适水平,则在发菌过程中产生的酸,会令其进一步下降,反而将因基料酸度过大,而使菌丝难以正常生长。

（五）空气（氧气）

酒红球盖菇属于好气性真菌,新鲜而充足的空气,是保证其正常生长发育的重要环境条件之一。在菌丝生长阶段,对通气要求不太严格,甚至在空气中的二氧化碳浓度大于1%的环境中仍可正常生长(平常空气中二氧化碳的浓度为0.03%左右);而在子实体生长发育阶段,由于新陈代谢旺盛,吸收氧气的数量较大,因此,必须加强菇房(棚)的通风换气,保证空气的新鲜,一般二氧化碳浓度低于0.15%水平时即可满足。在该条件下,菇房(棚)内的食用菌气味很小。当空气不流通,氧气不足时,菌丝的生长和子实体的发育均会受到抑制,菇柄伸长,菇质下降。特别是在子实体大量发生时,更要注意场地的通风。可使通气孔保持常开状态。遇强风天气时,适当关闭,一般即可满足子实体生长需要。而在林果园立体栽培,空气一般较新鲜,故不需特别调控空气。

（六）光线

菌丝生长阶段,可完全不需要光线,以避光培养为宜;子实体形成和发育阶段,则需要一定的散射光,100～500勒克斯的光照,有利于原基形成和子实体生长。若栽培场地选择半遮阳的环境,则栽培效果更佳。主要表现为产量高,菇体健壮,色泽鲜艳。但较长时间的强光,则易造成空气湿度降低，会使正在迅速生长而接近采收的菇柄龟裂，从而影响商品价值。

照度与灯光容量对照表如下表2-4所示。

表2-4　照度与灯光容量对照表

照度（勒克斯）	白炽灯单位容量（瓦/平方米）	20平方米栽培室灯光布置（瓦）	
		白炽灯	日光灯
1～5	1.0～4.0	25～80	10～30
5～10	4.0～6.0	80～120	30～40
15	5.0～7.0	100～140	35～50
20	6.0～8.0	120～160	40～60
30	8.0～12	160～240	60～80
45～50	10～15	200～300	70～100
50～100	15～25	300～500	100～160

注：照度即光照强度，又叫光照度。其计量单位是勒克斯，简称为勒、lux、lx。光照度可凭经验估算，也可用照度计直接测量。本表所示数据，是指在室内环境完全黑暗的情况下，用灯光作光源时的光照度。以下是一些环境中的光照度的经验值，可供判断照度值时参考。阴天室内的照度为5～50勒；阴天室外的照度为50～500勒；晴天在采光良好的室内的照度为1000～2000勒；晴天背阴处的照度为1000～10000勒；夏季中午太阳光下的照度为20000～100000勒；阅读书刊时所得的照度为50～100勒，此即一般办公室所应达到的照度；电视机荧光屏的照度为60～150勒；电视演播室所需照度为300～2000勒；家用摄像机的标准照度为1400勒；在40瓦的白炽灯下1米远处的照度约为30勒；一盏40瓦的日光灯，当距离为5、10、20、50、100厘米时，照度分别为3500、1800、1400、600、280勒；晴朗月夜的照度约为0.21勒；黑夜的照度约为0.001勒。

（七）覆土

酒红球盖菇菌丝营养生长阶段，在没有土壤的环境中能正常生长，但为了促进子实体的形成，需要覆土。不覆土，虽也能出菇，但时间明显延长，且出菇量少，有时甚至不出菇。覆盖用土，要求含有腐殖质，质地松软，有较高的持水率，干不成块，湿不发黏，喷水不板结，水少不龟裂。以菜园土、草炭土、园林土或塘泥与细煤渣的混合土为适，切忌用沙质土和黏土。土壤的pH值宜在5.5～6.5之间。

三、酒红球盖菇不同部位氨基酸含量测定及营养评价

近年来菌体蛋白的开发和利用越来越受到重视，研究酒红球盖菇

营养成分分析的也有很多,但对其氨基酸含量测定并进行深入分析尚不多见。本文以酒红球盖菇的菇柄和菇盖作为研究材料,根据对酒红球盖菇不同部位各种氨基酸含量测定的结果,采用模式谱等方法对其进行蛋白质营养分析评价,从而为其在食用价值和药用价值的开发利用提供科学的依据。

(一)材料和方法

1.材料。材料为酒红球盖菇菇柄、菇盖样品在60℃条件下烘至恒重后粉碎、过100目筛备用。

2.仪器。仪器为L-800氨基酸自动分析仪:日本日立公司;T6新世纪紫外分光光度计:北京普析通用仪器有限责任公司;FW100型高速万能粉碎机:天津市泰斯特仪器有限公司;DL-101电热恒温干燥箱:天津市中环实验电炉有限公司;2010粗蛋白测定仪:瑞典福斯公司生产。

3.测定方法。粗蛋白的测定:参照《食品安全国家标准食品中蛋白质的测定》;17种氨基酸测定:参照《食品中氨基酸的测定》;色氨酸的测定:参照《饲料中色氨酸的测定方法分光光度法》。

4.评价方法。有模糊识别法、氨基酸模式谱法、氨基酸比值系数法。

(1)模糊识别法:以鸡蛋的蛋白质作为标准蛋白质(a),其中所含的8种必需氨基酸(EAA)的含量见食物成分表,将酒红球盖菇菇盖蛋白(u_1)与酒红球盖菇菇柄蛋白(u_2)进行比较,通过兰氏距离法,计算定义的待评价样品u_i(i=1,2)的蛋白与标准蛋白a的贴近度Q(a,u)。

$$公式(1):Q(a,u) = 1 - 0.09 \sum_{k=1}^{8} \frac{|a_k - u_{ik}|}{a_k + u_{ik}}$$

式中:a_k(k=1,2,…,8)即为标准蛋白的8种人体必需氨基酸的含量,%;u_{ik}为第i个待评价样品的第k种必需氨基酸的含量,%。

然后将计算出的贴近度值按照大小进行依次排列,贴近度值的大小反映的是待评价样品的蛋白质质量与标准蛋白^{a}的接近程度,Q值越接近于1,其蛋白质的营养价值也就相对越高。

（2）氨基酸模式谱法：必需氨基酸的种类、含量以及组成比例是评价氨基酸营养价值好坏的重要指标。通过对必需氨基酸与总氨基酸含量比值的计算，与FAO/WHO推荐的人体必需氨基酸模式谱相比较得出结果。

（3）氨基酸比值系数法：所采用的方法为氨基酸比值系数法，也可称为氨基酸平衡理论，就是利用WHO/FAO提供的必需氨基酸模式的标准，计算酒红球盖菇中必需氨基酸（EAA）与WHO/FAO中相对应的EAA含量的比值（RAA）、氨基酸的比值系数（RC）和比值系数分（RSC）。

$$公式（2）：RAA = \frac{待评蛋白质EAA含量}{WHO/FAO中相应EAA的含量}$$

$$公式（3）：RC = \frac{RAA}{RAA的均值}$$

因为各种食物中所含的氨基酸的比例可能不太相同，故可以通过计算各氨基酸比值的平均值进行比较得出结论，如果各种食物中蛋白质的氨基酸含量组成的百分比与氨基酸参考模式相吻合，那么各种EAA的RC应等于1；如果数值大于或者小于1，则表示氨基酸组成比例偏离了氨基酸的参考模式；当RC大于1时，则表示该种EAA是相对过剩的，而当RC小于1时，则表示该种EAA相对缺少的，这时的RC可称为第一限制性氨基酸（FLAA）。

$$公式（4）：RSC = 100 - CV \times 100$$

式中：CV为RC的变异系数；

CV = 标准差/均值。

SRC的现实意义：若食物中蛋白质的各种EAA组成百分比含量与WH0/FAO推荐的必需氨基酸参考模式相接近，那么此时RC的变异系数CV为0，也就是SRC=100；若食物中蛋白质的EAA的RC值越大，则表示这些EAA在氨基酸平衡过程中的价值也就越小，即当RC变大时，SRC会随之越来越小，蛋白质的营养价值也就越来越差；反之，SRC的值越接近100，蛋白质的营养价值也就逐渐升高。

（二）结果与分析

1.酒红球盖菇菇盖和菇柄中氨基酸基本组成。酒红球盖菇菇盖及菇柄中蛋白质和氨基酸百分含量见表2-5。

表2-5　酒红球盖菇菇盖及菇柄中蛋白质和氨基酸百分含量(%)

种类	百分比含量		种类	百分比含量		项目	比值	
	菇盖	菇柄		菇盖	菇柄		菇盖	菇柄
蛋白质	26.07	12.49	非必需氨基酸（NEAA）			E/N	68.76	84.84
必需氨基酸（EAA）			胱氨酸	0.08	0.02	E/T	41.11	46.17
亮氨酸*	1.23	0.43	天冬氨酸*	1.73	0.58	F/T	27.52	23.83
赖氨酸*	1.13	0.38	丝氨酸	0.97	0.34			
异亮氨酸*	0.72	0.25	谷氨酸*	3.09	1.01			
蛋氨酸*	1.17	0.91	甘氨酸*	0.95	0.33			
苯丙氨酸*	0.83	0.33	丙氨酸	1.16	0.47			
苏氨酸	0.94	0.35	酪氨酸	0.42	0.21			
缬氨酸	0.93	0.34	组氨酸	0.44	0.12			
色氨酸*	0.25	0.09	精氨酸*	0.88	0.28			
氨基酸总量T	17.51	6.67	脯氨酸	0.75	0.27			
必需氨基酸总量E	7.20	3.08	非必需氨基酸总量N	10.47	3.63			

注：*为药效氨基酸；F为鲜味氨基酸量，即天冬氨酸量+谷氨酸量；E/N为必需氨基酸总量与非必需氨基酸总量的比值；E/T为必需氨基酸和氨基酸总量的比值。

从表2-5可知，酒红球盖菇菇盖和菇柄的蛋白质中氨基酸百分含量分别占17.67%和6.71%，可明显看出菇盖中氨基酸百分含量是菇柄氨基酸百分含量的2倍还多，而且种类丰富，且两者都含有人体所需的8种必需氨基酸。而其中菇盖中的必需氨基酸含量与氨基酸总含量的比值为41.11%，E/N值为68.76%，分别高于FAO/WHO规定的40%和60%的标准，蛋白质含量为26.07%，说明酒红球盖菇的菇盖可以为人们提供具有营养价值的蛋白质。菇柄蛋白质中必需氨基酸占氨基酸总含量的46.17%，E/N值为84.84%，也是高于FAO/WHO规定的标准，且蛋白质含量达到12.49%,故可以判断酒红球盖菇的菇柄也同样为人们提供优质的蛋白质。

从表2-5也表明,各种氨基酸中谷氨酸的百分含量是最高的,分别为3.09%(菇盖)和1.01%(菇柄),谷氨酸被人通过食物摄入后会与人体中的血氨结合生成对人体无害的谷氨酰胺,从而解除身体内各组织代谢过程中产生的氨的毒害作用,并积极参与脑组织的新陈代谢,促进脑机能的活跃。除此之外酒红球盖菇中还含有丰富的药效氨基酸,如亮氨酸、色氨酸、精氨酸等,虽然菇柄中的含量没有菇盖中的多,但依然不可忽视其重要的药用价值。

天冬氨酸与谷氨酸是重要的呈味氨基酸,也是食物加工过程中的鲜味物质,从表中可知这两种氨基酸的含量在菇盖和菇柄中占到氨基酸总含量的27.52%与23.83%,在白灵菇和酒红球盖菇的营养评价分析中也证实了酒红球盖菇是很好的鲜味物质,表明酒红球盖菇是一种不可多得的具有食用价值的天然食品。

2.模糊识别法的评价结果。通过公式(2)计算获得待评酒红球盖菇菇盖蛋白和菇柄蛋白分别相对于标准蛋白的贴近度,结果见表2-6。

表2-6 酒红球盖菇中蛋白质相对于标准蛋白的贴近度

待评酒红球盖菇蛋白	待评蛋白代码	贴近度
菇盖	u_1	0.5842
菇柄	u_2	0.4267

菇盖蛋白的贴近度为0.5842,菇柄蛋白的贴近度为0.4267,两者的贴近度相近,说明酒红球盖菇的菇盖和菇柄都具有一定的营养价值。

3.氨基酸模式谱法的评价结果。酒红球盖菇除了常见的营养成分和药用成分外,还包含了大量的必需氨基酸。酒红球盖菇中各种必需氨基酸占总氨基酸的质量分数见表2-7。

表2-7　酒红球盖菇中各种必需氨基酸占总氨基酸的质量分数(%)

氨基酸	菇盖	菇柄	模式谱
苏氨酸	5.39	5.26	4.0
缬氨酸	5.33	5.20	5.0
蛋氨酸+胱氨酸	7.18	13.95	3.5
异亮氨酸	2.45	3.84	4.0
亮氨酸	7.03	6.50	7.0
苯丙氨酸+酪氨酸	7.20	8.04	6.0
赖氨酸	6.49	5.79	5.5

由表2-7可知,7种必需氨基酸分别占总氨基酸的质量分数,除了异亮氨酸较模式谱低以外,其他各种必需氨基酸的质量分数都高于模式谱标准,说明酒红球盖菇与WHO推荐的必需氨基酸的标准相比较,必需氨基酸的营养相对均衡合理,且具有一定的营养价值。

4.氨基酸比值系数法的评价结果。食物中蛋白质的氨基酸组成比例虽不大相同,但评价其蛋白质营养价值好坏的标准主要依赖于食物中所含必需氨基酸(EAA)的种类、数量和百分比等。因此本实验的评价方法是根据酒红球盖菇的菇柄和菇盖蛋白质中EAA的种类和百分比进行了综合的分析和探讨。为了进一步了解酒红球盖菇的营养价值,本实验应用了氨基酸比值系数法对酒红球盖菇的氨基酸进行了具体的分析。若蛋白质中的必需氨基酸相对齐全,比例均衡,且与WHO/FAO的标准相符,那么这种蛋白质适宜人们食用,营养价值较大,通过公式(2)、公式(3)、公式(4)分别计算菇盖和菇柄蛋白质的RAA、RC、SRC,其值见表2-8。

表2-8　酒红球盖菇菇盖蛋白和菇柄蛋白的RAA/RC及SRC的比较

WHO/FAO的必需氨基酸参考模式		菇盖		菇柄	
氨基酸	数值(mg/g蛋白质)	RAA	RC	RAA	RC
亮氨酸	70	0.176	0.7756#	0.0622	0.6226#
异亮氨酸	40	0.1822	0.8029	0.064	0.6406

WHO/FAO的必需氨基酸参考模式		菇盖		菇柄	
氨基酸	数值(mg/g蛋白质)	RAA	RC	RAA	RC
赖氨酸	55	0.2067	0.9109	0.0701	0.7017
蛋氨酸+胱氨酸	35	0.3594	1.5839	0.2657	2.6596
苯丙氨酸+酪氨酸	60	0.2101	0.9259	0.0893	0.8938
苏氨酸	40	0.2362	1.0409	0.0877	0.8778
缬氨酸	50	0.1868	0.8232	0.0694	0.6946
色氨酸	10	0.258	1.137	0.091	0.9109
SRC			71.38		36.33

注:#为第一限制性氨基酸

现代食品营养学家研究认为,在食物蛋白质中某种必需氨基酸相对过少可能会影响蛋白质的营养价值,但某种必需氨基酸的相对过剩也同样会限制食物中蛋白质的营养价值,故以此得出了氨基酸平衡理论。酒红球盖菇菇盖蛋白和菇柄蛋白的SRC为71.38和36.33,由此可知菇盖比菇柄更有营养价值。从表2-8可知,酒红球盖菇菇盖蛋白和菇柄蛋白质中,亮氨酸、异亮氨酸、赖氨酸、苯丙氨酸+酪氨酸和缬氨酸的RC数值都比1小,说明这些氨基酸在两种蛋白中相对不足,而蛋氨酸与胱氨酸的和均大于1,说明这两种蛋白质是相对过剩的,酒红球盖菇中的两种蛋白质所含的第一限制氨基酸都是亮氨酸。但两种蛋白质的氨基酸组成不同之处在于菇盖中富含苏氨酸和色氨酸,但在菇柄是相对不足的。一般的植物性食物都缺少色氨酸,但酒红球盖菇却恰恰相反,含有大量的色氨酸,所以根据蛋白质的互补理论,人们可以按一定比例将酒红球盖菇与其他植物性蛋白混合食用,从而提高蛋白质综合的营养价值。

(三)结论

酒红球盖菇的菇盖和菇柄氨基酸含量丰富,且种类繁多,在酒红球盖菇的菇盖和菇柄中必需氨基酸占总氨基酸量的比值为41.11%和46.17%,要高于真姬菇菇脚和菌糠的40.16%和38.65%,且富含了多种人体必需氨基酸和药效氨基酸,氨基酸配比合理均衡,与WHO/FAO提供的蛋白质参考模式相接近,具有很高的食用价值和药用价值,是一种能为人体提供必需氨基酸营养平衡的天然无危害的食品资源。

四、酒红球盖菇其他应用价值

酒红球盖菇还有其他应用价值:降解木质素、降解TNT及其他芳香族化合物及药用价值。下面我们简单做个介绍。

1.降解木质素。木质素由于含有各种生物学稳定的复杂键型,导致真菌、细菌、放线菌等分解的胞外酶很难与之结合,且对酶的水解成抗性,故是目前公认的难降解芳香族化合物之一。酒红球盖菇降解木质素的能力很强。赵德清等报道,真菌降解木质素的机理为,菌丝在生长蔓延的过程中分泌出大量的胞外氧化酶,其中关键的两类过氧化物酶——木质素过氧化物酶和锰过氧化物酶,在分子氧的参与下,依靠自身形成的 H_2O_2,触发启动一系列自由基链反应,使木质素结构中的苯环氧化形成阳离子基团,而后发生一系列自发反应而降解。木质素的降解产物继而再被菌丝吸收,最终氧化成为 CO_2 和 H_2O。Kamra DN研究了 O_2 浓度对酒红球盖菇降解木质素的影响。结果表明,酒红球盖菇对木质素的降解力在纯 O_2 条件下比空气中的强,但 O_2 浓度本身对木质素降解没有直接影响,而是高 O_2 浓度能增加有机物质的转化和培养料的可吸收性,因此能间接起到增加降解率的作用。

2.降解TNT及其他芳香族化合物。酒红球盖菇能有效降解土壤和废水中的2,4,6-三硝基甲苯(TNT)。Scheibner K测定了不同真菌的91个菌株降解TNT的能力。研究发现,菌丝培养基中加入TNT,降解立即开始,6天后培养基内的TNT完全消失。很多真菌都能快速将TNT降解为2-AmDNT和4-AmDNT,但进一步的同化却很慢。为了测定这些真菌分解TNT的能力,他们测量了释放的 $^{14}CO_2$。结果表明,所测菌株中分解能力最强的为 Clitocybula duseniiTMb12 和皱环球盖菇 DSM11372 菌株,降解率分别为42%和36%。

TNT能充当酒红球盖菇的氮源。Weiss M等对经酒红球盖菇降解的

TNT 的 ^{15}N 变化进行了研究,结果表明,约2%的 ^{15}N 被转化成为 NO_3^- 和 $NH4^+$;1.4%的 ^{15}N 被转化成 N_2O 和 N;1.7%的 ^{15}N 被同化为必需氨基酸。总之,60%~85%的 TNT 被降解。

Steffen KT 等报道,在试验过的9种蘑菇中,酒红球盖菇降解芳香族化合物的能力最强,在加有 $200\mu m$ 的 Mn(Ⅱ)的培养基中,6周内对苯并芘(BaP)、蒽、芘的转化率分别高达100%、95%和85%。它还能降解氯化苯酚、苯胺化合物、氯苯、多氯联苯、甲酚、苯甲酚和二甲苯等对环境造成严重污染的耐熔有机物质。

3.酒红球盖菇的应用价值。酒红球盖菇不仅具有很高的食用价值,而且还具有很高的药用价值,特别是在抗肿瘤方面有很大的功效,经常食用酒红球盖菇,可以增强人体机能,抑制疾病的发生,这说明,酒红球盖菇极具开发潜质。目前,我国对酒红球盖菇的研究处于上升阶段,推广酒红球盖菇的栽培,有着不可忽视的开创意义。

酒红球盖菇是一种营养丰富、口味鲜美、品质优良的珍稀食用菌,也是抗肿瘤方面极具开发潜力的药用真菌。目前对酒红球盖菇的生物学特性和栽培条件等进行了比较全面的研究,今后应着重研究其化学成分、药理活性,为开发抗肿瘤新药提供理论依据。

遗传学、生理学研究是认识物种的重要依据,也是生产栽培的基础内容之一。酒红球盖菇的繁殖体制和交配系统,有性生殖中基因重组的遗传分析,细胞质遗传,原生质体融合及分子生物学在酒红球盖菇遗传学中的应用等,在当前我国酒红球盖菇.相关研究中均较为欠缺。闫培生等报道,渗稳剂对原生质体再生率无明显影响;液体预培养后再生率和单核化率显著下降;再生单核体中亲本两种交配型不为1:1。这些现象虽已发现,但原理尚未清楚。

由于酒红球盖菇能有效降解木质素。因此,目前国内外对其在工业和环境治理上的应用极为关注。研究发现,酒红球盖菇在漂白纸浆的同时使纸浆的 Kappa 值下降;在饲料工业上,利用其处理饲料可提高动物对饲料的消化率,从而突破了秸秆仅用于反刍动物饲料的禁地;在环境污染治理中,它能有效降解土壤及污水、废水中的各种难熔芳香族化合物。今后应对胞外酶研究、降解机理和工业化应用等方面做出进一步探索。

第三节 酒红球盖菇的无公害生产要求

酒红球盖菇的无公害生产,主要包括制种、栽培和产品的保鲜加工等环节。要想生产出优质的无公害产品,就必须实行"从田间到餐桌"的全程质量控制。从栽培场地的选择,到栽培原料的选用、品种选育、栽培、保鲜、加工、贮存、运输及销售的全过程,都要遵循无害化原则。其基本宗旨是:在整个生产过程中,把对人体健康有毒或有害的物质——重金属、农药、激素和有害生物(病原体),严格控制在国家或行业强制性标准和国际有关组织世界卫生组织(WHO)、联合国粮农组织(FAO)规定的安全限量指标以下,为广大消费者提供符合卫生质量标准的酒红球盖菇产品。

一、农产品质量安全分级

依据现代农产品(食品)质量安全划分标准,结合国内外的具体情况,目前,我国在农产品(食品)质量安全的区别等级上,一般分为无公害农产品、绿色农产品和有机农产品三个等级。这三个等级中,有机农产品的等级最高,其次是绿色农产品,等级最低的是无公害农产品。达到无公害农产品的标准,实际上也只是初步获得了进入现代消费市场的资格。在发达国家,有机农产品(食品)的生产和消费已是十分普遍。但在我们这样一个人口众多、经济相对落后的国度里,有机农产品(食品)的生产及消费,还不可能在短期内普及开来。最好的做法是,先从无公害农产品或绿色农产品的生产和消费起步,再尽快过渡到有机农产品的生产和消费。现将这三级农产品的界定标准介绍如下,供大家参考。

（一）有机农产品的界定

有机农产品（食品）是纯天然、无污染、安全营养的食品，也可称为"生态食品"。它是根据有机农业原则和有机农产品生产方式及标准生产、加工出来的，并通过有机食品认证机构认证的农产品（食品）。其原则是，在农业能量的封闭循环状态下生产，全部过程都利用农业资源，而不是利用农业以外的能源（化肥、农药、生长调节剂和添加剂等）影响和改变农业的能量循环。有机农业生产方式是利用动物、植物、微生物和土壤4种生产因素的有效循环，不打破生物循环链的生产方式。有机农产品与其他农产品的区别：①有机农产品在生产及加工过程中，包括使用的原材料在内，均禁止使用农药、化肥、生长激素、化学添加剂、化学色素和防腐剂等人工合成物质，并且不允许使用基因工程技术。其他农产品则允许有限使用这些物质，并且不禁止使用基因工程技术；②有机农产品在土地生产转型方面有严格规定，考虑到某些物质在环境中会残留相当一段时间，故土地从生产其他农产品到生产有机农产品需要2～3年的转换期。而生产绿色农产品和无公害农产品则没有土地转换期的要求；③有机农产品在数量上须进行严格控制，要求定地块、定产量，其他农产品则没有如此严格的要求。

（二）绿色农产品的界定

绿色农产品（食品）是遵循可持续发展原则，按照特定生产方式生产，经专门机构认定、许可使用绿色食品标志的无污染的农产品（食品）。它在生产方式上对农业以外的能源采取适当的限制，以更多地发挥生态功能的作用。我国的绿色食品分为AA级和A级两种。

AA级绿色食品标准要求是：生产地的环境质量符合《绿色食品产地环境质量标准》，生产过程中不使用化学合成的肥料、农药、兽药、饲料添加剂、食品添加剂和其他有害于环境和人体健康的生产资料，而是通过合作有机肥、种植绿肥、作物轮作、生物或物理方法等技术，培肥土壤，控制病虫草害，保护或提高产品品质，从而保证产品质量符合绿色食品产品标准要求。

A级绿色食品标准要求是：生产地的环境质量符合《绿色食品产地环境质量标准》，生产过程中严格限量使用限定的化学合成生产资料，并积极采用生物学技术和物理方法，保证产品质量符合绿色食品产品标准要求。

按照农业部发布的行业标准，AA级绿色食品等同于有机食品。绿色农产品与一般农产品相比的显著特点：一是利用生态学的原理，强调产品出自良好的生态环境；二是对产品实行"从土地到餐桌"的全程质量控制。

（三）无公害农产品的界定

无公害农产品（食品）是产地环境、生产过程和产品质量均符合国家有关标准和规范的要求，经认证合格，获得认证证书，并允许使用无公害农产品标志的未经加工或者经初加工的农产品（食品）。无公害农产品是对农产品的基本要求，严格地说，一般农产品都应达到这一要求。它所要求的标准，是有毒、有害物质应控制在一定范围之内，是发展或进入绿色食品与有机食品的基础。无公害农产品是集优质、营养、安全为一体的食品的总称。

"优质"是指食品质量优良，个体整齐，发育正常，无病虫害，成熟良好，质地口味俱佳；"营养"是指食品内含品质成分好，含有人体必需的营养物质或元素，主要以食品本身的品质特性来评价其营养的高低；"安全"则是指在食品中不含有对人体有毒、有害的物质，或者是有毒、有害物质被控制在一定标准之下，基本上不构成对人体的危害。也就是说，在无公害农产品中，除了不准含有的一些有毒物质外，而对有些不可避免的有害物质，则要控制在允许的安全标准之内。

具体到食用菌产品上，要求在子实体中达到"四个不超标"：①农药残留不超标，不能含有禁用的高毒农药，其他农药的残留不超过允许量，因此在食用菌生产中必须严禁使用高毒农药，不仅在栽培料中不能使用，在出菇期间更不能使用，其他农药或化学品也应严格按照使用方法及用量来使用；②"三废"等有害物质不超标，重金属及有毒化合物不超过规定的允许量；③致病菌及其产生的毒素不超标，特别是选用的原材料中有发霉变质的，要挑选出来烧掉或掩埋；④硝酸盐含量不超标。

二、无公害生产的要求

目前，酒红球盖菇等食用菌的无公害栽培，所能依据的国家标准主要有四个，即《农产品安全质量：无公害蔬菜产地环境要求》《无公害食品：食用菌栽培基质安全技术要求》《绿色食品产地环境技术条件》《绿色食品农药使用准则》。这四个标准，内容各有侧重，可相互参照补充。其产品的保鲜及加工，所能依据的国家标准更多，大都是无公害食品（或食用菌）生产的通用标准，在此不必一一详述。需要从事保鲜及加工的人员，可通过有关渠道去查找落实。

（一）产地环境要求

所谓产地环境，是指制种及栽培场地所处的大环境与小环境。大环境主要包括水源状况、土壤状况、大气的质量等；小环境则是指场所的生态环境，如环境卫生、地势与地理位置、有无污染源等。

从大环境来说，作为无公害酒红球盖菇制种及栽培的生产场地，其生态环境应按《农产品安全质量：无公害蔬菜产地环境要求》的规定达到标准，或者符合国家农业部农业行业标准《绿色食品产地环境技术条件》的要求。

因此，酒红球盖菇的制种及栽培场地，应选在地势平坦、靠近水源、水质良好、排水方便、空气清新、光照充足、交通便利的地方，并且要远离食品酿造厂、畜禽棚舍、医院、公路主干线、垃圾场以及"三废"污染严重的厂矿等污染源。

制种及栽培用水，包括拌入培养基（料）的水、菇房（棚）喷洒用水以及直接喷洒在菇体上的用水等。要求水质无污染，最好达到饮用水标准。特别是直接喷洒在菇体上的用水，一定要符合饮用水标准。可采用自来水、井水、泉水和溪河畅流的清水，而池塘水、积沟水不宜取用，更不能用污水或臭水沟里的水，尤其是工业废水绝不能使用。采用非饮用水时，必须经有关部门检测后，确认水源中没有严重污染物质存在时,最好对水再进行沉淀,并加入0.5%的漂白粉或1%~2%的生石灰粉处理后才能使用。

栽培床畦土壤的消毒,可通过布撒生石灰粉,或喷洒生石灰水、漂白粉液,或喷洒茶籽饼浸出液、烟叶基秆浸出液等生物制剂的方法,取代化学农药进行消毒杀虫。选用覆土材料时,最好到远离污染源的山区取泥炭土、草炭土作覆土材料,或选用没有喷施过农药、化肥的荒坡地下土,取地表下20厘米的壤土。土壤的消毒尽量不采用甲醛等药物,可经过太阳暴晒或蒸汽消毒后使用。

(二)原辅材料要求

制种及栽培过程中所用的原辅材料,包括主要原料(简称主料)、辅助原料(简称辅料)、化学添加剂等几类。虽然制种过程中所用的原辅材料种类有限,但也必须严格选用。

栽培酒红球盖菇所需的主料及辅料,均为稻草、麦秸、玉米秸、豆秸、亚麻秆、甘蔗渣、野草、阔叶树木屑、麦麸、米糠等农林副产品下脚料。这些原料的质量,应符合农业部发布的《无公害食品:食用菌栽培基质安全技术要求》的标准。

为此,对主料及辅料的选用要把好"四关"。

一是原料采集关。原料要求新鲜、洁净、干燥、无虫、无霉、无异味,最好进行农药残留和重金属含量的检测,尽量避免使用农药残留和重金属含量超标的农作物下脚料。大力开发和使用污染较少的野草(又叫菌草)如芒萁、斑茅、芦苇、五节芒等作培养料。

二是入库灭害关。原料进仓前,要烈日暴晒,以杀灭病源菌和害虫。

三是贮存防潮关。仓库要求干燥、通风、防雨淋、防潮湿。

四是拌料质量关,无论是制种还是栽培,在配制培养基(料)时,都不允许加入农药拌料。但在生料栽培时,可以视需要,加入适量的无公害消毒剂。另外,对无公害基质添加剂的使用,也有一定的要求,其使用标准见表2-9。

表2-9　栽培基质化学添加剂使用标准

添加剂种类	功效、用量和用法
尿素	补充氮源营养,0.1%～0.2%,均匀拌入栽培基质
硫酸铵	补充氮源营养,0.1%～0.2%,均匀拌入栽培基质
碳酸氢铵	补充氮源营养,0.2%～0.5%,均匀拌入栽培基质
氰氨化钙(石灰氮)	补充氮源营养和钙素,0.2%～0.5%,均匀拌入栽培基质中
磷酸二氢钾	补充磷和钾,0.05%～0.2%,均匀拌入栽培基质中
磷酸氢二钾	补充磷和钾,0.05%～0.2%,均匀拌入栽培基质中
石灰	补充钙素,并有抑菌作用,1%～5%,均匀拌入栽培基质中
石膏	补充钙和硫,1%～2%,均匀拌入栽培基质中
碳酸钙	补充钙,0.50%～1%,均匀拌入栽培基质中

(三)用药用肥要求

　　酒红球盖菇生产过程的用药用肥,主要包括制种及栽培过程中的病虫害防治、拌料及喷施促长等方面的用药用肥问题,尤其是病虫害防治的用药问题,是最令人关注的。在多年来的食用菌生产中,由于大量及不科学地使用化学农药和化学生长促进剂,不仅影响了食用菌的生长,而且导致我国食用菌产品中的有毒物质残留量严重超标,极大地影响了其在国际市场上的竞争力。教训是十分深刻的。实施无公害生产,就得在这些方面进行根本变革。对病虫害的防治,要以防为主,采用以生物防治、物理防治、生态防治为主体的综合防治措施。如通过安装紫外线灯、电子臭氧灭菌器等,进行物理消毒,取代化学药物消毒。将各种病虫害控制在最低的发生状态,以保持产品和环境的无公害水平。在确需使用化学农药时,必须选用高效、低毒或无毒、低残留或无残留的药剂。用药应在没出菇或每批菇采收后进行,并注意少量、局部使用。严禁在子实体生长期间喷洒农药,禁止使用高毒、高残留农药。在采用增产剂进行拌料或喷施时,应选用无公害、无污染的肥料,禁止再使用以前曾经经常使用的2,4-D、乙烯利、比久等植物生长调节剂。

　　下面再重点强调一下酒红球盖菇无公害生产中禁止使用的化学药剂,主要包括高毒农药和混合型真菌添加剂这两种。

1.高毒农药。按照《中华人民共和国农药管理条例》，剧毒和高毒农药不得在蔬菜生产中使用，酒红球盖菇等食用菌作为蔬菜的一类，也应完全遵照执行，不得在培养基质中加入。高毒农药有三九一一、苏化二零三、一六零五、甲基一六零五、一零五九、杀螟威、久效磷、磷胺、甲胺磷、异丙磷、三硫磷、氧化乐果、磷化锌、磷化铝、氰化物、呋喃丹、氟乙酰胺、砒霜、杀虫脒、西力生、赛力散、溃疡净、氯化苦、五氯酚钠、二氯溴丙烷、四零一等。（注：以上所列是目前禁用的药剂品种，该名单将随国家新规定而修订）

2.混合型真菌添加剂。植物生长调节剂及含有植物生长调节剂或成分不清的混合型基质添加剂。

（四）产品保鲜加工要求

酒红球盖菇采收后，既可以及时鲜销，也可以经过保鲜及加工后销售。无论是鲜销或是保鲜及加工后的产品，均要达到无公害产品的标准。多年来，我国的许多食用菌产品，在保鲜及加工过程中，常因添加药剂不当而引起含硫量等指标超标。为此，酒红球盖菇等食用菌的保鲜及加工，必须全面推广适合入世后的国家卫生标准。在保鲜及加工厂（场）的环境条件、厂房布局、建筑设计、设备的选型与使用、加工用水、人员的选用和培训，以及产品的质量标准、包装、贮存、运输等方面，均要严格按照无公害生产的要求进行，以保证将优质的酒红球盖菇产品最终呈现给广大消费者。

第三章 酒红球盖菇成产设备

在酒红球盖菇的制种、栽培和产品保鲜加工过程中,均需要一定的设施、设备等条件。其选取原则,是应按照无公害生产的要求,根据经营重点、生产规模、经济条件等因素综合考虑,决定取舍,不一定也不必要面面俱到,全部备齐,而要因人因地制宜,突出重点,需要什么添置什么。千万不可贪大求全,以免造成不必要的浪费。下面就根据一般情况,重点介绍一下酒红球盖菇的制种及栽培过程中所需的主要设备、设施及药剂等。

第一节 主要配套设备

一、灭菌设备

灭菌设备是用来对酒红球盖菇的各级菌种培养基、栽培料袋(瓶)及有关器具等进行灭菌的装置,可分为高压蒸汽灭菌锅和常压蒸汽灭菌灶两大类。

(一)高压蒸汽灭菌锅

高压蒸汽灭菌锅又叫高压蒸汽消毒锅,简称高压灭菌锅或高压锅,是利用高温高压蒸汽来实施灭菌的装置。其工作原理为:水经过加热产生蒸汽,在密闭状态下,饱和水蒸气的温度随压力增大而升高。在常压下,蒸汽温度最高只能达到105℃左右,而在高压锅内,蒸汽温度可达

120℃以上,从而大大提高了蒸汽的热穿透力,在较短时间内即可达到彻底灭菌的目的。因此,它是菌种厂必备的生产设备。其常见的类型,主要有手提式、立式及卧式三种。

1.手提式高压灭菌锅。此锅易移动,使用方便,可用电、油、煤、柴等作为热源,最高控温可达126℃。其容量较小,适用于试管培养基、三角瓶或平皿、无菌水、少量菌种瓶及一些小型器具的灭菌。通常用于制作母种和原种等。

2.立式高压灭菌锅。这类锅型号较多,容量较大,一般比手提式高压锅容量大一倍以上。可用电、煤、柴等作为热源,最高控温可达130℃。可用于菌种瓶(罐头瓶)及袋装培养基的灭菌,主要用来生产原种和栽培种等。

3.卧式高压灭菌锅。又叫灭菌柜,有多种型号,以煤、柴、电等作为热源,最高控温可达135℃。这类锅容量大,灭菌彻底,每次可装200～800只菌种瓶或料袋(规格长为17厘米、宽为34厘米),还有容量更大的。可用于原种、栽培种及料袋(瓶)的灭菌,适宜于大规模制种生产。

高压灭菌锅应向持有生产许可证的专门生产厂家购买,否则极不安全,易出爆炸事故。使用前,应仔细阅读产品使用说明书,了解锅的构造和操作步骤。一般灭菌锅的操作步骤如下:①加水。使用前,向锅内加水至规定水位;②装锅。将待灭菌物品装入锅内,但不得装入过满、过紧,瓶(袋)要整齐排放,相互间应留有适当间隙,以利蒸汽流通,确保灭菌效果;③盖好锅盖。将锅盖对角的旋钮用力均匀地旋紧,要求以不漏气为原则;④加热升温。烧水开始,立即打开排气阀,让锅内的冷空气徐徐排出。当排出的气体为直线上升的蒸汽时,可将排气阀关闭。当压力表指针上升到0.049兆帕(0.5公斤/平方厘米,112℃)时,最好再排气一次,让压力表指针回到"0"后,关闭排气阀。如果锅内的冷空气未排净,即使达到规定的压力,也没有相应的灭菌温度,从而不能彻底灭菌;⑤升压保压。冷空气排净,关上排气阀后,锅内的压力及温度不断上升。当压力达到所需数值后,按灭菌要求保持此压力一定时间,直至灭菌结束;⑥降压排气。灭菌结束后,停止加热,使其自然冷却,待压力表指针降至"0"时,要打开排气阀排气。如排气过早,锅内压力骤然下降,易致棉塞冲出和吸潮,或玻璃瓶炸裂脱底,或料袋膨胀变形及崩裂;排气过迟,则产生锅内倒吸气,易将冷气吸入料袋(瓶)内,造成灭菌失败;⑦出锅。开锅前,先使锅盖松动,借助锅中余热将棉塞等吸水物品烘干。待20分钟左右,就可开盖,取出已灭菌的物品。

灭菌锅属压力容器,必须在允许的工作压力下使用,切不可擅自升高工作压力,以保证安全。在平时,要注意灭菌锅的维护与保养,经常检查压力表、温度表、安全阀是否正常,定时送有关部门检验校正。

高压锅中冷空气排除程度与温度的关系见下表3-1。

表3-1　高压锅中冷空气排除程度与温度的关系

压力		温度(℃)				
千帕	公斤/平方厘米	冷空气全排	冷空气排2/3	冷空气排1/2	冷空气排1/3	冷空气未排
34.3	0.35	109	100	94	90	72
68.6	0.70	115	109	105	100	90
103.0	1.05	121	115	112	109	100
138.3	1.41	126	121	118	115	109
172.3	1.76	130	126	124	121	115
207.0	2.11	135	130	128	126	121

注:帕为压力的法定计量单位,1公斤/平方厘米=98.0665千帕=0.098兆帕

(二)常压蒸汽灭菌灶

又叫常压灭菌锅、常压灭菌灶或土蒸灶等。其形式很多,但结构都类似,即主要包括产生蒸汽的炉灶和放置被灭菌物品的蒸仓(或锅体)两大部分。常压灭菌锅灶安全性好,基质养分不易被破坏,且制作简易,投资较少,可就地取材自己建造,特别适合初学者、业余栽培者、专业户,和小型生产单位采用。酒红球盖菇的栽培,一般采用生料栽培或发酵料栽培,很少采用熟料袋装式或瓶装式栽培,故除了制种过程外,

在栽培过程中,很少用到高压锅或常压灶。这里介绍几种酒红球盖菇制种过程中常用的常压灭菌灶。

1.桶式简易灭菌灶。选用废旧、不漏水的柴油桶(或其他铁桶等)一只,容量约200升。先将桶盖用气焊割下,并修整成圆形,在桶盖上均匀地钻20个左右的小孔,孔径1.5～2厘米,作为蒸架。用桶体及桶底作蒸仓,在桶底均匀地钻25个左右孔径均为2厘米的小孔,并在桶底两侧,各焊一个手环,以便搬动桶体。在距桶口约10厘米处,钻一个能放入橡胶塞的小洞,在胶塞上开一个小孔,供插放温度计用。使用时,将锅内装满水,在锅的边沿放一圈草辫子或麻袋片等作为衬垫,厚约2厘米,然后将桶体放在衬垫上。在桶内底部用三块砖头,横立成三角形,将桶盖放在砖头上作蒸架,用于置放被灭菌的瓶(袋)。另外,还要在桶体和铁锅之间插一根直径约2厘米的金属管,一端插入锅内最佳水位线处,另一端露出桶外约5厘米,用于观察报警和补水。一旦锅内的水被蒸发至低于管口,则锅内的蒸汽会从管口冲出,并发出"噗噗"的报警声。此时,即可将事先准备好的预热水沿管口注入锅内。一般灭菌一次需补水1～3次。

放瓶(袋)时,可以立放也可以卧放,但卧放时,瓶(袋)口要全部朝向中央,使之形成一个通气洞,以便蒸汽穿透。瓶(袋)放好后,在其上面盖一层麻布片,然后猛火加温。当有大量蒸汽从桶口冒出时,说明桶内的冷气已基本排除,这时盖上双层聚丙烯薄膜,并用绳或松紧带将其紧固在桶体上。当温度表上的温度达到100℃时开始计时,连续保持100℃左右恒温灭菌8～12小时,即可达到灭菌要求。若能用草绳或石棉绳裹绕桶体,并涂敷一层纸筋石灰,保温效果更佳,也省燃料。这种简易灭菌灶取材方便,造价低廉,但容量较小,一次约可装160只菌种瓶,适合于初学者或小规模制种和栽培者使用。

2.小型圆柱形灭菌灶。此灶灶体及蒸仓均由砖、水泥、石灰等材料砌成。灶体长180厘米,宽130～140厘米,高90厘米。蒸仓圆柱形,高100～120厘米,内径110厘米。蒸仓的底部为一个直径90～100厘米的大铁锅。进风槽(也叫出灰槽)高50厘米,宽30厘米,灶门高25厘米,宽50厘米。烟囱可砌在进煤口的对面,其内径约24厘米,高约500厘米。蒸仓用砖一层层站立砌成,每层砖外围均用铁丝打箍扎紧,内外壁均用石灰、纸筋、水泥三合一的材料抹平,壁厚约7厘米。离顶部约5厘米的地方,用水泥制成一圈支埂,以便扎绳。蒸仓内壁要平整、光滑。锅上面放一个铁制(或木制)算子,算子上垫上麻袋等透气的衬垫,以便置放被灭菌物品。

被灭菌瓶(袋)在蒸仓内的堆叠方式如下:容量750毫升的菌种瓶或长为17厘米、宽为50厘米的塑料袋,可呈"井"字形堆叠(中间要留有约1厘米的空隙,以利透过蒸汽),一次可堆叠菌种瓶350~500只或料袋250~300只;容量500毫升的罐头瓶或长为17厘米、宽为34厘米的短袋子,可呈墙式堆叠(排与排之间也要留有空隙),一次可堆叠罐头瓶800只以上或短袋子600只以上。此灶虽容量较大,但成本也较高。

3.大型长方形灭菌灶。此灶容量更大,但造价也稍高,适合大规模生产时采用。可以多家联用,以节省投资。其建造方法如下:将场地挖深100厘米左右,以使炉灶的进风槽设在地面以下,便于操作。灶体和蒸仓均用砖和水泥砌成。蒸仓长200~260厘米,宽120~160厘米,高150~180厘米,其下部并排放置两口直径均80~100厘米的大铁锅。进物口的木门高120~150厘米,宽约80厘米,采用双层密封材料封口,以增强灭菌效果。蒸仓内设三层屉架,层间距离45~50厘米。烟囱高500厘米,出烟口的上内径24厘米,下内径48厘米。近烟囱处设一高50厘米、宽100厘米的水池,用一根长30厘米的钢管通入锅内,使水池内的热水可自行流入蒸仓铁锅内,补充损失的水分。

此灭菌灶的堆袋方式,可呈"井"字形,也可呈墙式堆叠。一般一次可装长为17厘米、宽为50厘米的长袋子800~1000只或长为17厘米、宽为34厘米的短袋子约2000只。

二、接种设备

接种设备又叫无菌操作设备,是用来分离和扩大酒红球盖菇各级菌种的专用设备。常用的有接种箱、接种室、电子灭菌器以及超净工作台等。

(一)接种箱

接种箱又叫无菌箱或操作箱,用于菌种分离和菌种扩大移接,无菌操作,是接种使用的基本设备。它是一个可密闭的箱子,分箱体和箱架两部分,一般用木方条、木板和玻璃制成。根据生产需要,分双人操作式和单人操作式两种。单人式接种箱的体积小,适合于母种和原种的接种操作;双人式接种箱体积较大,除了接种母种、原种外,还可接种栽培种和生产袋。双人式接种箱的前后各有一扇约呈70°倾斜、能启闭的玻璃窗,窗下箱体上开有两个圆孔,孔径14~17厘米,两孔中心间距40~50厘米,孔上装有布袖套,套口有松紧带。如在孔外设置能推移开关的小门,效果更好。箱内顶部各安装1支15瓦或20瓦的紫外线灯和1支40瓦的日光灯,紫外线灯用于照射杀菌,日光灯用来照明。顶外部两端各打一个直径8~10厘米的圆孔,封上口罩式的棉纱布,以利于补充箱内的氧气及箱内的热能散发。接种箱内外各面,应刨制光滑,并涂上白漆。箱体各接缝处,要严格密封。另外,可在箱的底部一侧边缘挖一个边长为10厘米的正方形口或直径10厘米的圆形口,用一块可推拉的活动木板挡着,用于清扫箱内垃圾。单人式接种箱的结构与双人式基本相同,通常体积相差一半,仅在一侧设窗、开孔。其箱体长100~120厘米,宽55~65厘米,高50~60厘米,箱腿高60~70厘米。

接种箱一般自制。其制作简便,造价低廉,密封性好,消毒彻底,接种成活率高,且移动方便。人在箱外操作,不易吸入有毒气体,夏季接种也不会感到闷热。故在制种中被广泛应用,一般的栽培户均常备有一两个。其缺点是容量较小,一次性接种量不多,操作也稍有不便,劳动强度较大,每批接种后均需重新消毒。大规模接种还需接种室。

(二)接种室

接种室又叫无菌室或操作室,用于分离、移接母种、原种和栽培种,一般大规模生产时采用。它由外面缓冲间和里面接种间组成。缓冲间面积2～3平方米,高2～2.5米,内设洗手处,并备有专用工作服、鞋、帽、口罩、小型喷雾器和常用消毒剂等。接种间面积为6～7平方米,高2～2.5米,内设接种所需设备和物品。工作台设在室中央或靠墙处,要求水平、光滑。通气窗设在室内顶上部,窗孔直径10～15厘米,并用多层棉纱布夹棉花严封。有条件的可安装空气过滤器。接种室要能密闭,并经常保持清洁。室内要平整、光滑,以便擦洗消毒。里外两间的门应错开方向,不在一条直线上,以免开启时产生空气对流。最好采用铝合金推拉门。有条件的情况下,可同时建两个以上的缓冲间,无菌效果会更好。接种间的门,应设在离工作台最远的位置。工作台上方和缓冲间,各安装1支30～40瓦的紫外线灯和40瓦的日光灯,用于灭菌和照明。紫外线灯灯管与台面相距约80厘米,勿超过1米,以加强灭菌效果。接种间不宜过大,否则不易保持灭菌状态。生产上接种室如兼作冷却室用时,可适当增大,但需加强防污染措施和通气措施。接种室灭菌时,为避免对人体造成危害,一般不用甲醛等刺激性药剂,而是用苯酚、来苏儿、碘附及紫外线等进行灭菌。接种时,紫外线灯要关闭,以免伤害工作人员的身体。若用甲醛等刺激性药剂,熏蒸(或喷洒)过后,必须打开门窗,基本散净毒气后,再用2%～3%的来苏儿溶液等刺激性小的药剂喷雾消毒,然后才能进行接种。操作完毕后,供分离用的组织块、培养基碎屑以及其他物品,应全部带出室外处理,以保持接种室的清洁。如果采用接种箱、超净台、火焰或蒸汽接种,接种室就不需另隔缓冲间。

(三)臭氧净化器

臭氧净化器又叫电子灭菌器等,是一种新型高效的灭菌装置。其工作原理,是将220伏的交流电变成高占空比的脉冲高压电,通过臭氧元件把空气中的氧气变成臭氧。臭氧的强烈氧化作用,能破坏微生物的细胞膜与核酸,灭菌高效、快速,能使机前局部空间成为无菌区。臭氧也是一种暂态物质,常态下能自然分解还原为氧气,半衰期约为20分钟,没有任何有害残留物。电子灭菌器体积小,可以放在任何一个位置,不需接种箱(室),在普通房间内就可以放在桌面上操作,在机前接种不受任何条件限制,工效提高3~5倍,接种成功率几乎可达100%,无须任何化学药品。由于臭氧净化器有许多优点,近年来已得到了较普遍的应用。

(四)超净工作台

超净工作台又称净化工作台或净化操作台,是目前国内外先进的空气净化设备。市场上常见的类型,按其气流方向,一般分为垂直层流和平行层流两种;按操作方式分,则有单人操作、双人对置操作和双人平行操作三种。超净工作台由箱体、操作区、配电系统等组成,其中,箱体包括负压箱、风机、静压箱、预过滤器、高效空气过滤器以及减震、消音等部分。

与常见接种设备相比,超净工作台的先进性、可靠性主要表现在洁净度高,接种效果好,正品率高,可连续作业提高工作效率,不需用酒精灯燃烧和消毒药品熏蒸,既降低成本,又改善了工作条件。同时,因洁净空气不断向操作区排出,室内空气不断得到过滤,因此,随着操作时间的延长,室内自净效果越来越好。但超净工作台价格较高,还需要定期进行清洗。

(五)接种工具

接种工具,是指进行酒红球盖菇菌种的分离、移接时所用的工具。常见的接种工具,有接种针、接种环、接种刀、接种锄、接种铲、接种匙、挖菌锄、解剖刀、镊子等。这些接种工具,除个别的需购买外,自制的更适用。

1.接种棒。由金属杆、胶木柄和前端螺母组成。用于固定自制的接种针、接种环、接种铲等。医药仪器商店有售。

2.接种针。在分离菌种和母种转管时挑取孢子和菌丝接种用。可取废旧细电炉丝8~10厘米长,拉直,磨光,安装在接种棒上即成,用细不锈钢丝也可。

3.接种环。用于分离转管,或蘸取孢子悬液在斜面、平板上拖制、分离用。可用尖嘴钳将接种针先端弯制一个圆圈制成。

4.接种刀。母种转扩时,将菌种斜面切成小块和挑取菌丝体转接,还可用于组织分离时挑取、移接菇体组织块。可取长约25厘米的不锈钢丝或除去外层焊药的不锈钢电焊条,将其一端烧红,锤扁,砂轮打磨成菜刀状,使其刀口和前端薄而锋利,在钢丝后端安装上树脂柄或胶木柄,即成自制接种刀。

5.接种锄。用于横切斜面菌种,或直接切断母种斜面移接入原种料瓶内。其用材及制法与接种刀相同,只是前端弯曲成90°角呈锄形而已,其先端也需锉锋利。

6.接种铲。用于挑铲母种或平板菌种,或原种接栽培种时,铲取原种块接入栽培种培养基上。其制法与接种锄相似,只是前端不弯制,直如铲状,先端也要薄而锋利。

7.接种匙。用于木屑或颗粒母种扩制原种。将去掉焊药电焊条的一端烧红,锤打、锉磨成匙状,装上柄即成。原种扩制栽培种时,应采用大接种匙。大接种匙可用市售不锈钢匙和铝管制作。将不锈钢匙留3～5厘米的柄,将直径8毫米、长20厘米的空心铝管,从一端纵锯3～5厘米长的口子,再将匙柄稍加修整后插入锯口内,将铝管锤扁,用2个铆钉固定即成。匙宽以能自由进出盐水瓶口为度,匙的四周要锉锋利。

8.挖菌锄。用于挖取种瓶内的菌种和菌被、原基,以及挖除被污染的菌种,也可作为培养料分装后料面撬料工具。将长28厘米、直径6毫米的钢筋的一端烧红,锤扁,在离顶端2厘米处弯制成90度角、宽2.5厘米的锄状,先端锉锋利,末端安装上木柄即成。

9.解剖刀。又叫手术刀,或单面刀片。用于菌种分离时切割组织块。由不锈钢刀柄和刀片组成。刀片有几种形状,并可更换。

10.镊子。长柄镊子可代替接种铲或接种匙,镊取菌种块接入栽培种瓶或栽培瓶(袋)内。可从医药商店购买长25厘米、前端带齿的不锈钢镊子。不锈钢小镊子也需备几把,用于组织分离时夹住子实体等。

除以上常见工具外,还有接种机、接种器、压料器、拌料器、注水针等接种机械、工具及培养基(料)补充水分或营养的器具等,限于篇幅,这里就不多述了。

另外,上述接种工具(或机械等),多是在酒红球盖菇的制种过程中所用。一般的栽培者,若主要是外购栽培种进行栽培,则只需置备接种铲、接种匙、挖菌锄、镊子等即可。

三、其他器材及用具

在制种及栽培过程中,除以上介绍的主体器材外,还要配置若干配套或辅助的器材及用具,现择其重要者列举如下。

1.酒精灯。用于接种工具、试管口、瓶口的灼烧灭菌和棉塞的过火灭菌。灯芯可用纱布条和脱脂棉制作,灯内盛装95%或98%的灯用酒精,容量以200毫升左右为宜。

2.磨口瓶。又叫白料瓶,容量约100毫升,用于盛装70%~75%的消毒用酒精棉球。

3.广口瓶。100毫升、500毫升各几只,用于盛装药品。

4.试管。用于制作或保藏母种,一般采用管口直径为18毫米、管长为180毫米或管口直径为20毫米、管长为200毫米两种规格的玻璃试管。

5.菌种瓶。有玻璃瓶和塑料瓶两大类。玻璃瓶有750毫升蘑菇瓶和500毫升罐头瓶等,塑料瓶有750毫升、800毫升、850毫升、1000毫升等规格。主要用于生产原种及栽培种。

6.菌种袋。用来生产栽培种的塑料袋,常用耐高温聚丙烯袋或高强度低压聚乙烯袋两种。菌种袋的规格,通常折幅宽度为15~17厘米、长度为26~34厘米、厚度为0.004~0.006厘米。菌种袋的封口物,除用塑料绳、棉花外,还可用塑料颈圈、无棉盖体等。

7.栽培袋。上述聚乙烯袋或聚丙烯袋,均可用于制作栽培用料袋,其规格一般为折幅宽度为17~25厘米、长度为34~55厘米、厚度为0.0015~0.006厘米。

8.漏斗架。灌制母种培养基的装置,由口径约10厘米的长颈玻璃

(或塑料)漏斗、乳胶管、弹簧夹、玻璃管、铁架台和铁环等组成,高度可自行调节。

9.培养皿。放置子实体、采集孢子或注入培养基,分离培养菌种等用。直径通常为9厘米。

10.棉花、纱布和脱脂棉。普通棉花用作试管塞和菌种瓶(袋)塞;纱布用来过滤培养基;脱脂棉揪成棉球后,用70%～75%的酒精浸泡,即成酒精棉球(又叫药棉),主要用于擦洗手、工具等,进行表面消毒。

11.铝锅与电炉。用于母种培养基的配制和加热,以及污浊试管的洗前预煮等。铝锅大、中型各需1只;电炉一般1只即可,功率约2000瓦。

12.计量器具。天平(最大称量500克)1台、磅秤(5～500公斤)1台、量筒或量杯(100、500、1000毫升)若干、温度计与湿度计若干。

13.其他用具。三角瓶、烧杯、试管架(框)、玻璃棒、试管刷、胶布(纸)、牛角勺、水果刀、小铝杯、钟罩、搪瓷盘、塑料盆、pH试纸、记号笔、铅笔、笔记本、标签纸、火柴、生物显微镜、喷雾器、工作服、鞋、帽、口罩、毛巾等。

第二节　培养室与栽培室

一、培养室

培养室又叫发菌室、培菌室,是用来放置和培养菌种的专用房间,主要用于酒红球盖菇母种、原种、栽培种或生产菌袋(瓶)发菌阶段的培养。它是正规生产菌种时的必备设施,其大小与构造,要根据实际需要和条件来设计,要求保温、干燥、清洁,遮光和通气条件好。每间培养室的面积,宜在12～36平方米之间,以利于控制培养条件。专业户少量生产菌种时,可参照培养室的主要设计要求,因地制宜,利用现有房屋或大棚等稍加改造,来培养菌种。培养室最好坐北朝南,四周应种植落叶树木,这样盛夏可有效地降低室温,冬季也不影响日光增温。

培养室最好能保持恒温。门、窗要密闭,屋顶及四壁要厚实,最好是双层门窗和隔热夹层墙壁结构,以减少室外气温急剧变化对室温的影响。专业制种单位的培养室,应配置增温、降温设备;条件较差的专业户,可以利用煤炉等加热装置来增温。培养室的门窗数量、大小和开设位置,应有利于整个室内的通风换气。屋顶及四壁要平整、紧实,无洞穴、裂缝,并用石灰浆粉刷干净。最好采用水泥地面;泥土地面,则应整平夯实。菌种入室前,要用药物对培养室进行消毒净化。

培养室内一般可放置以下培养设备。

1.多层培养床架。床架可用竹木或角铁等材料制作,每层架上铺以木板或塑料板等,以便摆放发菌的瓶、袋。床架的大小规格,依房间大小而定,一般宽60~120厘米,层数5层或6层,每层相距40~60厘米,底层距地面约30厘米,顶层距屋顶至少1米,床架之间的走道宽50~70厘米。

2.恒温培养箱。恒温培养箱常用于母种的培养。恒温培养箱具有良好的保温和恒温效果,但不具备降温性能,适宜在冬季气温低时保温培养菌种。恒温培养箱是利用电来加热升温,可调节恒定在不同的温度下。市售的有各种型号和规格,可根据生产需要选购。此外,也可用木板来制作简易的保温培养箱,箱体一般长100厘米,高130厘米,宽80厘米,箱壁为双层结构,中间填充木屑等作保温层,在箱底部安装电热丝或2个100瓦的电灯泡作发热源,在顶部开一个小孔,用于放置温度计。

3.电热毯。生产菌种的数量较少时,可用电热毯来保温发菌。其做法是,先铺一层棉絮,再放上电热毯,再在电热毯上放一层棉絮。排放好菌种后,再盖一层棉絮保温。但要常检查温度,当温度升到30℃时,要断开电源停止加热;温度降到18℃时,再通电加热升温。使保持温度在25℃左右。

4.冰箱或冰柜。在平时及高温季节,母种放在室内,容易衰老甚至死亡,所以必须低温保存。一般家用电冰箱或冰柜就可用于保存母种。

培养室要定期进行室内消毒灭菌,防止病虫害的发生。室内除放置专用物品外,不要放置其他杂物。正常使用时,应由专人负责,要谢绝非管理人员进入。

二、栽培室

酒红球盖菇的栽培,可分为室外栽培与室内栽培两种方式,而主要以室外栽培为主。室外栽培,可利用塑料大棚、塑料中棚、小拱棚、荫棚等设施栽培,也可采用阳畦或露地栽培,或与农、林、果、菜等间作套种;室内栽培,可以利用各类菇房、空闲房等进行栽培。无论选择哪一种场地和方式,均要达到遮阳、防风、保温、增湿的要求。栽培设施的类型及规格很多,不可一一详述。现仅根据一般情况,将常见的栽培设施的类型介绍如下,以供大家参考。其中的尺寸,只是一个大概。大家在设计时,要因地制宜,灵活变通,以求得最佳的栽培效果。

(一)塑料大棚

塑料大棚具有较好的升温、保温及保湿效果,建造简便,成本较低,较适合在低温季节栽培酒红球盖菇。大棚既可以新建,也可以利用现有的蔬菜大棚等。其类型很多,从外形上分,可分为斜坡形、脊形、拱形、半圆形、大拱形、中拱形、小拱形大棚等;从结构上分,可分为标准形、独立形、连栋形、简易形大棚等;按用材分,则可分为竹木骨架、水泥骨架、钢铁骨架、塑料骨架大棚等;按其与地表水平位置的差异分,又可分为地上式、半地下式和地下式大棚等

现仅将其中较常见的拱形塑料大棚的结构与建法简述如下:拱形塑料大棚的骨架,多采用钢管、竹木、塑料、水泥预制品等。由立柱、拱杆、拉杆和塑料薄膜、草帘等组成。其规格尺寸一般为:高2.5~3米(中间高度),宽5~10米,长20~60米。塑料膜多采用高强度的聚乙烯膜或无滴型聚氯乙烯有色大棚专用膜,保温遮阳材料多采用稻草或麦秸草帘,遮阳也可采用专用的黑色遮阳网。

　　大棚应建在土地平整、背风朝阳、用水和排水方便、交通便利、远离污染源的地方。大棚多东西走向,棚的大小可根据栽培量和投资的多少决定。搭建时,先将主骨架按照设计的方向、方位和间距固定牢固,然后用塑料薄膜扣棚,再覆盖草帘或遮阳网即可。

(二)地上式菇房

　　地上式菇房的类型很多,如标准菇房、普通菇房、土墙菇房、简易菇房等,其建造材料和建造形式多种多样。

　　标准菇房,又叫专业菇房或工厂化菇房等,其大小一般为:长20~25米,宽6~8米,高5~6米。为充分利用空间,房内可设置若干排多层栽培床架。标准菇房的现代化程度高,通过安装控温、通风换气和增湿设备等,能够自动地调控温、湿、光、气等,可以常年栽培长根菇,做到天天有菇上市。但其投资较大,耗能也多,目前在我国还不多见。一般的栽培者,在主要利用自然条件生产长根菇时,通常采用普通菇房、土墙菇房、简易菇房等栽培设施。

　　普通菇房也叫常规菇房。常用砖石建造,也可用闲置的民房、库房、厂房等改建而成。宜选高爽之地建造,方位最好坐北朝南。菇房一般长8~12米,宽6~8米,高4~6米。菇房内置放4~6排多层床架,床架排列方向与菇房的走向垂直,即坐北朝南东西走向的菇房,其床架应南北向排列。床宽120厘米左右,层数4~6层,层距50厘米左右。底层离地面20厘米以上,顶层距房顶130厘米以上。每层菌床的四周,可围设一道高20~30厘米的侧板,以利于铺料播种。每排床架之间,留出宽60~80厘米的走道。床架四周均不宜靠墙,与墙距离50~70厘米。通气窗应开在南北墙上,窗口对准两排床架之间的走道,上下各开一个。若菇房高,床架层数多,可增开中窗。上窗上沿低于房檐15~20厘米,下窗下沿高出地面10厘米左右。窗户以宽35厘米、高45厘米为宜,装上尼龙纱网,以阻挡害虫进入菇房。窗外最好悬挂起挡风遮光作用并能启闭的草帘。菇房的门应设在走道位置,门宽与走道相近,高度以出入方便为准,门上也要开通气窗并装纱网。每条走道中间的房顶上,应设置拔风筒,筒高120~160厘米,筒下直径40厘米,筒上直径25~30厘米,筒顶装风帽,风帽直径是筒口直径的2倍,帽檐与筒口平。菇房不宜过大,过大则中部通风不良,温度、湿度和病虫害不易控制;也不宜过小,否则利用率太低,单位面积建筑费用高。新建菇房的有效栽培面积以200~300平方米为宜,改建菇房可因地制宜。有效栽培面积可按以下方法计算:菇房的面积×0.65(面积利用率)×(4~6)(床架层数)。

土墙菇房实际上也属于普通菇房的范畴,只是用泥土砌墙代替了砖石建造。此类菇房取材方便,建造成本低,更易于控温保湿,管理省力。宜按南北走向建造,一般南北内距长10~12米,东西内距宽4~6米,地面以下深40~80厘米,地面以上墙高1.3~1.6米。菇房的两端各设三个门,一大二小,小门作为通风孔。四个墙角和墙中间可垒砖垛,以加固墙体。房顶可搭成"人"字形或拱形棚,上覆草苫以遮光控温。

简易菇房的建法更加简便,成本更低。它通常是用竹竿、木棒或铁管制作房架,房顶及四周用草苫(由稻草、麦秸、玉米秸秆或山上野草等制成)、塑料薄膜、水泥瓦、遮阳网、泡沫板等材料盖围加固而成,从而可建成屋脊式草棚菇房、平顶式草棚菇房、水泥瓦菇房、屋脊式遮阳网菇房、拱形遮阳网菇房、泡沫板菇房等各类简易菇房。其长、宽与普通菇房类似,高度比普通菇房略低,一般为3~5米。用草苫或遮阳网作房顶时,要先在房顶部盖上一层塑料薄膜,再盖上草苫或遮阳网,并固定好,以防止雨水进入菇房。为了增加菇房的面积,可将几个菇房并排连接,中间不设围栏,这样便形成了一个连体式的大型菇房。

(三)地下式菇房

这种菇房建在地面以下,适宜在土层较厚、土质黏重、地下水位低、排水良好的地方建造,也可由防空洞、地下坑道等改建而成。其特点是:受自然气候影响很小,冬暖夏凉,温度变化小,室温可长年稳定在8℃~22℃,酒红球盖菇生长可利用的时间长。缺点是相对湿度大,通风较差,供氧不足,排水不良,进出料不方便,病虫易滋生,管理难度较大。这类菇房,若能消除不利因素,特别是通风、排湿等问题解决得好,可以常年栽培酒红球盖菇,且栽培效果不亚于地上式菇房。但因改造难度大,费用高,所以,选择这类菇房时要慎重,以免栽培效果差。

(四)半地下式菇房

这种菇房,上半部分建在地面以上,下半部分建在地面以下,兼有地上式菇房和地下式菇房的优点,室温昼夜变化幅度小,保湿性和抗低温性较强,适于有越冬管理条件的产区采用。建造时,先在地面挖长方形深坑,一般坑深1.6~2.4米,宽2.5~3.5米,长8~12米。在坑内四壁砌砖墙,直达地面以上1.5米为止,砌好墙后即开始盖房,从坑底至房顶高度4~6米。在土质坚硬或干旱地区,也可不砌墙,坑内四壁铲削整齐即可。屋顶上每隔3~5米设一拔风筒,其规格同前。地面以上的墙要留门,以利通风和运料等。内置两列床架,床面宽约1米,层数4~6层,层距40~50厘米。每层菌床四周围设一道高20~30厘米的挡板,以利于铺料播种。床架中间走道宽约70厘米。这类菇房的栽培效果,与其结构设计有很大关系。只要设计合理,通常不比地上式菇房的栽培效果差。

第三节 常用无公害药剂

在酒红球盖菇的制种及栽培过程中,经常要用到一些无公害药剂,如消毒剂、杀菌剂、杀虫剂等。消毒剂是非彻底杀菌的一类药剂。通过消毒,只能杀死部分杂菌,而细菌的芽孢、真菌休眠体等,有些并未被杀死,只是受到抑制,暂不发生危害;杀菌剂则是可彻底杀灭杂菌及病原菌的一类药剂,其杀菌效果要强于消毒剂;杀虫剂是用来杀灭害虫、害螨等的一类药剂。本节在参照一般无公害生产用药原则的基础上,整理出以下药剂清单详情。

一、消毒剂

下面我们简单介绍8种消毒剂。

1.酒精。酒精又称乙醇,能使细菌及真菌的蛋白质脱水变性而将其杀死。70%~75%的酒精杀菌作用最强,常用于种菇、试管及菌种瓶外表、接种工具和操作者双手皮肤的消毒。其优点是消毒作用快,性质稳定,无腐蚀性,基本无毒。配制75%的酒精时,量取95%的酒精75毫升,再加入20毫升蒸馏水或凉开水,摇匀即成;配制70%的酒精,可取95%的酒精70毫升,加蒸馏水或冷开水25毫升,混匀即成。消毒要选医用酒精,工业用酒精含有甲醇,具毒性,不可用于消毒。酒精易燃,贮藏和使用时要注意安全。

2.苯酚。苯酚又名石炭酸,为白色结晶体,能溶于水,可引起细菌、真菌的蛋白质变性或沉淀,最后导致其死亡。3%~5%的水溶液,用于接种环境和器皿的消毒。在5%的苯酚水溶液中加入0.8%~0.9%的食盐或20%的0.01摩尔/升的盐酸溶液,可增强其杀菌作用。苯酚晶体易吸湿,在空气中易氧化而呈粉红色,见光变深红色,存放时要注意密封、避光,但吸湿后的杀菌能力不减。苯酚对金属无腐蚀性,但对皮肤有较强的腐蚀作用,使用时,要避免固体或浓溶液沾到皮肤上。

3.来苏儿。来苏儿溶液又称煤酚皂溶液或甲酚皂溶液,即含有50%煤酚(甲酚)的肥皂溶液,为黄棕色及红棕色黏稠液体,有酚臭,溶于水及醇中。来苏儿能杀灭细菌营养体、真菌和某些病毒,常温下对细菌芽孢无杀灭作用。其杀菌机理与苯酚相同,但杀菌力更强。1%~2%的来苏儿水溶液,可用于双手消毒(浸泡2分钟);2%~3%的水溶液,可用于环境喷洒消毒和器皿消毒(浸泡1小时)。来苏儿的腐蚀性大,原液未经稀释,不能接触皮肤。

4. 漂白粉。漂白粉又叫含氯石灰,氧化型消毒剂,主要成分为次氯酸钙,白色粉状或片状物质,有氯臭,溶于水,易吸湿。漂白粉水溶液中含有大量的次氯酸,次氯酸在水中极易解离释放出新生态氧和氯,这三者都可使菌体受到强氧化作用而死亡。漂白粉杀菌力强,能控制细菌、真菌及线虫引起的各种病害,是菇房(棚)和制种常备的消毒剂。0.5%~1%的漂白粉溶液,用于空间喷雾消毒;5%~10%的溶液,用于洗刷接种室、床架和浸泡材料、工具等,也可对菇房(棚)进行喷雾消毒。室外建堆和露地栽培时,如若地面潮湿,可直接用漂白粉喷撒,每平方米用量20~40克,可控制土壤中的细菌、真菌及线虫等。漂白粉液稳定性差,要随配随用。若在其水溶液中加入与漂白粉等量或半量的氯化铵或硫酸铵或硝酸铵,可提高其杀菌作用。

5.石灰。石灰是常用消毒剂,杀菌作用较强。石灰分生、熟两种,生石灰的主要成分为氧化钙,为白色块状固体。生石灰经与水化合即成熟石灰,其主要成分是氢氧化钙。二者均为碱性物质,可提高培养料或环境的pH值,通过抑制杂菌的生长繁殖而达到消毒目的。使用时,可用生石灰粉压盖被杂菌污染的料面,或用5%~10%的石灰乳剂喷洒料面,以杀除料面杂菌。在酒红球盖菇培养料中添加1%~3%的石灰粉,既有利于菌丝生长,又可抑制杂菌的发生。5%~10%的石灰乳剂,也常用于喷洒墙壁、地面等,进行环境消毒。使用时,最好选用生石灰,其消毒效果更好。

6.过氧乙酸。过氧乙酸是氧化型表面消毒剂,又叫过醋酸、过乙酸,为无色、有强烈气味的液体。一般商品为20%或40%的过氧乙酸溶液。以强烈的氧化作用,使微生物原生质和酶蛋白受到破坏而杀菌。防治对象为真菌等。主要用于器皿、用具的表面消毒,使用方法有浸泡、擦抹、喷雾和熏蒸等,使用浓度0.2%~0.5%。过氧乙酸性质不稳定,温度稍高即放出氧气,应贮存于通风阴凉处,存期不可超过1个月。对金属有较强的腐蚀性。另外,不能与碱性药品混用。

7.过氧化氢。过氧化氢是氧化型表面消毒剂,俗称双氧水,为无色液体。市售商品一般为3%和30%的水溶液。贮存时,易分解成水和氧气,可加入少量乙酰替苯胺等作为稳定剂以控制。其杀菌机理同过氧乙酸。常用作器皿、用具及皮肤的表面消毒,使用浓度为0.2%~0.5%。

8.菇安消毒剂。菇安消毒剂是一种国际新型的氧化型强力消毒杀菌剂,具有安全、高效、广谱的优点。菇安的主要有效成分为稳定态二氧化氯(ClO_2),其灭菌效果是次氯酸钠的5倍。对食用菌生产中常见的木霉、曲霉、毛霉和链孢霉等杂菌均有很好的灭杀作用,特别是对细菌的杀灭效果最好。且其用量少,成本低,使用方便,省工省力,杀菌作用快,无有害残留,对皮肤和黏膜无刺激作用。可广泛用于接种箱(室)、菇房(棚)的消毒杀菌,其消毒效果优于甲醛或过氧乙酸。菇安由分别装有白色粉末、标明A袋和B袋的小袋组成,每袋为20克。使用时,只要将A袋倒入1000毫升的容器中,待溶解后,再倒入B袋,密封让其反应半小时后,即为菇安消毒剂的原液,然后根据用途稀释喷雾即可。其使用浓度如下:对接种箱(室)消毒,原液:水=1:50;对菇房(棚)消毒,原液:水=1:100;对生产器具、用具消毒,原液:水=1:80。消毒时间均为10分钟。可以直接喷雾于菇体表面,但菇体幼小时,浓度应适当降低。在初次使用或发病严重时,浓度可以加倍。菇安消毒剂无论是固体、原液或稀释待用的使用液,若不立即使用,均需避光存放在阴凉处,以防止药效下降。最好现用现配。

以下是食用菌生产消毒剂的配制及使用方法(表3-2)

表3-2　食用菌生产消毒剂的配制及使用方法

名称及浓度	配制方法	使用范围	注意事项
75%酒精溶液	95%酒精75毫升加蒸馏水20毫升	手及物体表面擦拭消毒	易燃,防着火
5%甲醛溶液	40%甲醛溶液12.5毫升加蒸馏水87.5毫升	空间熏蒸及物体表面消毒	有刺激性,注意保护皮肤及眼睛
0.1%升汞溶液	升汞0.1克浓盐0.2毫升加蒸馏水1000毫升	菇体及器皿表面消毒	有剧毒,注意安全
2%来苏水溶液	5%来苏水40毫升加蒸馏水960毫升	手及物体表面消毒	配制时勿使用高硬度水
0.25%新洁尔灭溶液	5%新洁尔灭50毫升加蒸馏水950毫升	皮肤及不耐热器皿表面消毒	忌与肥皂等同用
0.1%高锰酸钾溶液	高锰酸钾1克加清水1000毫升	用品及器具表面消毒	随用随配,不宜久放
0.5%苯酚溶液	苯酚5克加蒸馏水或凉开水95毫升	空间及物体表面消毒	防止腐蚀皮肤
0.2%过氧乙酸溶液	20%过氧乙酸5毫升加蒸馏水98毫升	表面消毒	勿与碱性药品混用,对金属有腐蚀作用

二、杀菌剂

下面我们简单介绍12种杀菌剂。

1.甲醛。甲醛是有机杀菌剂。纯甲醛为气体,浓度37%~40%的甲醛水溶液称为福尔马林。有强烈的刺激性气味,能与水或醇类按任意比例混溶,溶液呈弱酸性,无色透明。甲醛有强烈的杀菌作用,0.1%~0.2%的甲醛溶液,在6~12小时内,可杀灭细菌、芽孢和病毒。在酒红球盖菇的生产中,主要用于接种箱(室)、培养室和菇房(棚)的空间消毒,其使用方法有熏蒸法和喷雾法等。甲醛还可以用来消除培养料内的游离氨。使用时,如有白色沉淀,可加几滴硫酸使其溶解。甲醛对人的眼睛、呼吸道、皮肤等均有刺激性,使用时,要注意防护。

2.高锰酸钾。高锰酸钾是强氧化型杀菌剂,又名灰锰氧、PP粉等。为深紫色晶体,有光泽,性稳定,耐贮存。能溶于水,溶液呈紫红色。主要杀灭细菌和线虫,对多数真菌无效或低效。在酒红球盖菇生产上,主要用其作氧化剂与甲醛溶液混合,发生汽化反应,进行熏蒸灭菌;此外,也常用0.1%~0.2%的水溶液对床架、器具、用具和皮肤进行表面消毒。高锰酸钾溶液在酸、碱条件下都不稳定,暴露在空气中也易分解,最好随配随用,不宜久放。手及物品被高锰酸钾水溶液沾染着色后,用草酸或亚硫酸或维生素C即可除去。

3.新洁尔灭。新洁尔灭是阳离子型表面活性杀菌剂。含季铵盐5%,为淡黄色胶状,具芳香气味,极苦。易溶于水,溶液澄清,呈碱性反应,低温下会发生沉淀物,振摇时则产生大量泡沫。其性质稳定,耐光、耐热,无挥发性,可长期贮存。新洁尔灭杀菌能力强,对细菌、真菌都可杀灭。主要用于对双手和不能遇热的器皿、用具的擦抹消毒,浓度一般为0.1%~0.25%。但杀菌时间短,需随配随用。本品对皮肤有脱脂作用,操作时,双手应注意保护。但对皮肤、金属、塑料均无腐蚀作用。忌与肥皂、肥皂粉等阴离子表面活性剂接触。稀释用水质不能过硬,否则影响杀菌效果。

4.多菌灵。多菌灵又名棉萎灵、苯骈咪唑44号等,是一种广谱性内吸杀菌剂。纯品为白色晶状粉末,工业品为棕色粉末。不溶于水及一般有机溶剂,溶于无机酸及醋酸等,对人、畜低毒,残效期约10天。市售剂型有25%和50%的可湿性粉剂及40%的乳剂等。多菌灵不能直接杀菌,但有很强的抑菌作用。对子囊菌中的某些病原菌和半知菌中的大部分病原菌有效,对接合菌效果较差。在酒红球盖菇的栽培期间,用50%的粉剂1000倍液喷雾,可以防治木霉、曲霉等病害。多菌灵的化学性质稳定,但不能与铜制剂混用。要避免长期单独施用,可和甲基托布津等交替施用,以防病菌产生抗药性。

5.甲基托布津。甲基托布津是广谱性内吸杀菌剂。纯品为稳定的无色结晶,工业品为米黄色粉末。在水中溶解度很低,溶于丙酮、氯仿等有机溶剂。对人、畜低毒,残留量少。常见剂型为50%和70%的可湿性粉剂。用70%的粉剂稀释1000~1500倍,在酒红球盖菇菌床上喷雾,可防治可变粉孢霉病等。

6.百菌清。百菌清是有机氯杀菌剂。纯品为白色结晶,无味,难溶于水,可溶于丙酮等有机溶剂。工业品淡黄色,稍有刺激性气味。常温下性质稳定,无腐蚀性,对人、畜低毒。加工剂型为75%的可湿性粉剂,稀释1000~1500倍喷洒菇床,可防治木霉等病害。本品对皮肤和黏膜有轻微刺激,施用时,要注意眼睛和皮肤的防护。避免与石硫合剂混用。

7.硫黄。硫黄是保护性杀菌剂和杀螨剂。淡黄色结晶或粉末,易燃,通过燃烧时产生的二氧化硫气体而杀菌、杀螨、杀虫。常用于接种室、发菌室和菇房(棚)的熏蒸消毒,用量为每立方米10~15克。熏蒸前,室(棚)内墙壁、地面、床架等喷湿,可增强杀菌效果。因二氧化硫气体比重大,挥发过程中会下沉,所以,焚烧硫黄的容器宜置较高处,以利气体均匀扩散。培养料进房(棚)后,不宜用硫黄熏蒸,以免培养料酸化过重,既不利于酒红球盖菇菌丝的生长,又易引起青霉等嗜酸性病原菌的滋生。

8.升汞。升汞是重金属盐类杀菌剂,学名氯化汞。白色结晶粉末,易溶于水,杀菌力特强。在酒红球盖菇生产中,常用于分离材料的表面消毒,一般是用0.1%~0.2%的溶液对菇体等材料表面揩擦或浸泡消毒。升汞有剧毒,易被皮肤和黏膜吸收,应避免接触。要用非金属器皿盛放,同时在溶液中加入品红等有色染料,以示有毒,避免误用。

9.碘附。碘附又叫碘福,广谱性杀菌剂。其原液含有效碘16%,磷酸8%,为棕黄色液体,溶于水。商品剂型有含有效碘4%、10%、16%的水剂。碘附抗菌谱广,杀菌力强,对细菌、霉菌、病毒及线虫均有强烈的杀灭作用,且使用浓度低,无毒,无残留,对皮肤和黏膜无刺激,残液容易用水洗掉。除直接用于防治杂菌外,主要用于接种箱(室)、培养室、栽培室(棚)的空间灭菌以及各种机具、器材的表面灭菌。施用浓度(含有效碘16%的原液):洗手20毫克/升,毛巾、容器20毫克/升,器具50~80毫克/升,机械设备20~200毫克/升,墙壁、地板、空间50~320毫克/升。要随配随用。

10.波尔多液。波尔多液是用硫酸铜和石灰乳配成的杀菌剂。新鲜的波尔多液呈天蓝色,为碱性悬浮液。配方通常有石灰等量式、石灰倍量式和石灰三倍式三种,其硫酸铜、生石灰和水的比例(重量比)分别为1:1:100、1:2:100、1:3:100。配制时,先用总水量10%的水把石灰制成石灰乳,再用总水量90%的水把硫酸铜溶解成溶液,然后把硫酸铜溶液慢慢倒入石灰乳中,边倒边强烈地搅拌。该液配好后要立即使用,不能久存。且应用木质或陶制容器配制,以防腐蚀。不能贮存于铁质、铜质容器中,也不能在喷雾器中放置过久。施药后,喷雾器应及时清洗,防止腐蚀。其主要起防病保护作用,能控制多种酒红球盖菇病害,常用于空菇房(棚)、床架及覆土材料的消毒,如菇房(棚)四壁和旧床架可用石灰倍量式或石灰三倍式波尔多液洗刷、浸泡或喷雾;粗土粒可用等量式波尔多液湿润;栽培期床面无菇时,可用等量式波尔多液喷雾防治病害;酒红球盖菇堆料期间,若料内粪多氨臭味较浓,也可喷洒等量式波尔多液加以消除。波尔多液的使用时机,要选在病害发生前或发病初期,方能收到较好的效果。另外,波尔多液的质量好坏与原料质量有密切的关系。硫酸铜要选纯蓝色的结晶体,生石灰要选烧透的块状石灰,水要用自来水或河水,不宜用井水或泉水,这样才能配成质量好的波尔多液。

11.气雾消毒剂。气雾消毒剂是一种新型烟雾熏蒸型杀菌剂,其产品有菇保1号和气雾消毒盒等类型。对酒红球盖菇等食用菌生产中常见的多种杂菌如链孢霉、绿霉、青霉、黄曲霉等都有很强的杀灭作用,杀菌效果可达99.9%。用量少,使用方便,又无强烈的刺激性气味,可用其代替甲醛。常用于接种箱(室)和培养室内的熏蒸杀菌。用法是:每立方米空间的用量为2~4克,用火或烟头点燃后,即可产生出大量的白色烟雾,弥漫在整个空间,从而对环境中的杂菌进行杀灭。用于接种箱时,大约熏蒸处理半小时,就可进行接种操作;用于接种室时,烟熏停止半小时后,人员方可入室操作。如氯气味太重,可在口罩内衬一片消氯巾。此外,还可配制成1∶2000至1∶3000倍的水溶液,进行清洗和喷雾杀菌。该药剂应置于阴凉、干燥处保存。其氧化力很强,室内金属部件应涂油保护后,再进行烟熏。

12.金星消毒剂。金星消毒剂是一种广谱、高效、快速、无副作用的新型消毒剂。该产品首先在医疗卫生上得到广泛应用,它对病毒、细菌有很强的杀伤力,在1~5分钟内,杀灭率几乎可达100%,且对人体无刺激,无异味,无副作用。金星消毒剂用于酒红球盖菇生产,对木霉、青霉、毛霉、根霉及细菌的防治效果,明显优于新洁尔灭、甲醛、苯酚和多菌灵。后面四种消毒剂,对人体都有很大的毒副作用,或者因在食用菌产品中有微量残留而影响出口。此外,由于长期使用这些消毒剂,而使病原微生物或竞争性杂菌产生了抗药性。因此,金星消毒剂可作为替代这些传统消毒剂的产品。金星消毒剂的用法主要有:进行接种箱(室)、培养室、菇房(棚)消毒,用40~50倍水溶液喷洒;进行接种或培养料拌料消毒,用400~500倍水溶液;在栽培期间防治杂菌,用40~50倍水溶液浸纸覆盖或注射,用30~50倍水溶液处理菌棒或菌袋表面,也能预防杂菌发生。金星消毒剂为非金属消毒剂,对金属具有腐蚀作用。

金星消毒剂既不能用以进行高压灭菌处理,也不宜与其他化学物质相混合,否则会影响杀菌效果。

以下是目前允许使用的杀菌剂农药种类,见表3-3。

表3-3　杀菌剂

农药名称	别名	商品标号及剂量	防治对象	注意事项
福双美	卫福	75%的可湿性粉剂1000~1500倍液	绿霉、链孢霉、曲霉、青霉	低毒,不能与铜,铝和碱性药物混用
百菌清	达克宁、桑瓦特	75%的可湿性粉剂1000~1500倍液	地霉、绿霉、菌核病、链孢霉	低毒,不能与碱性药物混合
多菌灵		50%的可湿性粉剂1000~1500倍液	链孢霉、轮纹病、根腐病	低毒,对银耳菌丝有药害
甲霜灵	瑞毒素	50%的可湿性粉剂1000~1500倍液	疫病、白粉病、轮纹病	低毒,使用最多不超过3次
甲基硫菌灵		70%的可湿性粉剂1000~1500倍液	根霉、曲霉、赤霉病	低毒,最多喷1次
恶霉灵		70%的可湿性粉剂1000倍液	毛霉、绿霉、链孢霉、曲霉	低毒,最多喷1次
异菌脲	扑海因、桑迪恩	50%的可湿性粉剂1000~1500倍液	灰霉病、疫病、酵母菌病、青霉	低毒,最多喷1次
腐霉利		50%的可湿性粉剂1000~1200倍液	白粉病、青霉、霜霉病、曲霉	低毒,最多喷1次
三唑铜	粉锈宁、百理通	20%的乳油1000~1500倍液	锈病、僵缩病、红银耳	低毒,最多喷1次
乙膦铝	疫霉灵、疫霜灵	50%的可湿性粉剂400~500倍液	霜霉病、猝倒病	低毒,最多喷1次

三、杀虫剂

下面我们简单介绍8种杀虫剂。

1.敌敌畏。敌敌畏又叫DDV,为有机磷杀虫剂。工业品为黄色油状液体,市售剂型有80%的乳油等。有轻微的芳香味,挥发性较强,遇碱易分解失效,对人、畜毒性中等。敌敌畏对害虫有强烈的触杀、胃毒和熏蒸作用,其杀虫范围广,对刺吸式和咀嚼式口器的害虫均有较好的杀灭效果。低温下使用时,效果较差,气温越高,密封度越好,其作用速度加快,对害虫击倒力增强,施药后1~2小时就开始见效。残留期也短,一般1~2天,而且降解快,基本无残毒。是酒红球盖菇栽培中常用的杀虫杀螨剂,能有效地防治菇蝇、菇蚊、螨类和跳虫等。其用法有熏蒸和喷雾两种形式。熏蒸时,对空菇房(棚),可将80%的敌敌畏乳油稀释50倍,置火炉上煮沸汽化熏蒸,每100平方米栽培面积用原药1公斤;产菇期间,可用布条或棉球浸原药,均匀悬挂在菇房(棚)内,熏杀虫、螨,但在采菇前10天,禁止施用。采用熏蒸法,施药后,要覆盖好覆土材料,封闭好菇房(棚)通气装置,否则影响防治效果。喷雾时,空菇房(棚)可用80%的乳油100~200倍稀释液;栽培期床面无菇时,菇房(棚)和菇床可用80%的乳油800~1200倍稀释液。

2.鱼藤酮。鱼藤酮是植物源杀虫剂,又名鱼藤、毒鱼藤、地利斯等。其杀虫的主要有效成分是鱼藤酮。鱼藤酮纯品无色,无臭,为六角板状晶体,不溶于水,能溶于有机溶剂,遇碱性物质很快失效。对害虫有触杀、胃毒作用,对人、畜毒性较低,但对鱼类等水生生物和家蚕高毒,对蜜蜂低毒。产品有4%的粉剂和2.5%的乳油等剂型。用0.1%的水溶液喷洒菇房(棚)空间,可防治菇蝇、跳虫等。其药液及其冲洗物不得倒入鱼塘或用于桑园。

3.烟碱。烟碱也是植物源杀虫剂。其杀虫的有效成分是烟碱,由烟草中提取而得。纯烟碱为无色、无臭的油状液体,有挥发性,易溶于水和有机溶剂。遇光或空气变褐色,发黏,有奇臭和强烈刺激性。对人、畜毒性较高,但无药害。具触杀和胃毒作用,是一种速效杀虫剂。防治害虫的范围较广,对鳞翅目、双翅目的多种害虫以及螨类有效。产品有1%~3%的粉剂和10%的油剂等剂型。

4.除虫菊酯。除虫菊酯又叫除虫菊、除虫菊素等,为植物源杀虫剂。商品为黄色黏稠状液体,有清香气味,难挥发,不溶于水,可溶于各种有机溶剂。遇碱、日光或高温易分解失效。对动物安全。加工剂型有粉剂、乳剂、油剂、气雾剂等。属触杀型药剂,无胃毒和内吸作用,残效期短。用3%的乳油500~800倍稀释液喷雾,可防治菇蚊、菇蝇、跳虫等害虫;气雾剂在菇房(棚)熏烟,可防治各种双翅目成虫。

5.拟除虫菊酯。拟除虫菊酯是根据天然除虫菊素的化学结构,用化学方法合成的与天然除虫菊素相似的杀虫剂,属于仿生杀虫剂。其种类较多,如溴氰菊酯等,是目前取代敌敌畏等有机磷杀虫剂的一类新农药。拟除虫菊酯有较强的触杀、胃毒和一定的内吸杀卵作用,对鳞翅目、双翅目的幼虫、成虫,均有较好的杀灭效果。对人、畜毒性较低,残效期10天左右。施用时,忌与碱性农药、化肥混用,尽量避免与皮肤接触,以防皮肤过敏。另外,应提倡与其他药剂混用或交替使用,以避免害虫产生抗药性。施用方法:在菇房(棚)内,可用2.5%的溴氰菊酯(又名敌杀死)乳油稀释3000~4000倍液喷雾,能防治菇蚊、菇蝇类的成虫及菇夜蛾幼虫等;害虫盛发期间,在菇房(棚)门、窗外围用2.5%的溴氰菊酯乳油2000倍液喷雾,7~10天喷1次,可有效阻止室外害虫进入菇房(棚)。如果菌床上有轻度螨害,可选用25%的菊乐合酯(即氰戊菊酯和乐果的复配杀虫剂)1500~2000倍液或2.5%的功夫菊酯1000~1500倍液喷雾。由于拟除虫菊酯在土壤中的移动性很小,且易被土壤吸附,而失去杀虫活性,所以,菌床覆土后施药,应与其他农药混用。

6.马拉硫磷。马拉硫磷又名马拉松、4049等,为有机磷杀虫剂。本品(纯度大于95%)为浅黄色液体,在室温下微溶于水,可与多种有机溶剂混溶。工业品为深褐色油状液体,具有强烈的大蒜臭味,遇碱性物质或酸性物质易分解失效。对铁有腐蚀性。马拉硫磷是非内吸的广谱性杀虫剂,有良好的触杀和一定的熏蒸作用,残效期较短,对人、畜低毒,对刺吸式和咀嚼式口器的害虫均有较好的杀灭效果。商品剂型有50%的粉剂和50%的乳剂等,常用800~1500倍液喷雾或熏蒸杀灭跳虫、螨类等害虫。本品易燃,在贮运过程中要注意放火,远离火源。

7.卡死克。卡死克又名氟虫脲、WL115110等。原药为无臭白色结晶,有效成分含量大于98%。常温下对光和水解的稳定性好,热稳定性亦好。属低毒的杀虫杀螨剂,具触杀和胃毒作用。对多种害螨有效,杀幼、若螨效果好,不能直接杀死成螨。但接触药的雌成螨产卵量减少,可导致不育或所产的卵不孵化,或产的卵即使孵化,幼虫也会很快死亡。但卡死克杀螨、杀虫作用缓慢,施药后不能立显药效,须经10天左右药效才显著上升。对钻蛀性害虫,宜在卵孵盛期用药;对害螨,需在幼、若螨盛发期施药。不要与碱性农药混用,否则会减效。剂型有5%的乳油等。可用5%的乳油1000～2000倍液,均匀喷雾。

8.克螨特。克螨特又名丙炔螨特等。原药为黑色黏性液体。易燃,易溶于有机溶剂,不能与强酸、强碱相混。通常条件下,至少可贮藏2年。是一种低毒广谱性的有机硫杀螨剂,具有触杀和胃毒作用,无内吸和渗透传导作用。对成螨、若螨有效,杀卵效果差。该药在温度20℃以上条件下,药效可提高;但在20℃以下,随着温度的降低而递降。剂型有73%的乳油等,常稀释成2000～3000倍液喷雾。

以下是目前允许使用的杀虫剂、杀螨剂农药种类,见表3-4、表3-5。

表3-4　杀虫剂

农药名称	别名	商品标号及剂量	防治对象	注意事项
美曲膦酯		90%的固体 800～1000倍液	跳虫、地老虎、蛴螬、地蛆	从菇棚四周喷至中间,高温慎用
敌敌畏		50%的乳油 800～1000倍液	菇蝇、跳虫、螨类	中等毒,最多喷1次
乐果		40%的乳油 800～1000倍液	菇蛾、地蛆、蓟马、线虫	中等毒,最多喷1次
马拉硫磷		50%的乳油 800～1000倍液	跳虫、蛴螬	最多喷1次
辛硫磷		50%的乳油 500～1000倍液	非蛆线虫、蚊、蓟马、蟋蟀	药效敏感、要慎用
杀螟硫磷		50%的乳油 1000～1500倍液	菇蚊、菇蝇、跳虫	中等毒,最多喷1次
阿维菌素	爱福丁、齐螨素	1.8%的乳油 5000～8000倍液	虫、螨,兼治菇蚊、蛾、蛆	商品名称较多,注意有效含量
速灭威		25%的可湿性粉剂 667平方米200～300克	菇蛾、菇蚊、菇蝇	中等毒,最多喷1次
抗蚜威		50%的可湿性粉剂 667平方米10～20克	烟青虫、蚜虫、蓟马	中等毒,最多喷1次

农药名称	别名	商品标号及剂量	防治对象	注意事项
异丙威	叶蝉散	2%的可湿性粉剂 667平方米1500克	菇蚊、菇蝇、蛴螬	中等毒,最多喷1次
氟氰菊酯		10%的乳油 2500～4000倍液	菇蚊、菇蛾、荼螟	中等毒,最多喷1次
噻嗪酮	扑虱灵	25%的可湿性粉剂 1000～1500倍液	介壳虫、飞虱、叶蝉	低等毒,限喷1次
杀虫双		5%的悬浮剂 1500～2000倍液	飞虱、叶蝉、介壳虫	中等毒,限喷1次
锐劲特	氟虫腈	5%的悬浮剂 1500～2000倍液	菇蚊、非蛆成虫、菇蛾、红蜘蛛	中等毒,限喷1次

表3-5 杀螨剂

农药名称	别名	商品标号及剂量	防治对象	注意事项
克螨特	快螨特	73%的乳油 2000～3000倍液	对成螨、若螨有特效,杀卵效果差	高温、高湿对幼菇有药害
双甲脒	螨克	20%的乳油 1000～2000倍液	对成㙇、若螨、卵有良效	气温低于25℃时药效差
噻螨酮	尼索朗	5%的乳油 1500～2000倍液	幼螨、卵特效,成螨无效	最多喷1次
卡死克	氟虫脲、WL115110	5%的乳油 1500～2000倍液	对幼螨、若螨效果显著	最多喷1次
乐斯本	氯硫磷、毒死蜱	40.7%的乳油 1000～2000倍液	成螨,兼治非蛆幼虫	最多喷1次

第四章 酒红球盖菇菌种生态制作技术

酒红球盖菇栽培想获得高产,首先要有优质的菌种。菌种制作是酒红球盖菇栽培的主要环节。酒红球盖菇菌种分为母种、原种、栽培种三级菌种。母种又叫试管种或一级种,是由菇体上的组织经分离培养获得的,也可经过孢子萌发培养获得。前者为无性繁殖,后者为有性繁殖。母种菌丝纤细,分解和利用营养物质的能力弱。母种进一步扩大繁殖而成的称原种或二级种。原种菌丝分解和利用营养的能力增强,生长势较强,可直接用于栽培。一般情况下,原种还需要再进一步扩大繁殖,以获得更多的菌丝。原种经扩大繁殖的菌种叫栽培种,又称三级种。栽培种生长更旺盛,分解利用营养的能力最强,用于栽培时效果最好。

选用优良品种,是酒红球盖菇高产优质的前提。酒红球盖菇的优良品种,应具有高产、优质、生活力旺盛、适应性广、抗逆性强等特性。例如,菌丝生长速度快,就能抑制住杂菌而使出菇早、产量高、质量好、菇形大、形状好、色泽美。这样的品种,肯定能给生产者带来更大的经济效益。

在食药用菌良种选育工作中,人们习惯从自然界现有菌株中,通过人工选择培育新品种的过程,称为选种。而将通过诱变或杂交等手段改变个体的基因型,创造新品种的过程,称为育种。为此,我们也对酒红球盖菇的选种方法和育种方法分别叙述。

一、酒红球盖菇选种方法

(一)选种原理

选种,又叫人工选择,也称淘汰法或评比法。这是最古老、最便捷、应用最广泛的选种方法。它是从自然界现有菌株中,通过人工方法有目的地选择并积累自发的有益变异的过程。其实质是用人工方法控制生物的生殖,使生物繁殖不是随机进行,而是有选择地进行。这样,经过不断去劣存优,不断淘汰那些人类不需要的个体,保留人类需要的个体,就能逐步选出优良的新品种。

可见,人工选择的效果是相对的、有条件的。首先,必须根据可遗传的变异进行选择,要与由于环境条件改变所引起的不可遗传的变异进行区别;其次,由于人工选择不能改变个体的基因型,而只是积累并利用自然条件下发生的有益变异,所以要使选择产生更好的效果,除了注意选择和利用现有品种中产生的明显的有益变异个体外,更主要的是要广泛收集不同地域、不同生态型的菌株,以便从大量菌株中反复比较,弃劣留优,选出更符合人们需要的理想的新品种。

(二)选种方法

为了使酒红球盖菇的选种工作能取得较好的效果,要尽可能收集足够数量的有代表性的野生及栽培菌株。在采集野生酒红球盖菇的子实体时,要注意下面三点。

1.要根据酒红球盖菇特点及选种目标采集。也就是说,选择种菇时,要选菇体较大、菇形完整、七八分成熟、无病虫害侵染、无雨淋等的新鲜菇。选择种木时,要选已出过菇的,无杂菌与病虫害的菌材。以出菇温度为选种目标时,要到相应的纬度或海拔地区采种。

2.采集点的地理条件应有明显的差异。酒红球盖菇的担孢子扩散能力广而强,据测试,一个酒红球盖菇子实体散出来的担孢子可达上亿个。担孢子靠风、昆虫携带及水流等方式四处传播而扩散。自然界的野生酒红球盖菇,不仅同一树桩上的子实体,甚至同一林地数十乃至数百米距离内的子实体,都有可能是同一个子实体的孢子多年的传播,逐步扩散而形成的。因此,为了避免重复又能采集到更多的有益变异菌株,采集点之间的距离应尽量远一些。同时,选择采集点时,要充分利用不同的地形、地势,如南坡、北坡、山顶、山腰等。

3.对采集地点的各种情况要详细记载。为了便于以后对品种资源综合分析,采集时的各种情况,如时间、地点、海拔、坡向、荫蔽度、基物及光照度、温度、湿度等气候资料,都应尽可能做详细记载。

二、酒红球盖菇育种技术

1.纯种分离。采到子实体等资源后,应迅速带回实验室,尽快以组织分离法或菇木分离法取得纯种。

2.性能测点。为了避免人力和物资的浪费,提高工作效率,对不同菌株间能产生拮抗反应的酒红球盖菇,可通过在平板进行拮抗试验来淘汰完全融合,即编号不同但基因型相同的重复菌株。同时,在平板上对各菌株的菌丝生长速度、生长势、对温度的反应等特性加以测定,以便对其生理特征有个初步的了解。

3.品比试验。为了比较所收集到的各品种资源菌株的优劣,应根据各菌株的具体情况,选用瓶栽、袋栽或药用菌丝体生产等方式,比较各菌株的生产性能。试验方案应按照生物统计学原理进行设计,并力求使可能影响试验结果的各类因素,如菌种质量、培养基成分、接种方法、栽培管理措施等尽量保持一致。同时,为了充分利用品种资源,品比试验除应严格单收单记各菌种的产量外,还应对菇形、温性、干鲜比、出菇期等形态、生理和栽培特性进行详细记载。

另外,对酒红球盖菇等木腐菌来说,并不是所有的菌株在段木栽培及木屑栽培中的表现都完全一致,少数菌株甚至会出现截然相反的情况。但是,据试验,大多数高产菌株,在两种栽培方式中的产量有显著的相关性。因此,选种目标为段木栽培种时,在供试菌株多、工作量较大情况下,可以先通过代料栽培进行一次初筛。

4.扩大试验。品比试验结束后,应使之与对照组相比,表现较好的菌株,可进行更大规模的试验,以对品比结果做进一步验证。在扩大试验的规模时,代料栽培每一个菌株一次试验应不少于500袋;装瓶栽培每一个菌株一次试验要不少于500瓶。同时,还应在不同地区、不同海拔条件下,进行同样规模的扩大试验。

5.示范推广。经过扩大试验,对选出来的优良菌株的种性已有了较明确的认识。但是在大量推广之前,还应选取几个有代表性的试验点,进行示范性生产。待结果进一步得到确证后,再由点到面,逐步推广。

总之,采用人工选择法进行酒红球盖菇的选种,是最基础、最简便且广泛使用的一种方法,但具有局限性,主要是没有进行基因重组,未能从根本上改变种性。为此,要取得更优良的菌种,还应进一步进行酒红球盖菇的育种工作。

第一节 菌种制作设备

酒红球盖菇菌种制作要有必需的设备,其中有接种、灭菌、培养、保藏等设备。这些设备必须达到设计的要求,以保证使用效果。

一、接种设备

1.接种箱。又称无菌操作箱,是菌种扩繁转接的设备。接种箱结构简单,但要求密封性好。其外形像放在桌子上的一个双斜面的箱子,斜面上镶有玻璃,玻璃安装在能灵活开启和关闭的门上,便于菌种的放入和取出。玻璃门平面同人的视线成135°的夹角,以利观察箱内的操作。接种箱两侧面各有两个直径为15厘米的圆洞,两洞中心距离为40厘米,每个洞口装有长40厘米的双层布袖套,袖口有松紧带,接种操作时,双手经两布袖套伸入箱内。箱内顶上安装有40瓦紫外线灯和日光灯各一个。接种箱容量小,无菌效果好,人员操作时,能避免与消毒剂接触,使人员免受伤害。

2.接种室。接种室又称无菌操作室,面积一般为6~8平方米,高2米,墙壁光滑,多为玻璃,地面平整光滑,有利于清洗和消毒。接种室内有操作台,台上放置接种工具。接种室进口设一缓冲间,避免接种人员出入时门直接向外开,防止未经消毒的空气将细菌带入室内。缓冲间规格为1米×2米,缓冲间内备有已消毒的工作服、拖鞋、帽和口罩等。接种室和缓冲间力求简单,不可放入过多的物品,以防止在消毒时留有死角。接种室和缓冲间均为推拉门,可减缓因开门造成的空气流动。接种室顶端安装一空气过滤机,接种时间长时,可开启过滤机,将室内二氧化碳抽出,并补充所需要的氧气,降低室内的温度。接种室和缓冲间顶部各安一紫外线灯,在接种前开启30分钟,对空气中的悬浮微生物进行消毒和灭菌。

3.超净工作台。超净工作台是现代生物技术和精密制造工业兼用的净化工作台,其工作原理是:空气经过预过滤器先除去尘埃后送入风机,经风机加压后送入正压箱,正压箱的空气经超细纤维高效过滤器除菌净化,进入均匀层,以层流状态均匀进入操作区,进入操作区的净化空气是均匀地朝着一个方向流动,不产生涡流。操作区内的气流压力高于外界,区外含杂菌和尘埃的空气不易进入,使操作区内形成无菌状态。使用超净工作台操作时,无须使用化学消毒剂,可使操作人员免受有毒气体的熏蒸,尤其是在高温季节,操作起来感到舒适安全。

二、灭菌设备

灭菌设备主要包括高压蒸汽灭菌锅和常压灭菌锅,根据结构分为立式和卧式。

1.手提式高压蒸汽灭菌锅。手提式高压蒸汽灭菌锅是一种小型高压蒸汽灭菌锅,有炭加热式和电加热式两种,一般体积小,使用方便,主要用于小型玻璃器皿和酒红球盖菇的母种、原种培养基的灭菌。

2.卧式高压蒸汽灭菌锅。卧式高压蒸汽灭菌锅是一种较大型的灭菌锅,有炭加热和电加热两种,常用的是电加热并设有蒸汽发生器。主要用于原种和栽培种的制作,每次可灭菌200～300瓶(袋)。

3.常压灭菌锅。常压灭菌锅又称流动蒸汽灭菌锅或无压灭菌锅,一般是自制,其密封性能差,锅内蒸汽不断逸出,锅内压力和自然压力相差很小,锅内温度在100～105℃之间。和高压蒸汽灭菌锅相比,灭菌时间要相对延长才能达到灭菌效果,灭菌时间一般在8～10小时。其优点是结构简单,投资小,可以自己动手建造,结构分灶、锅、灭菌柜3部分,灶要建在地下0.8～1米深,地面上放置大锅,锅台上建汽柜,汽柜高1～1.5米,直径为1米左右。灶要有抽风烟囱。锅的盛水量要大,并有能续水的管子。汽柜顶盖上要有气孔,以利蒸汽流动。常压锅容量大,一般能装1000～2000瓶(袋)。

常压灭菌时应注意以下几点:①菌种(瓶或袋)在锅内,要注意合理叠放,叠放层次不能太多,一般以5层为宜。尽可能采用周转筐式的灭菌方式,以利灭菌;②排放冷空气一定要干净,应在锅的顶部安装排气阀,顶部结构要注意使冷空气能顺利排出,防止有空气死角出现;③在灭菌结束后,应及时趁热搬出灭菌物。

下表4-1是常压灭菌不同温度所需时间情况表

表4-1 常压灭菌不同温度所需时间

温度(℃)	100	99	98	97	96	95
杂菌死亡时间(小时)	3.0	3.3	4.0	4.4	5.3	6.3
灭菌所需时间(小时)	4.2	4.5	5.2	6.0	6.5	7.5

注:灭菌所需时间是从达到所指温度算起。

三、恒温培养箱及培养室

1.恒温培养箱。恒温培养箱是酒红球盖菇母种和少量原种培养时必需的设备,箱内温度的升降是由电子自动控温仪器调节的。使用时将调节指示定在菌种生长所需的温度刻度上,开启电源,箱内温度便会保持所需的温度范围。恒温培养箱使用方便可靠,每台价格在3000元左右。

2.培养室。培养室是用来培养酒红球盖菇原种和栽培种的恒温室,每个培养室面积为20～50平方米,凡是大型酒红球盖菇生产单位和专业户都应具备。培养室可利用闲房进行改造而成,没有对流窗的要增加窗户,墙壁要粉刷,地面要光滑平整,窗户要安玻璃和窗纱并挂上布帘遮光,使室内空气流畅而光线较暗。新建的培养室要有缓冲间,培养室的门不直接向外开,通过缓冲室能有效防止空气中的杂菌及因人员出入而带入培养室的尘埃,以减少污染率。

四、菌种保藏室及化验室

(一)菌种保藏室

制作出来的酒红球盖菇菌种不能及时用于生产时,一定要做好菌种的暂时保藏工作。首先要将菌种移出培养室,立即送入菌种保藏室。菌种保藏室是用来存放原种及栽培种的,室内要求通风干燥,墙壁和房顶要有隔热层,室内气温凉爽而较恒定,安有通风和降温设备,光线较暗,温度在15℃~20℃之间时,菌种能保藏25~30天,不会影响菌种的质量。

(二)化验室

又称准备室或工作室,是进行菌丝体显微镜观察、鉴定、孢子收集、组织分离及母种培养基制作等技术性较强的工作的地方。其内要有工作台及放置各种仪器设备的地方,化验室中一般有恒温培养箱、冰箱、显微镜等仪器。

1.冰箱。冰箱主要用来存放母种,保存温度一般为0℃~5℃之间,保藏时间为3个月,3个月后应转管培养后再继续保藏。

2.显微镜。显微镜用来观测和鉴定担孢子和菌丝体的质量及变化。

3.天平。天平用来称量配制母种培养基中微量元素或配制基础溶液的各种化学物质的仪器。按常用的天平分度值,应有1/100、1/1000和1/10000的天平各1台。

4.玻璃器皿。常用的玻璃器皿有试管、培养皿、菌种瓶等。试管主要用来培养母种,常用规格为管外径为18毫米、管长为180毫米或者管外径为20毫米、管长为200毫米等。

培养皿又称玻璃平板,用作分离孢子和母种菌丝,常用的直径规格为10~12厘米等。

菌种瓶又称标准酒红球盖菇菌种瓶,是用作培养原种、栽培种的容器,颜色浅绿色,容量为750毫升。

5.其他用品。包括接种工具、酒精灯、吸管、量筒、漏斗、钟罩、铝锅、电炉等。

五、配料设备

主要指用于制作原种和栽培种配料时所使用的基本设备,包括切草机、搅拌机等。

1.切草机。目前尚无专用的酒红球盖菇发酵培养料切草机。在生产中可使用北京生产的青稞饲料粉碎机来切割粉碎用于栽培酒红球盖菇的草料,粉碎稻草长度从2～10厘米之间可任意调节,一般制酒红球盖菇粪草培养基时可调节至3～4厘米长即可。

2.搅拌机。搅拌机是将主料和辅料加适量水进行搅拌使之均匀混合的机器。目前食用菌生产上常用的为间歇卧式搅拌机,例如WJ-70型培养料搅拌机,主要由拌料滚筒、螺带搅拌器、传动机构、卸料装置和机架所组成。

当按配方要求将称量的各种原、辅材料及水加入搅拌筒后,即可开动机器,通过搅拌轴的回转,带动双向螺带运动。把最外层的培养料带到搅拌筒中,进行混合,并使培养料沿轴向位移,以充分混合,达到规定搅拌时间后,即可停机,转动手把使搅拌筒卸料口转向下方,利用物料自重下落进行卸料。

六、分装设备

分装设备指专用于把培养基装入瓶子或袋子中时所采用的设备,主要有装瓶机、装袋机和装瓶装袋两用机。

把拌匀后的固体培养料装填到一定规格的瓶和塑料袋的机器。我国主要使用手动控制装填计量,如ZDP-7型装瓶装袋机,主要由料斗、搅拌器、输送器、传动装置、操作机构和机架等组成。根据需要,把一定规格的瓶或袋套在搅龙套上,开动机器使转轴旋转。料斗内的培养基,在旋转的搅拌器和搅龙共同作用下被挤压推出搅龙套而进入瓶和袋内,根据培养基量和松紧度的要求由人工控制完成装填作业。

第二节 菌种培养基及其配制

一、培养基类别

培养基是酒红球盖菇菌丝生长繁殖的营养基质,不同的菌种,所需要的培养基也不一样,配制培养基的材料也不尽一样。其培养基可分为以下几种。

(一)天然培养基

天然培养基是指自然界中的动、植物体或其中一部分直接用来配制培养基,如麦粒、玉米粒、小米粒、马铃薯、胡萝卜等均可直接利用。植物的副产品如麸皮、米糠、豆饼、玉米粉、秸秆、糠壳等,或动植物体的加工产品如麦芽汁、酵母膏、牛肉膏等均属于天然培养基。天然培养基资源丰富、价格低廉。

以下见表4-2是栽培酒红球盖菇常用原料的营养成分

表4-2 栽培酒红球盖菇常用原料的营养成分(%)

原料种类	氮	磷	钾	钙	有机质	含碳量	碳氮比(C/N)
稻草	0.69	0.11	0.85	0.44	75.5	43.79	63.5
小麦秸	0.48	0.22	0.63	0.16	81.1	47.03	98.0
大麦秸	0.64	0.19	01.07	0.13	81.2	47.09	73.6
燕麦秸	0.54	0.14	0.90	0.29	81.2	47.09	87.2
大豆秸	2.44	0.21	0.48	0.92	85.8	49.76	20.4
玉米秸	0.48	0.38	1.68	0.39	80.5	46.69	97.3
玉米芯	0.53	0.08	0.08	0.10	91.3	52.95	99.9
棉籽壳	2.03	0.53	1.03	0.53	96.6	56.00	27.6
高粱壳	0.72	0.70	0.60	–	56.7	32.90	45.7
稻谷壳	0.64	0.19	0.49	0.16	71.8	41.64	65.1
葵花子皮	0.82	0.08	1.17	–	85.9	49.80	60.7

原料种类	氮	磷	钾	钙	有机质	含碳量	碳氮比（C/N）
甘蔗渣	0.63	0.15	0.18	0.05	91.5	53.07	84.2
甜菜渣	1.70	0.11	10.30	–	97.4	56.50	33.2
啤酒糟	6.11	0.52	0.03	0.12	82.2	47.7	8.0
高粱酒糟	3.94	0.37	–	0.18	64.0	37.12	9.4
豆腐渣粉	7.16	0.32	0.32	0.46	16.3	9.45	1.3
干草	1.72	0.11	–	0.92	85.5	49.76	28.9
野草	1.55	0.41	1.33	–	80.5	46.69	30.1
木屑	0.10	0.20	0.40	–	84.8	49.18	491.8
麦麸	2.20	1.09	0.49	0.22	77.1	44.74	20.3
米糠	2.08	1.42	0.35	0.08	71.0	41.20	19.8
玉米粉	2.28	0.29	0.50	0.05	87.3	50.92	22.3
豆饼	6.71	1.35	2.30	0.27	78.3	45.42	6.8
花生饼	6.32	1.10	1.34	0.33	88.5	51.33	8.1
花生麸	6.39	1.10	1.90	–	19.6	28.77	4.5
马粪	0.58	0.30	0.24	0.15	21.1	12.24	21.1
牛粪	1.78	0.15	0.05	0.31	66.5	38.57	21.7
猪厩肥	0.45	0.19	0.60	0.08	43.1	25	56.6
鸡粪	1.65	1.54	0.85	–	25.5	14.79	8.9
鸭粪	1.10	1.40	0.85	–	26.2	15.20	13.8
尿素	46.00	–	–	–	–	–	–
硫酸铵	21.00	–	–	–	–	–	–
过磷酸钙	–	16.50	–	17.50	–	–	–
石膏	–	–	–	23.30	–	–	–

注：除尿素等几种化学添加剂之外，各类农林副产品下脚料的含碳量均按其所含有机质的58%计算。对同一种农林副产品原料来说，由于其产地或收获季节不同，以及检测机构不同等原因，不同检测机构所得出的检测数据均存在一定的差别，但差别不大。本表采用的是比较权威的数据。

（二）合成培养基

合成培养基是由成分已知的有机物或无机物按一定比例配制而成的，如用作碳源的葡萄糖、蔗糖、淀粉等有机物，用作氮源的蛋白胨、酵母膏等有机物,用作矿物质的氯化钙、硫酸钙、硫酸镁、磷酸二氢钾等。这些物质的成分结构是已知的,按照科学配方配制的培养基主要用作菌丝的鉴定及定向选育。

(三)半合成培养基

半合成培养基是由在天然培养基中加入成分已确定的物质配制而成,如在马铃薯培养基中加入葡萄糖、磷酸二氢钾等物质配制而成的培养基。这类培养基在酒红球盖菇生产中应用最为普遍,取材容易,还能通过添加某些已知成分的物质,起到专用作用,既能用于菇类的生产,又可用于菌种筛选。

酒红球盖菇菌种生产方法和草菇菌种生产方法基本相同,可用组织分离法和孢子分离法获得纯菌种,而新区则主要靠引进母种或原种。下面介绍的是适合酒红球盖菇母种生产的培养基。

二、母种培养基

母种培养基大致有以下三种,我们来简单介绍一下其培养成分及含量。

1.麦芽糖酵母琼脂培养基(MYA)。其培养成分及含量为:麦芽糖20克、蛋白胨1克、酵母1克、琼脂18克,加水定容到1升。

2.马铃薯葡萄糖酵母琼脂培养基(PDYA)。其培养成分及含量为:马铃薯300克(加水1.5升,煮20分钟,用滤汁)、豆胨1克、酵母2克、琼脂18克、葡萄糖10克,加水定容到1升。

3.燕麦粉麦芽糖酵母琼脂培养基(DMYA)。其培养成分及含量为:麦芽糖10克、燕麦粉85克、酵母1克、琼脂18克,加水定容到1升。

如需要用液体培养基,则不加琼脂粉即可。

下面我们来介绍一下马铃薯葡萄糖酵母琼脂培养基(PDYA)的配制步骤:①煮制将马铃薯去皮,称取300克,切成小丁或条状,放入不锈钢锅或铝锅中,加水1500毫升,煮沸15~20分钟,马铃薯熟而不烂,用4~6层纱布过滤,滤液补水至1升。加热至沸,将琼脂加入,不断搅动,待琼脂溶化后再依次加入酵母、豆胨、葡萄糖等,保持煮成的容量为1

升;②分装灭菌。煮成的培养基趁热倒入漏斗并分装于试管中,培养基占试管容积的1/4～1/5。试管塞好棉塞,棉塞的2/3塞入试管,1/3留在试管外。棉塞选用普通棉花,不要用脱脂棉,因为脱脂棉易吸水,造成污染率高。棉塞塞后的试管,每4～5支捆成一把,用牛皮纸或报纸将塞有棉塞的一头包好,竖直放入手提灭菌锅内。在1.1千克/平方厘米(121℃)的压力下,灭菌30～40分钟,然后打开放气阀。让气压缓慢降至零点,再打开锅盖,停10分钟左右,让余热把棉塞烘干后取出;③摆制斜面趁热将试管取出,放在工作台上摆成斜面,斜面长是试管长的1/2。斜面制成后,要检查灭菌是否彻底。随机抽出几支,置于25℃的恒温箱内培养2～3天,如未发现杂菌出现,说明灭菌是彻底的。

三、培养基配方及制作

酒红球盖菇原种和栽培种的培养基,可任选以下配方进行配制。

(一)木屑和棉籽壳培养基

木屑和棉籽壳培养基的配置配方:木屑57%,棉籽壳或稻草粉20%,麦麸(或米糠)20%,石膏粉1.5%,白糖1%,过磷酸钙0.2%,尿素0.3%,含水量55%～65%。

制作方法同常规。

(二)粪草培养基

粪草培养基可选用以下五种。

1.干稻草63%,玉米粉4%,干牛粪25%,大豆粉3%,过磷酸钙3%,硫酸镁2%。

制作方法:将稻草切成约3厘米长,浸透水后捞起,沥至不滴水后,加入辅料拌匀,含水量约60%。然后按常规装瓶(袋)、灭菌、接种和培养。

2.谷壳粉50%,厩肥粉20%,贝壳粉15%,淀粉15%。

制作方法:先将淀粉用水调成稀糊状,然后拌入谷壳粉、贝壳粉和厩肥粉。拌匀后用竹筛筛成直径0.7厘米左右的颗粒,晾干装瓶,经灭菌后接入菌种培养,即为颗粒菌种。

3.干稻草80%,麸皮20%,另加石膏粉1%,含水量65%左右。

制作方法:稻草要切成3厘米长的段,浸透水后捞起沥至不滴水,拌入辅料,含水量65%左右,装瓶(袋)灭菌、冷却后按常规要求无菌操作接种及培养。

4.厩肥42%,废棉(或短绒)42%,碎稻草11%,米糠2%,石灰粉3%。

制作方法:厩肥、废棉、碎稻草均要先用水浸湿,再与辅料拌匀,堆积发酵20天左右,这期间翻堆3~4次,含水量65%,然后装瓶(袋)。

5.干羊粪88%,碳酸钙12%。

制作方法:先将干羊粪浸湿,堆积12小时,使水分均匀渗入粪内,然后拌入碳酸钙即可。

(三)谷粒(或麦粒)培养基

用小麦、大麦、稻谷、玉米、高粱等作原料制作的培养基,统称谷粒(或麦粒)培养基。其配方可选用下列三种。

1.小麦粒培养基。小麦粒88%,米糠10%,石膏粉1.5%,石灰粉0.5%,另加多菌灵(40%胶悬剂)0.1%(用于浸泡麦粒)。

制作方法:先将麦粒过筛,除去杂物,再用清水加多菌灵0.1%浸泡麦粒16~24小时,使其吸足水分,然后捞起并用清水冲洗数次,沥尽余水后置沸水锅中煮沸3~5分钟,此时麦粒膨大而无破裂,捞起后放入清水中冷却至常温,沥去余水,与糠皮等辅料拌匀,装瓶、灭菌,冷却备用。

2.稻谷培养基。稻谷50%,棉籽壳40%,麸皮8%,石膏2%,另加石灰粉0.5%(用于浸泡稻草)。

制作方法:选用颗粒饱满的稻谷,先在冷水中(加0.5%的石灰粉)浸泡2~3小时,再置沸水中煮沸20~30分钟,见大部分谷粒稍有开裂时起锅,沥干后拌辅料,装瓶、灭菌。也可将谷粒在流水中浸泡至破胸露白(气温高时浸2~3小时,捞出过夜即可自然破胸露白)。气温低时可仿效稻谷催芽法进行处理。但要控制使其不长根发芽。催芽后用清水冲洗,沥干,拌入辅料,装瓶、灭菌、冷却备用。

3.玉米粒培养基。玉米粒100%，另加多菌灵（40%胶悬剂）0.2%（用于浸泡玉米粒）。

制作方法：先将玉米置0.2%多菌灵水溶液中浸约4～5小时，捞起冲洗后煮沸20～30分钟，以玉米粒熟而不烂为宜。将煮熟的玉米粒起锅后铺在筛上，沥去余水，即可装瓶也可将玉米粒拌适量水后，立即用碾子碾破种皮，置清水中浸泡2昼夜（夏天每隔12小时换1次水），捞起洗净，煮沸约30分钟，起锅后用冷水冲洗，摊于筛上，沥至含水量60%左右时装瓶、灭菌，冷却备用。

四、原种和栽培种的制作方法

原种由母种繁殖而得。主要用于繁殖栽培种，以适应大面积生产的需要。如果栽培规模小，也可将原种直接用于栽培。

1.制作原种的容器。一般采用无色透明的专用制种瓶，也可用广口瓶或罐头瓶代替。将选好的容器洗净后装入培养基。

2.母种的处理。接种前在冰箱中取出母种，放在25℃下活化5～7天后再用。

3.接种要求。将母种和原种培养基瓶（袋）带入接种箱。接种前用75%酒精棉球擦洗双手和母种试管，然后按无菌要求取黄豆大小并带培养基的母种菌丝接入原种瓶（袋）。每只斜面母种可接原种3～5瓶（500克罐头瓶）。为了加快发菌速度，每个种穴可接入2块母种，一块接在穴的深处，另一块接在穴口边，以达到上下同时发菌，菌龄一致。

4.培养。接完种后，将原种瓶（袋）移入光线较暗的培养室进行适温培养。当菌丝吃料封面后，将菌种瓶改竖立为卧放，温度低时可码堆培养。此后还要将原种瓶上下互换一下位置，以利菌丝生长一致。一般木屑、棉籽壳培养基经30～40天，麦粒培养基15～20天，菌丝即可长满瓶。用麦粒培养基制种时，当其表面菌丝长满后，要及时进行"拍瓶"，促使菌丝与麦粒混合均匀，以加快发菌速度，缩短发菌时间。菌丝长满后要及时使用，或接栽培种，或直接用于栽培。如暂不用或用不完，可置于低温、干燥、避光的环境下短期保存。

第三节 菌种制作方法

和其他食用兼药用菌一样,酒红球盖菇的菌种也分为母种、原种、栽培种三个级别,又称为一、二、三级菌种。母种,是指在玻璃试管中用酒红球盖菇子实体的组织或孢子进行分离、纯化而得到的种性优良、遗传性状稳定的纯菌丝体,又叫一级种或试管种。母种的纯菌丝再经转管扩繁,则产生再生母种。供应生产上的母种均为再生母种,用它来制取原种,或作为纯菌种保藏。原种,是把再生母种的纯菌丝转接到装有谷粒、木屑、棉籽壳或粪草等固体培养基的瓶(袋)中,经培养获得的菌丝体,又称二级菌种或瓶装菌种。原种虽然可直接用于生产栽培,但数量仍较小,栽培成本也高,故一般需继续扩接成栽培种。栽培种,是把原种接入装有固体培养料的塑料袋或玻璃瓶中,进一步扩制而成的菌种,又称为三级菌种。它是直接用于生产栽培的菌种,所以又称生产种或袋装菌种。

一、母种的制作技术

(一)培养基的制作

1.培养基配方。有以下6种配方。

配方1:去皮土豆200克(煮汁),葡萄糖20克,琼脂20克,加水至1000毫升。pH值自然。(简称PDA培养基)。

配方2:去皮土豆300克(煮汁),葡萄糖10克,酵母片2克,大豆蛋白胨1克,琼脂20克,加水至1300毫升。pH值自然。(简称PDYA培养基)。

配方3:去皮土豆200克(煮汁),葡萄糖20克,蛋白胨2克,磷酸二氢钾2克,硫酸镁1.5克,琼脂20克,加水至1000毫升。pH值自然。

配方4:去皮土豆100克(煮汁),阔叶树木屑100克(煮汁),葡萄糖20克,琼脂20克,加水至1000毫升。pH值自然。

配方5:麦芽糖20克,酵母片2克,大豆蛋白胨1克,琼脂20克,加水至1000毫升。pH值自然。（简称MYA培养基）。

配方6：燕麦粉80克（煮汁），麦芽糖10克，酵母片2克，琼脂20克，加水至1000毫升。pH值自然。（简称DMYA培养基）。

2.配制方法。母种培养基一般用试管作为容器，所以又称试管斜面培养基。在进行孢子分离时，则常用三角烧瓶或培养皿为容器盛装培养基。上述几个配方，其培养基的配制方法大同小异，现以PDA培养基的制法为例，叙述如下：将土豆（又叫马铃薯）洗净去皮，挖去芽眼，切成薄片或小块，按配方称取一定量，此处设为称量200克，放入铝锅或烧杯等容器中，加水约1200毫升，烧开后，用中火加热煮沸15～20分钟，至土豆片酥而不烂为度。用4层纱布过滤，取其滤液，加入琼脂，用小火加热，并用玻璃棒不断搅拌。至琼脂完全溶化后，再用4层纱布过滤一次，倒入量杯中，加热水补充至1000毫升，加入葡萄糖（或蔗糖）稍煮几分钟，搅拌溶化后，即可趁热分装于试管、三角烧瓶或培养皿中。

试管规格可采用管外径为18毫米、管长为180毫米或者管外径为20毫米、管长为200毫米等，三角烧瓶可用250毫升或500毫升容量的，培养皿可用直径9厘米规格的。新启用的试管、烧瓶及培养皿，因管（瓶、皿）壁内常残留烧碱（氢氧化钠），因此，使用前，须先用稀硫酸液在烧杯中煮沸，再用清水冲洗干净，倒置晾干备用。切勿现洗现用，以免因管（瓶、皿）壁附有水膜，导致培养基易在管（瓶、皿）内滑动。分装时，注意勿使试管口、三角烧瓶口或培养皿口黏附上培养基。如不慎黏附上，一定要用纱布擦净。装量一般为试管长度的1/5～1/4，或三角烧瓶1～2厘米高，或培养皿0.5～1厘米高。培养皿装好后，直接盖上盖即可。试管及三角烧瓶装完后，要立即分别用棉花塞口，并要求松紧适度。棉塞的长度均约为5厘米，棉塞塞入管内或瓶内的长度，均约为棉塞总长的2/3。

试管塞好棉塞后，将其每10～15支扎成一捆，棉塞外再包扎一层塑料薄膜（或牛皮纸、旧报纸等）。三角烧瓶的棉塞外面，同样要包扎一层塑料薄膜等。然后将试管及三角烧瓶立放于灭菌锅内，培养皿平放于灭菌锅内,即可进行灭菌。一般多采用手提式高压锅进行灭菌。点火后,当锅内压力达0.049兆帕(0.5公斤/平方厘米,112℃)时,打开排气阀逐放出冷气约3分钟,然后继续加热至压力达0.103兆帕(121℃)时,保持约30分钟即可。如没有手提式高压锅,可用家用高压锅代替。当加热至排气阀发出"吱吱"声后,保持30～40分钟,即可达到灭菌目的。灭菌后,待培养基温度降至60℃左右时取出,将试管趁热摆成斜面。斜面长度为试管长的1/2～2/3为宜。斜面尖端与棉塞内端距离至少3厘米。冷凝后,即成斜面培养基。三角烧瓶及培养皿不需摆成斜面。初次制作母种培养基时,宜进行无菌检验后方可使用。其检验方法是,从灭菌后的试管中抽出几支试管,在25℃～30℃下空白培养3～5天,若斜面培养基上无任何菌落(细菌或杂菌)出现,则说明灭菌彻底,可以使用,否则,需找出原因,加以解决。初次灭菌检验合格后,以后再灭菌时,就不需次次都检验了。

(二)母种的分离

母种的来源,可采用孢子分离法和组织分离法获得。现将孢子分离和组织分离获得母种的方法介绍如下。

1.孢子分离法。孢子是酒红球盖菇的基本繁殖单位。孢子分离法,就是利用菌株成熟子实体的有性孢子能自动从子实体中弹射出来的特性,在无菌条件下和适宜的培养基上,使孢子萌发成菌丝,而获得纯菌种的一种制种方法。

(1)孢子的采集:选择个体健壮、特征典型、成熟适度(菌膜即将破裂)的酒红球盖菇子实体作材料。采下后,及时切去带泥土的菇根,装入无菌纸袋,带回无菌接种箱(室),作为分离材料。人工培养的子实体,采摘前1天,不要往子实体上洒水,因水分较大时,分离不易成功;若采摘的是野生子实体,一般含水量较大,可放于5℃左右的冰箱中1～2天,使子实体适度脱水后,再作为分离材料。

可以采用钟罩式孢子采集器采集孢子。取一直径约25厘米的搪瓷盘,衬4层纱布,上放一中号培养皿,皿内放一铁丝架或不锈钢三脚架供插种菇,在其上加盖一个玻璃钟罩(或玻璃大漏斗),将上孔塞以棉塞或扎6~8层纱布,连同瓷盘一起用纱布包好,在0.147兆帕压力(128℃)下灭菌1小时。取出后,连同选好的种菇、镊子、无菌水、75%的酒精棉球(或0.1%的升汞液)等一起放入接种箱内,然后对接种箱进行严格消毒。具体方法是,按接种箱体积每立方米空间用40%的甲醛溶液(即福尔马林)2毫升,加热熏蒸20分钟;或用40%的甲醛溶液10毫升,高锰酸钾5克,先将高锰酸钾倒入烧杯等容器中,然后注入甲醛溶液,迅速密闭好接种箱,熏蒸30分钟。也可按每立方米空间用气雾消毒剂2~3克点燃,密闭熏蒸30分钟。或用其他消毒剂如菇安消毒剂或金星消毒剂等消毒,具体消毒方法见本书第四章有关内容。若同时再用紫外线灯照射30分钟,消毒效果更好。操作时,关闭紫外线灯,以防对人的眼角膜、视网膜等造成伤害。将种菇先用75%的酒精棉球进行表面揩擦消毒,或放入0.1%的升汞溶液中消毒1~2分钟,用镊子夹出,用无菌水冲洗数次,再用无菌纱布将菇表面的水分吸干,菌褶朝下插入孢子收集器的金属支架上。盖好钟罩,用经0.1%浓度的升汞水湿润的纱布,将钟罩边沿塞好。纱布湿度不宜过大,以能保持钟罩内湿度在80%左右为宜,免得影响孢子的弹射。置23℃~27℃下培养1~2天,大量的孢子就会弹落在培养皿内。这时,就可将孢子采集器移入接种箱(室)内,在无菌条件下,打开钟罩,拿去种菇和支架,将培养皿用消毒纱布盖好,并用透明胶纸或胶布封贴保存待用。

也可用钩悬法于孢子采集器内采集孢子。在消过毒的接种箱(室)内,用镊子夹住种菇,放入75%的酒精或0.1%的升汞溶液内浸3~5分钟,以杀死种菇表面的杂菌。然后用无菌纱布吸干水分,切取一部分,菌褶朝下钩在铁丝钩或钢钩上,挂入三角瓶内,距离培养基表面约2厘米,然后塞好棉塞。在23℃~27℃下,静置约24小时,即可得到大量孢子。

也可用菌褶涂抹法采集孢子。在无菌接种箱内,将消毒好的菌盖,用经火焰灭菌的接种环,沾上无菌水后,准确地接在两片菌褶之间(切勿使接种环接触到裸露于空气中的菌褶部分,以免沾上杂菌),轻轻地抹取子实层,即可将尚未弹射的孢子沾在接种环上。取出接种环,在准备好的斜面培养基上或平板培养基上画线接种,加棉塞或盖上平皿备用。

还可采收孢子印。取成熟适度的子实体,切去菌柄,将菌褶朝下,置于经灭菌的白色或黑色的蜡光纸上,罩上通气钟罩。在20℃~24℃下静置数小时后,轻轻移去菌盖,将有大量孢子按菌褶的排列方式散落在纸上。然后,即可将有孢子印的纸,置无菌条件下保存备用。

(2)孢子的分离与培养:对用前三种方法采集的孢子,不经分离也可直接在培养基上培养长出纯菌丝。但采集的孢子在萌发的菌丝体中必然会夹杂有发育畸形或生长衰弱的菌丝和混有不孕菌丝体,因此,对采集的孢子必须进行分离选择,然后再作母种。其分离方法,有单孢分离和多孢分离两种。所谓单孢分离,就是将采集到的孢子群,单个分开进行培养,让其单独萌发成菌丝而获得纯菌种的方法。多孢分离法,就是把许多孢子接种在同一培养基上,让它们萌发和自由配对,从而获得纯菌种的一种方法。多孢分离法较简单,在食用菌制种中应用较普遍,现将其具体分离方法介绍如下:①斜面划线法。按无菌操作规程,用无菌接种针蘸取少量孢子,在PDA试管培养基上自下而上画线接种。画线时,力不要大,以免划破培养基表面。接种完毕,灼烧管口,塞上棉塞,按酒红球盖菇菌丝生长的温度要求,置24℃~26℃下培养。待孢子萌发后,挑选萌发早、长势旺的菌落,转接于新试管培养基上再行培养,即成母种;②涂布分离法。用接种环挑取少许孢子至装有无菌水的试管中,充分摇匀制成孢子悬浮液,然后用经灭菌的注射器或滴管,吸取孢子悬浮液,滴一两滴于试管斜面或培养皿的平板培养基上,转动试管,使孢子悬浮液均匀分布于斜面上,或用三角形玻璃推棒,将平板培养基上的悬浮液涂布均匀。经恒温培养,待孢子萌发后,挑选发育匀称、生长快速的菌落,移接于另一试管斜面培养基上,经恒温培养即为母种;③直接培养法。将采集孢子的接收器(装有琼脂培养基的试管或培养皿),直接置恒温箱中培养。待孢子萌发后,挑选特征典型的菌落,再转接到新的试管培养基上培养,即为母种。

2.组织分离法。组织分离法是利用酒红球盖菇的子实体组织来分离而获得纯菌丝的一种制种方法。酒红球盖菇的子实体组织,实际上就是菌丝体的扭结物或组织化的纯菌丝,具有很强的再生和保持种性的能力。因此,只要切取一小块组织,移植到合适的培养基上,便能促使其进入营养生长,从而获得纯菌丝体。采用组织分离培养,操作简便,取材广泛,无论是幼嫩子实体或成熟子实体,只要新鲜,即使取其菌柄也能培养成菌种。酒红球盖菇的组织分离法比较简单,其操作程序如下。

(1)选取种菇:要选择具有酒红球盖菇的典型特征、个体健壮、适度成熟(菌膜未破裂的)、无病虫害的子实体作材料。

(2)分离培养:将选好的种菇,切去菌柄基部,置消毒过的接种箱内,用75%的酒精棉球对菇体表面进行擦拭消毒。随即,用经过火焰灭过菌的解剖刀在菇柄中部纵切一刀,掰开菌伞,再用解剖刀在菇盖与菇柄交界处划开一个切面,要露出内部菌肉,持经火焰灭菌过的接种针,挑取1小块3~5毫米大小(如绿豆粒)的菇体组织(注意:挑取部分不得连接外部组织),迅速移接到预先制备好的试管斜面培养基上,放在培养基的中央,或略靠前一点,然后塞好棉塞。每个切面挑取五六块后,应将种菇再切开一个新断面继续挑取,以减少杂菌污染的机会。待全部试管接种完毕后,将其移出接种箱,置(25±1)℃下培养3~5天,组织块上即可长出绒毛状菌丝。再培养一段时间,菌丝长满斜面,即为母种。如无杂菌或细菌感染,即可转接扩大母种或用于培养原种。

(三)母种的扩繁

不论是自己分离培养的母种,还是引进的母种,直接用来接种原种、栽培种,不但成本高,而且数量有限,不能满足生产上的需要。因此,一般都要进行扩大繁殖。即选择菌丝粗壮、生长旺盛、颜色纯正、无杂菌感染的试管母种,经两三次转管,以增加母种数量,再用于繁殖原种。但母种转管次数不宜过多,否则会降低菌种活力,不利于优质高产。酒红球盖菇的菌丝发育和一般菇类不同,其菌丝在培养基中生长一段时间以后,便停止生长或生长非常缓慢,如不采取一定的措施,会明显影响菌丝的生长速度,从而影响菌种质量,导致产量下降,甚至栽培失败。这是制种工作者感到最棘手的问题。为保证菌种质量,在制作扩繁母种的培养基时,以蛋白胨葡萄糖琼脂培养基为好(见前述母种培养基配方),同时采用两点接种法。

其具体扩繁方法是,先按常规配制好斜面试管培养基。扩繁时,在无菌室(箱)中严格按无菌操作进行。接种前,手和试管口要用75%的酒精棉球揩擦;接种时,点燃酒精灯,使火焰周围成为无菌区,然后左手平行并排拿起母种试管和供接种用的斜面试管,两支试管斜面向上,管口要齐平。另一只手持接种针,垂直或倾斜在火焰上烧红,用右手的小指、无名指和手掌在火焰旁分别夹下两管的棉塞,并使试管口通过酒精灯火焰,以杀灭管口上的杂菌,随后将管口移至距火焰1~2厘米处,用冷却了的接种针,将母种纵横切割成许多小方块,然后在试管斜面接近顶端及中间处各接1小块,以加快菌丝生长速度并快速封面。接种后,轻轻抽出接种针,随手塞上过火焰的棉塞。如此连续操作,直到接完所需扩繁试管。1支母种一般可扩接30~40支试管。接完种后,把母种放在培养箱(室)或经过消毒的干净地方培养,同时保持箱(室)内干燥、通风、遮光,温度控制在15℃~25℃。培养过程中,要经常检查,发现污染(出现青、黄、杂色及散落的白菌群)要及早剔除。一般经20~30天培养,母种菌丝即可长满。

二、原种的制作技术

(一)培养基的配制

制作酒红球盖菇原种,常用的培养基有谷粒(麦粒)培养基、棉籽壳培养基、木屑培养基、粪草培养基等,但以谷粒培养基和棉籽壳培养基使用最多,木屑培养基和粪草培养基次之。粪草培养基还可用于制麦粒原种和棉籽壳原种时的引种材料。谷粒菌种和棉籽壳菌种,具有菌种质量高、播种方便、省工省本、掏瓶容易等优点。谷粒除用小麦粒以外,也可用大麦、燕麦、稻谷、玉米、高粱等。现就将这几种培养基的制法分述如下。

1.谷粒(或麦粒)培养基的配制。其配制配方和制法如下。

(1)配制配方:有以下3种。

配方1:麦粒88%,米糠10%,石膏粉1.5%,石灰粉0.5%。含水量约65%,pH值自然。

配方2:稻谷50%,棉籽壳40%,麦麸8%,石膏粉2%。含水量约65%,pH值自然。

配方3:玉米粒100%。含水量约65%,pH值自然。

(2)制法。

配方1的制法:宜选深黄或暗红色皮、韧性大、浸泡时不易破皮的麦粒,从吸水率来看大麦优于小麦。先将麦粒过筛,除去杂物,再用清水浸泡麦粒16～24小时,使其吸足水分。然后捞起,并用清水冲洗数次,沥尽余水后,置沸水锅中煮沸3～5分钟,此时,麦粒膨大而无破裂,捞起后,放入清水中冷却至常温,沥去余水,与米糠等辅料拌匀,装瓶、灭菌,冷却备用。

配方2的制法:选用颗粒饱满的稻谷,先在含有0.5%石灰粉的冷水中浸泡2～3小时,再置沸水中煮沸20～30分钟,见大部分谷粒稍有开裂时起锅,沥干后,拌辅料,装瓶、灭菌。也可直接浸泡,不用煮沸。气温高时,可将谷粒在流水中浸泡2～3小时,捞出后放置12小时左右,即可自然破胸露白;气温低时,可仿效稻谷催芽法进行处理,但要控制使其不长根发芽。催芽后,用清水冲洗,沥干,拌入辅料,装瓶。

配方3的制法:先将玉米置清水中浸泡4～6小时,捞起冲洗后,煮沸20～30分钟,以玉米粒熟而不烂为宜。将煮熟的玉米粒,起锅后铺在筛上,沥去余水,即可装瓶。也可将玉米粒拌适量水后,立即用碾子碾破种皮,置清水中浸泡2昼夜,夏天每隔12小时换1次水。捞起洗净,煮沸约30分钟,起锅后,用冷水冲洗,摊于筛上,沥至含水量65%左右时,装瓶、灭菌。

2.木屑培养基的配制。其配制配方和制法如下。

（1）配制配方：有以下2种。

配方1：阔叶树木屑57%，棉籽壳或稻草粉20%，麦麸或米糠20%，白糖1%，尿素0.2%，过磷酸钙0.3%，石膏粉1.5%。含水量65%～70%，pH值自然。

配方2：杂木屑42%，杂刨木花42%，米糠或麦麸15%，石膏粉或碳酸钙0.8%，硫酸镁0.2%。含水量约70%，pH值自然。

（2）制法。

配方1和配方2的制法类似：先把白糖、尿素、过磷酸钙、石膏粉、碳酸钙、硫酸镁溶于水中，其余干料混合拌匀后，加入上述水溶液，反复搅拌均匀，然后补足含水量，再拌匀上堆，等水分渗透半小时后，即可装瓶、灭菌。

3.棉籽壳培养基的配制。其配制配方和制法如下。

（1）配制配方：有以下3种。

配方1：棉籽壳98%，蔗糖0.8%，过磷酸钙0.2%，石膏粉1%。含水量约65%，pH值自然。

配方2：棉籽壳93%～95%，麦麸或米糠6%～4%，石膏粉或碳酸钙1%。含水量约65%，pH值自然。

配方3：棉籽壳55%，甘蔗渣25%，麦麸或米糠18%，蔗糖0.5%，石膏粉1%，石灰粉0.5%。含水量约65%。pH值自然。

（2）制法。

与木屑培养基的制法大致相同。但棉籽壳含有棉酚，对菌丝生长不利，因此要除去棉酚。可将棉籽壳先置于pH值9～10的石灰水中浸泡18～24小时，经清水冲漂至pH值7以下，然后堆制发酵5～7天（中间翻堆一两次），再进行配制。由于棉籽壳吸水较慢，料拌妥后，须整理成小堆，待水分停吸1小时后，再装瓶。

4.粪草培养基的配制。其配制配方和制法如下。

（1）配制配方：有以下6种。

配方1：稻草或麦秸64%，玉米粉4%，干牛粪粉25%，大豆粉3.8%，过磷酸钙3%，硫酸镁0.2%。含水量约65%，pH值自然。

配方2：稻草或麦秸79%，麦麸20%，石膏粉1%。含水量约65%，pH值自然。

配方3：稻草或麦秸48%，甘蔗渣40%，麦麸10%，过磷酸钙1%，石膏粉1%。含水量约65%，pH值自然。

配方4：稻草或麦秸100%。含水量约65%，pH值自然。

配方5：谷壳粉50%，厩肥粉20%，贝壳粉15%，淀粉15%。含水量约65%，pH值自然。

配方6：干厩肥42%，废棉（或短绒）42%，碎稻草11%，米糠2%，石灰粉3%。含水量约65%，pH值自然。（印度配方）

（2）制法。

配方1和配方2的制法类似：选用干燥、无霉变的稻草或麦秸，先将秸秆铡（切）成2~3厘米长的小段，碾压破碎，然后放在1%的石灰水中浸泡12~24小时，捞出用清水冲淋，沥至不滴水后，加入辅料拌匀，调节含水量至约65%，然后按常规装瓶。

配方3的制法：除甘蔗渣需要在拌料前1~2小时提前预湿外，其余过程同配方1。

配方4的制法：按配方1的方法处理秸秆，调节含水量至约65%，即可装瓶。

配方5的制法：先将淀粉用水调成稀糊状，然后拌入谷壳粉、贝壳粉和厩肥粉。拌匀后，用竹筛筛成直径0.7厘米左右的颗粒，晾干装瓶、灭菌。

配方6的制法：将厩肥、废棉、碎稻草均先用水浸湿，再与辅料拌匀，堆积发酵20天左右，这期间翻堆三四次。散堆后，调节含水量至约65%，即可装瓶。

(二)装瓶灭菌

一般采用750毫升菌种瓶,或选用容积700毫升、瓶口内径为3厘米左右的浅白色耐高温玻璃瓶,不宜用广口瓶,以免杂菌侵入。将配好混匀的培养料,装入洗净的瓶中,每瓶200~300克。按常规方法装料,要求四周实,中间略松;上部实,下部略松。装至瓶肩时,将料压平,再用一根粗端直径约2厘米、上粗下细的木棒,在料的中央垂直向下打一深及瓶底的孔穴,以便于接种和增加瓶内的氧气。然后擦干净瓶口内外,塞上棉塞。棉塞要松紧适中,离料面1厘米以上。再用牛皮纸或塑料薄膜封紧棉塞。常规方法灭菌,高压灭菌(0.158兆帕,温度129℃)1.5~2小时;常压灭菌(100℃)8~10小时后,再闷10小时。冷却后,接种培养。切忌灭菌时间过长,以免谷粒(麦粒)呈糊状,导致透气性和养分下降,影响菌丝生长。

(三)接种培养

培养基瓶灭菌后,冷却到30℃左右,即可接种。接种前,提前在冰箱中取出母种,放在25℃下活化1~2天后再用。接种在接种箱(室)内进行。接种前,将试管母种、原种培养基瓶、接种工具、75%的酒精棉球、酒精灯、火柴等放入箱(室)内,然后对接种箱(室)进行消毒。接种室若采用甲醛与高锰酸钾混合熏蒸消毒,有强烈气味,对人眼有刺激。因此,在人员入室前30分钟,可用浓氨水置于室内让其自然挥发,也可用适量的碳酸氢铵放入铝锅内,置于煤炉上煮溶,均可消除甲醛残余气味。接种前,用75%的酒精棉球擦洗双手和母种试管,然后按无菌操作要求,将母种切割成黄豆大小并带少量的培养基,接入原种瓶。为加快发菌速度,每个种穴可接入2块母种,一块接在穴的深处,另一块接在穴口边,以达到上下同时发菌,菌龄一致。也可采取多点式接种,即在瓶内培养料的四周,按适当的距离接种三四个点,料面上再接小块菌种。种块接入瓶内的朝向,一般以菌丝一面贴向培养基为好。1支母种可接原种3~5瓶。

培养室提前2~3天进行消毒。先用5%~10%的石灰水喷洒室内,然后关闭门窗,以每立方米空间用高锰酸钾8克、福尔马林溶液15毫升的比例用量混合熏蒸消毒,1天后打开门窗,通风透气1~2天再用。将接种后的菌瓶,搬进消过毒的培养室内,直立放置。室内温度、湿度、光照、菌种检查等要求与母种培养相同,但要在培养过程中摇动菌种瓶。酒红球盖菇菌丝生长一段时间后(10天左右)便停止生长,这时必须摇动菌种瓶1次;或在超净台上,打开瓶口对菌丝进行人工搅拌,搅断菌丝,刺激其快速生长。以后每隔7~10天摇瓶或搅拌1次。前后一共摇瓶或搅拌两三次,菌丝就可长满瓶。如果不摇动,菌丝要经2~3个月,甚至长达半年才长满瓶。另外,接种后7~10天,当菌丝吃料封面后,可将菌种瓶改竖立为卧放,温度低时可码堆培养,以加快发菌速度。此后,还要将原种瓶上下互换一下位置,以利菌丝生长一致。一般谷粒培养基经15~20天,木屑、棉籽壳、粪草培养基经30~40天,菌丝即可长满瓶。菌丝长满后,要及时使用,或接栽培种,或直接用于栽培。如暂不用或用不完,可置于低温、干燥、避光的环境下短期保存。

三、栽培种的制作技术

1.培养基的配制。与原种相同。

2.装瓶灭菌。栽培种培养基既可装瓶,也可装袋,但为了方便摇动,最好装瓶。其装瓶灭菌的具体方法与原种相同。

3.接种培养。将长满瓶的原种,在无菌条件下,接种到栽培种培养基表面上。菌种要尽量铺满料面,以免杂菌污染。每瓶原种接栽培种一般不超过30瓶。接种后,将菌种瓶移入培养室内码堆培养。码堆不能过高过挤,一般以横码8个瓶高为宜,堆与堆之间应留有一个人行走的空当,以便散热、通风和操作。在20℃~28℃条件下,暗光培养7~10天,菌丝萌发生长至洁白、浓密、粗壮时,即可摇瓶或对菌丝进行人工搅拌。发菌期间,每隔7~10天翻瓶1次,以利散发余热,排除二氧化碳,使各瓶发菌一致。同时,剔除被杂菌污染的种瓶。气温在28℃以上时,码瓶要降低高度,以5个瓶高为宜,并用加大通风或喷井水等方法降温。一般20~25天长满全瓶。菌丝长满瓶后,即可用于生产。

四、菌种的鉴定

在酒红球盖菇的栽培中,只有具备优质的菌种,再加上科学的管理,才能实现优质高产。因此,菌种质量的优劣,是关系到酒红球盖菇栽培者经济效益的一件大事。在分离、选育和引进菌种时,一定要注意菌种质量的鉴定(又叫检验)。现将常用的几种菌种鉴定方法介绍如下,以供大家参考。在这几种鉴定方法中,显微镜鉴定和出菇试验鉴定是一般菌种生产单位经常采用的基本方法,特别是对于新选育的原始母种,这两种方法更是必须进行的例行程序。对于一般栽培者来说,可根据自己的具体条件选择合适的检验方法,其中直接观察鉴定是既简便有效又经济节约的方法,极适合栽培者采纳应用。

1.直接观察鉴定。酒红球盖菇的各级菌种(母种、原种、栽培种),其优良的标准,可归纳为"纯、正、壮、润、香、适"六个字。纯:菌种的纯度高,无杂菌,无病毒,无虫害;正:菌丝颜色洁白,无发黄变色;壮:菌丝健壮、浓密,在培养基上恢复、定植、蔓延速度快;润:菌种含水量适宜,基质湿润,与管(瓶、袋)壁紧贴,管(瓶、袋)颈有水珠,无干缩、松散现象;香:具有酒红球盖菇品种特有的香味,无酸臭、霉变等异味;适:菌种适龄,年轻而不老化。检验时,可综合运用眼观、手捏、鼻闻等手段进行鉴定。如果具有以上优良特征,则为优质菌种;反之,若是菌种已收缩、干燥,或菌丝细弱无力,或有断菌、退菌、吐黄水等现象,或菌种无弹性、无光泽,或有杂菌污染及酸臭等,均为劣质菌种,不能使用。

2.显微镜检鉴定。要准备好显微镜、载玻片、盖玻片、吸管、镊子、接种针、蒸馏水等物品。在载玻片上放1滴蒸馏水,然后挑取少许菌丝置水滴上,盖好盖玻片,再置显微镜下观察。也可通过普通染色后进行镜检。若菌丝透明,呈分枝状,有横隔,锁状联合明显,具有酒红球盖菇菌种固有的特征,则可认为是合格菌种。

3.培养观察鉴定。通过培养,观察菌丝体对干、湿度和温度等方面的适应特性。如将菌丝体置于偏干、偏湿和干湿相宜的条件下培养,若菌丝在前两种条件下能良好生长,而在干湿相宜的条件下生长最佳,则说明是优质菌种。

4.液体培养鉴定。配制2%的葡萄糖水溶液,经常规灭菌消毒,挑取黄豆粒大的菌块,放入100毫升上述溶液中,置于25℃~28℃温度下培养3~7天后,若液面出现气泡,产生"油皮",发生浑浊现象,说明菌种本身有杂菌;如果菌块下沉,或迟迟才长出很薄的菌丝层,则说明菌种生活力弱;如若液面四周的菌丝生长快,且浓白、呈棉絮状,则表明菌种生命力强。

5.出菇试验鉴定。即口栽培鉴定,有木箱栽培法和瓶(袋)栽培法等,这是最可靠的检验方法。通过小面积的栽培试验,可对供试品种的发菌和出菇情况、子实体的产量和质量等,得出第一手的资料,再进行科学的评估,从而得出可靠的结论。具体做法就是,把长好的母种留几支作为菌种保藏起来,另一部分母种制原种、栽培种,按一般栽培方法使之出菇,确认良种后,再把留下来的那几支母种扩大成原种、栽培种。这样,就可以得到所要求的酒红球盖菇良种。生产单位用这种方法检查,既可靠又简便。

五、菌种的保藏

菌种是重要的生产资源。菌种保藏的目的,是使菌种经历较长时间后,仍能保持其原有的优良特性,降低其退化的速度,确保菌种的纯正,防止病虫的侵染。菌种一般都是以试管种即母种的形式保藏,保藏的基本原理,是采用低温、干燥、缺氧和冷冻等技术,以中止或降低菌丝的生理代谢活动,使其处于休眠状态。酒红球盖菇菌种保藏的方法有多种,现择其中常用的几种介绍如下。

1.斜面低温保藏。此法是保藏酒红球盖菇等食用菌菌种最常用、最简便的方法。首先,将要保藏的酒红球盖菇菌种移接到适宜的斜面培养基上。培养基宜用营养丰富的半合成培养基,如PDA培养基等。为了减少培养基的水分散发,延长保藏时间,可将琼脂用量增加到2.5%,并增加每管培养基的装量,不少于12毫升。在培养基中再加入0.2%的磷酸二氢钾(或磷酸氢二钾)及碳酸钙等作为缓冲剂,以中和保藏过程中产生的有机酸。同时,缩短斜面长度,增加斜面厚度。菌丝长满斜面后,选择菌丝生长健壮的试管,先用硫酸纸包扎好管口棉塞,再将若干支试管用牛皮纸包好,置入4℃左右的冰箱中保存。每隔3～6个月,取出转管培养一次,再放进冰箱中保存。此法保藏,能保持酒红球盖菇菌种的主要性状的相对稳定,不发生或极少发生变异。缺点是转管次数多,菌种生活力容易降低,并增加了污染的机会,只适宜短期(1～3年)保藏。为了延长保藏期,可将棉塞齐管口剪去,用固体石蜡封口,或用无菌胶塞代替棉塞,再用石蜡密封。此法保藏的菌种,在使用前,应提前12～24小时从冰箱中取出,经适温培养恢复活力后,再转管移接。如没有条件进行冰箱保种,也可用石蜡密封试管口,然后埋藏于固体尿素中,效果也很好。

2.液状石蜡保藏。也叫斜面矿油保藏法。在酒红球盖菇斜面菌苔上灌注液状石蜡后,可以防止培养基水分的散失,使菌丝体与空气隔绝,抑制新陈代谢,因此能较长期地保藏菌种。其方法是:液状石蜡先在121℃下高压灭菌1小时,再放进干燥箱中经150℃～170℃干热1小时,使其内水分完全蒸发,呈无菌、透明状态。使用时,将冷却至常温的液状石蜡,用吸管分别注入竖立的斜面菌种内,注入量以淹没斜面顶端1厘米为宜。再用无菌胶塞封口,并用固体石蜡密封,在室温条件下避光垂直存放。如保存得当,可保藏5～7年,但最好1～2年移植一次。使用时,不必倒出液状石蜡,只需用接种针在斜面上挑取小块菌丝即可,余下的母种可以重新封好继续保藏。刚从石蜡中移出的菌种块,常沾有少量液状石蜡,活力较弱,需再转管一次才能恢复正常生长。石蜡保藏的菌种,一般不宜放在冰箱中,否则多数菌丝易死亡。

3.自然基质保藏。这是利用酒红球盖菇自然生长的基质来保藏菌种的一种方法。其具体做法是:将堆制发酵后并剪成2厘米长的粪草或棉籽壳,按常规方法分装于试管内,基质表面不必做成斜面,然后灭菌、冷却、接种、培养。待酒红球盖菇菌丝基本长满基质后,按照斜面基质保藏方法封好管口,包裹后装入铝盒或塑料盒内,再放进2℃～4℃的冰箱中保藏。每隔半年或1年转管一次,一般可保藏2~4年。

4.木屑基质保藏。这是用阔叶树木屑作为主要基质保藏菌种的方法。具体做法:先配制木屑培养基,培养基配方可从以下两个配方中任选一个。

配方1:阔叶树木屑78%,麦麸或米糠20%,蔗糖1%,石膏粉1%。含水量60%,pH值自然。

配方2:阔叶树木屑73%,玉米芯粉10%,麦麸15%,磷酸二氢钾1%,硫酸镁0.5%,石膏粉0.5%。含水量60%,pH值自然。

将培养基装入大试管(如管外径为20毫米、管长为200毫米的规格等),装量约为管深的3/4,然后在121℃下灭菌1小时。接种后,在25℃左右的适温下培养。待菌丝长至培养基的2/3时,用石蜡封闭棉塞,并包扎塑料薄膜,置2℃~4℃的冰箱中保藏,可保藏2~3年。每隔1~2年或在培养基干缩之前,转接培养一次。用此法保藏酒红球盖菇菌种,既简便,效果又好,在使用中传代次数少。每次制种需扩接时,只需从保藏种中挑取少许,转接到复壮培养基上进行复壮再扩接即可。扩接的菌种生命力强,长势好,原种和栽培种吃料快,能长久地保持原有菌种的优良性状不退化。

六、麦粒菌种制作简介

下面我们以制作麦粒菌种为例,给大家做个介绍。

麦粒菌种的优点:①生产麦粒菌种,不需堆制粪草料,装瓶速度比粪草料快3~4倍,料中也不需打洞,因此比制粪草菌种省工1/3~1/2,且可大大降低劳动强度;②播种用量小,而播种面积大,可节省菌种费用开支。一般每瓶麦粒种成本0.8~0.9元,可播0.7~0.8平方米培养料,而粪草菌种每瓶成本约0.5元,只能播0.3平方米左右的培养料。以栽培200平方米培养料的用种量及菌种费计算,可节省开支100多元;③麦粒种体积小,利于运输,损失也小,大面积栽培时,可省工省时;④麦粒种播种后,因其颗粒小,菌种接触培养基的面积大,所以发菌快,菌丝生长健壮,容易形成菌丝优势,因而可防止杂菌污染,获得高产;⑤来不及用时可存放30天以上也不致老化。

（一）麦粒的选择和浸泡

关于麦粒的选择，小麦和大麦均可作为制种材料。小麦以色红皮厚的麦粒为好，浸泡时不易破皮。一旦麦皮破了，其中的淀粉就易渗出而使麦粒起黏，含水量也随之增加，形成开花胖麦粒，菌种就要报废。从这点看，大麦要优于小麦。大麦粒浸泡时间即使稍长一点，也不致产生此现象。如果选用稻谷粒，更易掌握浸泡程度。无论选用小麦、大麦或谷粒，都必须籽粒饱满，虫蛀麦或空头麦吸水量均大大超过好麦，绝不可采用，选料时必须加以清除。

关于麦粒的浸泡。采用石灰清水浸泡，浸泡后不必预煮。石灰清水的pH值以9~11为宜。浸泡温度和时间控制：温度在25℃左右时，一般小麦浸泡8~9小时，大麦浸泡9~10小时，稻谷浸泡10~12小时；温度在28℃时，浸泡时间均可减少2小时左右。浸泡好的感官指标为：用手指甲掐小麦麦粒似革状，有较强的弹性，指甲印能很快消失。如果一掐就断或发胖破皮，甚至能挤出水来，说明浸泡时间过长，必须立即捞起摊晒，直至符合上述标准方能配料装瓶。大麦和小麦浸泡好的标准基本相同，就是浸泡时间略长一点。但大麦在浸泡时，大多不沉底而是浮于水面，因此在浸泡时要用木棍狠搅几次，过3~4小时后捞起浮麦，沥去余水，待拌料时加入好麦一起装瓶。稻谷浸泡好的标准是：剥开谷壳可见米粒已湿透，米粒软而不烂为好。

（二）原辅材料配方及配制

1.材料及配方（以制1万瓶菌种计算）。小麦2250千克（若用大麦需2000千克），菜籽饼粉100千克（若用干牛粪，可省去饼肥），清粪水30担（每担以50千克计），硫酸钙60千克，碳酸钙45千克，过磷酸钙60千克，尿素10千克，稻壳500千克（无稻壳可用1000千克麦草或1200千克稻草堆制发酵，晒干粉碎后作辅料）。

2.原料配制。稻壳堆制发酵，先用粪水加清水将稻壳预湿，然后加入10千克尿素、100千克菜籽饼粉、30千克硫酸钙、60千克过磷酸钙拌均匀,然后将其堆成底宽1.2米、高1米的长堆,覆膜保温保湿发酵。4~5天后当堆温达60℃时翻一次堆,隔3~4天翻第二次堆,再过3天后进行第三次翻堆,并均匀撒入石灰粉1%(按料的总量计),再堆1~2天即可。发酵好的标准是:稻壳呈棕红色,无氨,臭气味,然后摊开晒干备用。

3.填充材料备制。填充材料(亦称封闭材料)是用于稳住麦粒,使之不易松动的辅料。制麦粒菌种时,当装好麦粒后(只装至瓶肩以下),要用粪草料塞在麦粒上面以利发菌。其配制方法同常规粪草制种料。

(三)拌料装瓶

1.拌料。将浸泡好的麦粒和辅料按体积比拌匀,麦粒捞起后沥去部分水分,再倒入干辅料中,并按干重加硫酸钙和碳酸钙各1.5%,反复翻拌均匀,以辅料湿润但挤不出水为度。测定pH值达9~10即可。

2.装瓶。装瓶时,最好在地面铺一块橡皮,边装边振动瓶子,使麦粒等培养料落实;装到瓶肩时用粪草辅料压紧,压成四边高中间低的形状,以便接种后棉塞与菌种块间有较大距离,防止杂菌感染。

(四)高压湿热灭菌

装瓶后要及时灭菌,时间长了培养料易发酵酸败,pH值下降。麦粒料一定要在高温高压下灭菌。将料瓶装入灭菌锅内,放尽冷空气后以0.098兆帕压力维持2.5小时,或以0.147兆帕压力维持2小时进行灭菌。灭后的麦粒颜色加深,呈褐色,麦粒收缩。如果有较多胖麦或见瓶中有水流动,即为废品,不能用于接培菌种。

(五)接种与培养

1.接种。灭菌后,当瓶中料温降至20℃以下时,即可接入菌种。接种时,应严格按无菌操作。接种方法同常规。也可采用接种机接种,速度快,成本低。

2.菌种培养。接种后将菌种瓶移入培养室码堆培养。码堆不能过高过挤,一般以横码8个瓶高为宜,瓶与瓶之间应留有一个人行走的空档,以便散热、通风和操作。发菌期间,每隔7~10天翻瓶一次,以利散发余热,排除 CO_2(二氧化碳),使各瓶发菌一致,同时剔除被杂菌污染的种瓶。气温在28℃以上时,码瓶要降低高度,以5个瓶高为宜,并要设法降温(加大通风或喷井水等)。一般情况下,麦粒种长满瓶需50天左右。菌丝长满瓶后即可用于生产,如暂时不用,在阴凉处可存放30天以上。

第四节 液体菌种生产技术

酒红球盖菇也可用液体菌种进行生产。液体菌种接种后发菌快,一般比固体菌种要快15~20天。采用液体菌种扩繁栽培种(也可直接用作栽培种),可缩短生产周期,并能在短期内培育出大批菌种,以满足生产的需要。且液体菌种质量好,菌龄一致,接种方便,节约开支,降低成本。

一、制作液体菌种
现将制作液体菌种有关制作方法介绍如下。

(一)摇瓶振荡培养
摇瓶振荡培养要有摇瓶机(也称摇床)。摇瓶机分旋转式和往复式两种,往复式又有DWY调速往复式和普通往复式两种,其中以普通往复式摇瓶机的结构较为简单,运行也可靠,其主要由床架、搁盘架、格盘架(上下两层)、活动轮、连杆、轴承、电动机等组成。此摇瓶机使用较广泛,制作较简单,可自行加工制作,一般农机加工厂都可制造。如购买摇瓶机,要根据酒红球盖菇菌种的特性,选用相应的振动频率和振幅,才能获得良好的制种效果。

培养基可用马铃薯汁(加糖)和麦芽汁配制,也可用玉米粉、糖、无机盐等配制。配方是:玉米粉1%,豆饼料2%,葡萄糖3%,酵母粉0.5%,磷酸二氢钾0.1%,碳酸钙0.2%,硫酸镁0.05%,pH值不用调。

配制方法是:将上述培养液装入500毫升容量的三角瓶中,每瓶装量为100毫升,并加入10~15粒小玻璃球,加棉塞后用牛皮纸包扎封口,在0.147兆帕压力下灭菌30分钟,取出冷却到30℃时,在无菌操作下接入一块约2平方厘米的酒红球盖菇斜面菌种。

将接入母种的菌瓶,先于23℃~25℃下静置培养48小时,然后再置于往复式摇床上振荡培养。振荡频率为80~700次/分钟,振幅为6~10厘米。摇床室温控制在24℃~25℃,培养7天左右即可。

(二)深层发酵培养

采用深层发酵培养液体菌种,可大批量地为规模化生产提供菌种,但需要一定的生产设备,适合专业厂家经营,现简介如下。

将配制好的培养基(与摇瓶培养基相同)用锅炉提供的蒸汽进行高压灭菌,冷却后通过接种管接入摇瓶种子(接种量为5%~7%)或一、二级种子(接种量各为10%)。进入发酵罐的空气,必须是通过总过滤器和分过滤器严格除尘除杂的压缩空气,而且应由发酵罐底进入罐内,以利被搅拌器打碎成小泡,使部分氧气溶于发酵溶液,供菌丝生长呼吸之用。

在发酵开始之前,要对设备、管道及培养基进行灭菌,然后接入种子。小罐采用实罐灭菌法,即将各种培养基成分按浓度配好加入罐内,使罐温在120℃维持30分钟;大型罐应采用空罐连续灭菌的方法,即空罐及管道先单独灭菌(125℃~130℃经45分钟),培养基连续灭菌后打入无菌罐内。连续灭菌的过程是:先配料,将料液预热至60℃左右,经连消塔在130℃~135℃维持20~30分钟。进入维持罐保持10分钟,再经冷排管使培养基冷却至40℃~50℃,最后将无菌培养基抽入无菌罐内。

深层发酵培养的具体方法有下面6个步骤。

1.原料预处理重要原料有淀粉、纤维素及碳水化合物等。为提高利用率和除去有害物质,先要对原料进行稀释、酸化、添加营养素、灭菌和澄清等预处理。如糖蜜中含糖量达50%,干物质的浓度达80%左右,必须加水稀释,再加硫酸酸化,通过酸化促使胶体、色素及悬浮物等下降,提高糖蜜纯度。还要加硫酸镁或无机磷等营养成分,然后加热灭菌,再用滤压机压滤,取澄清糖蜜液供发酵用。

2. 斜面培养制作马铃薯琼脂培养基(pH值为6~6.5,0.098兆帕、121℃灭菌40分钟),装瓶50毫升,接种量2%左右,25℃培养5~7天。

3. 摇床培养。培养基配方:废糖蜜6%,酵母提取液0.3%,磷酸二氢钾0.03%,硫酸镁0.05%,微量元素溶液1.0%,pH5.5。三角瓶装量200毫升/1000毫升瓶,121℃灭菌40分钟,每只斜面种接10瓶,置25℃~28℃、240转/分摇床上培养120小时。取样品镜检,菌球直径在1~2毫米,离心过滤,105℃烘干至恒重10克/升左右即可。

4. 二级种子培养用500升通用式发酵罐定容350升,先空消(135℃~140℃、0.147兆帕)1小时,再实消,三路进汽,夹层预热至90℃,10分钟后放气进内层升至115℃,0.098兆帕加压恒温8分钟。然后夹层罐冷水降温,降压至0.098兆帕,保压3~4小时即可接种。接种时要开排气口,关进气口,降压至0.049兆帕,温度27℃左右,用微孔差压法接入种子液,接种量12%。培养48小时后,pH值降至5.0,此时即可转入发酵。

5. 发酵培养用1万升发酵罐定容7500升,按10%量接种。先空消(140℃、0.098兆帕)1小时,再连消(115℃~118℃)50~60分钟,恒温8小时。然后降温至25℃,冷却2小时。加入发酵液与消泡剂(2.5升)接种。发酵前期培养温度25℃~26℃,后期26℃~27℃,pH值控制在5.5左右。前期通气量1:0.5,中期因温度上升可加大为1:1。接种后要以180转/分的速度搅拌,每隔12小时取样测糖含量、pH值、无菌度,中途补料1~3次,培养约72小时。

6. 放罐放罐不宜过早或太迟,过早产量低,太迟菌体会自溶。其标准是:pH值下降至5.0,菌球浓度达1000~1500个/毫升,残糖2.5左右,培养基厚化,无杂菌。

液体菌种可作原种繁殖栽培种,也可直接作栽培种使用。其方法是:取一支100毫升兽用注射器,去掉针尖,换成一根内径1~2毫米,长10~120毫米的不锈钢管,制成一个菌种接种器(也有专用接种器可购），洗净消毒后抽取液体菌种，即可进行接种。用液体菌种接种麦粒培养基，每隔3~5天要摇瓶1次，使菌丝断裂，刺激菌丝再生长，有利菌丝旺盛生长。

二、酒红球盖菇液体菌种生产技术

酒红球盖菇母种的常规制作，一般都用琼脂试管斜面，有时会因一时购买不到琼脂而影响生产。下面介绍一种不用琼脂制作液面菌苔菌种的方法，供广大菇农参考和使用。

（一）培养基配方及制作方法

1.培养基配方。有以下2种。

配方1：去皮土豆200克（煮汁），高粱50克（煮汁），蔗糖20克，味精0.5克，磷酸二氢钾2克，维生素B_{12}片，加水至1000毫升。

配方2：麦麸200克（煮汁），阔叶树木屑50克（煮汁），豆饼粉10克（煮汁），加水至1000毫升。

2.配制方法。

配方1的制法：将土豆去皮洗净，称取200克，切成小块或小薄片，然后将土豆与50克高粱放入锅中，加水约1200毫升，加热煮沸15~20分钟，用4层纱布过滤取汁，然后加入味精0.5克、磷酸二氢钾2克、维生素$B_1$2片，拌匀煮沸溶解，得培养液1000毫升。

配方2的制法：称取麦麸200克，木屑50克，豆饼粉10克，将3种原料放入锅内，加水约2500毫升，加热煮沸30~40分钟，用4层纱布过滤取汁1000毫升。将制得的培养液，分装于500毫升广口瓶内，每瓶装100毫升，用聚丙烯薄膜封盖瓶口，用手提式高压锅或家用高压锅灭菌30~60分钟。停火放气后，维持35~40分钟即可。

（二）接种与培养

灭菌后将液体培养基瓶置于接种箱或接种室内，按常规使用甲醛熏蒸灭菌。当瓶温冷却至30℃以下时，按无菌操作接入菌种，每瓶接入1~2平方厘米斜面菌种。为使接入的菌种能始终悬浮于液面，接种时不要铲太厚的琼脂母种块,而且放在液面时应该气生菌丝朝上,凡沉入液底的菌种都应淘汰(因为老化或被污染的菌种大多下沉)。

接种后,将种瓶移入培养室或箱中,于25℃左右下培养,3天后检查,淘汰下沉的染杂的菌种,此时大多数菌丝已萌发,形状如洁白的鹅毛。6~7天菌丝长满液面,再培养3~5天,液面形成0.8厘米厚的菌苔,即为液面菌苔菌种。

(三)原种和栽培种的培养

当液面菌苔长满后3~5天,摇动种瓶液体,菌苔不散,表明菌苔菌种已成熟,可以分割接种原种和栽培种。原种的固体培养基可采用棉籽壳、木屑、粪草、谷(麦)粒等做基层,配制方法同常规。接种方法按无菌操作进行,先用无菌剪刀将液面菌苔剪碎成0.5厘米×(1~2)厘米的条状或块状,再用无菌镊子夹入原种或栽培种培养基中心。每瓶液面菌种可接35~50瓶原种或栽培种。培养方法同常规。

以上液面菌苔菌种的制作方法,从原始母种到生产种(即栽培种)的制得只需3~5天。菌龄短、菌丝长势强,成功率可达100%。且用于栽培后,菌丝萌发较常规菌种快1~2天,长满培养料缩短10~13天,产量可提高12%~40%。制作液面菌苔菌种成本低,每瓶液面菌种成本约0.1元,而琼脂斜面菌种成本约0.6元。且接种量比斜面种多,一瓶液面种相当于10瓶斜面种,其时效性和经济效益都十分可观。

三、酒红球盖菇液体摇瓶培养基优化

本研究对酒红球盖菇液体摇瓶培养基最佳碳源氮源和最佳碳氮源组合进行了筛选,选出了适宜酒红球盖菇菌丝生长的液体摇瓶最佳培养基,以期为酒红球盖菇液体摇瓶菌种的生产提供理论依据和技术支撑。

(一)材料

1.菌种。供试菌种为酒红球盖菇。

2.培养基。有以下5种。

（1）母种培养基：采用马铃薯综合培养基。

（2）碳源基础培养基：蛋白胨 0.5%，KH_2PO_4 0.1%，$MgSO_4$ 0.05%，pH 值自然。

（3）氮源基础培养基：葡萄糖 2%，KH_2PO_4 0.1%，$MgSO_4$ 0.05%，pH 值自然。

（4）试验培养基：将葡萄糖、蔗糖、可溶性淀粉、乳糖、麦芽糖和山梨糖分别加入碳源基础培养基中（浓度均为 2%），进行碳源优化试验；将蛋白胨、酵母膏、硝酸铵、硫酸铵、尿素和麸皮分别加入氮源基础培养基中（浓度均为 1%），进行氮源优化试验。

（5）优化培养基：根据（4）中碳、氮源的单因素试验结果，选择较好的碳、氮源各 2 个，进行 $L_9(3^4)$ 正交试验。以蔗糖（A）和可溶性淀粉（B）为复合碳源，蛋白胨（C）和麸皮（D）为复合氮源，采用 4 因素 3 水平正交试验方法，筛选出酒红球盖菇液体摇瓶最佳培养基。

（二）试验方法

1. 菌种活化与纯化培养。将酒红球盖菇菌种从冰箱中取出后，25℃下恒温放置 7 天，使处于低温中的菌种活化；无菌条件下把活化菌种接种于马铃薯综合培养基平板上，28℃下恒温培养 3~4 天，之后挑取强壮菌丝体前端，接种于斜面培养基上，28℃下恒温培养至斜面长满，得到一级菌种备用。

2. 碳（氮）源筛选试验。取 3 块 0.5cm² 一级酒红球盖菇菌种，分别接种于 6 种不同碳（氮）源培养基中，250mL 三角瓶装液体培养基 40mL，使气生菌丝一面向上悬浮，28℃下静置 24 小时；然后放入往复式恒温振荡器内，28℃，150r/min 条件下培养 5 天。每种碳（氮）源试验重复 5 次，结果取平均值。

3. 正交试验筛选最佳培养基配方。取 3 块 0.5cm² 一级酒红球盖菇菌种，分别接种于正交试验 9 个不同处理的培养基中，250mL 三角瓶装液体培养基 40mL，使气生菌丝一面向上悬浮，28℃下静置 24 小时；然后放入往复式恒温振荡器内，28℃，150r/min 条件下培养 5 天。每次试验重复

5次,结果取平均值。试验因素及其各水平如表4-3所示。

表4-3 L$_9$(3^4)正交试验的因素及水平(%)

水平	因素			
	A(蔗糖)	B(可溶性淀粉)	C(蛋白胨)	D(麸皮)
1	1	1	0	1
2	2	2	0.5	2
3	3	3	1.0	3

(三)测定方法

1.菌球密度的测定。使用血球计数板观测每毫升培养液内的菌球个数。

2.菌球直径的测定。随机取菌球30个,排列成直线,并测其总长度,求得菌球的平均直径。

3.生物量的测定。取50mL培养液,过0.42mm筛,菌丝体经蒸馏水充分洗涤后,80℃真空干燥至恒质量,电子天平准确称质量。计算公式如下所示。

$$生物量 = \frac{菌丝体干质量}{50mL}$$

式中:生物量单位为g/L;

菌丝体干质量单位为g。

(四)结果与分析

1.碳源筛选试验结果。从碳源筛选试验结果(表4-4)可以看出,蔗糖作为碳源,其平均菌丝体生物量最高,达7.26g/L;平均菌丝球密度最大,为162个/mL;平均菌丝球直径较小,为1.19mm。综合比较,蔗糖作为酒红球盖菇液体摇瓶培养基碳源效果最佳,其次是可溶性淀粉、葡萄糖等。

表4-4 不同碳源对酒红球盖菇菌丝体生长的影响

碳源	平均菌球直径/mm	平均菌球密度(个/mL)	平均菌丝体生物量(g/L)
蔗糖	1.19	162	7.26

碳源	平均菌球直径/mm	平均菌球密度(个/mL)	平均菌丝体生物量(g/L)
可溶性淀粉	1.12	147	6.41
葡萄糖	1.28	122	5.82
山梨糖	1.40	108	4.25
麦芽糖	1.36	96	3.78
乳糖	1.42	92	3.69

2.氮源筛选试验结果。从氨源筛选试验结果(表4-5)可以看出,麸皮作为氮源,其平均菌丝体生物量最高,达6.98g/L;平均菌丝球密度较大,为138个/mL;平均菌丝球直径较小,为1.30mm。综合比较,麸皮作为酒红球盖菇液体摇瓶培养基氮源效果最佳,其次是蛋白胨酵母膏等。

表4-5　不同氮源对酒红球盖菇菌丝体生长的影响

氮源	平均菌球直径/mm	平均菌球密度(个/mL)	平均菌丝体生物量(g/L)
麸皮	1.30	138	6.98
蛋白胨	1.24	140	6.12
酵母膏	1.22	112	5.31
硫酸铵	1.30	98	4.01
硝酸铵	1.42	86	3.86
尿素	1.38	70	2.69

3.正交试验优化酒红球盖菇液体摇瓶培养基结果。从$L_9(3^4)$正交试验结果与极差分析(表4-6)可以得出,影响酒红球盖菇菌丝体生物量的因素依次为A>D>C>B,即蔗糖>麸皮>蛋白胨>可溶性淀粉;酒红球盖菇液体摇瓶最佳培养基组合为$A_2B_1C_2D_2$,即蔗糖2%,可溶性淀粉1%,麸皮2%,蛋白胨0.5%,$KH_2PO_4$0.1%,$MgSO_4$0.05%。

表4-6　$L_9(3^4)$正交试验结果

处理	因素				平均菌丝体生物量(g/L)
	A	B	C	D	
1	1	1	1	1	7.22
2	1	2	2	2	9.12
3	1	3	3	3	8.09

处理	因素				平均菌丝体生物量(g/L)
	A	B	C	D	
4	2	1	2	3	11.25
5	2	2	3	1	10.02
6	2	3	1	2	10.63
7	3	1	3	2	10.87
8	3	2	1	3	9.96
9	3	3	2	1	10.21
K_1	24.43	29.34	27.81	27.45	
K_2	31.90	29.10	30.58	30.62	
K_3	31.04	28.93	28.98	29.30	
R	7.45	0.41	2.77	3.17	

(五)结论

通过筛选试验发现,酒红球盖菇液体摇瓶培养基最佳碳源是蔗糖,最佳氮源是麸皮。麸皮来源广泛、价格低廉、营养丰富,是大规模生产酒红球盖菇液体菌种的最佳原料。

试验中发现,可溶性淀粉作为酒红球盖菇液体摇瓶培养基复合碳源,一方面可以作为碳营养被吸收和利用;另一方面前期可以作为增稠剂来提高培养液黏度,减小菌球直径,增加菌球数量,到后期可溶性淀粉被消耗而使培养液变稀,这样的菌种接到固体培养基上透气性好,有利于菌种的萌发和吃料。

采用正交试验优化筛选酒红球盖菇液体摇瓶培养基配方,结果表明,酒红球盖菇液体摇瓶最佳培养基为蔗糖2%,可溶性淀粉1%,麸皮2%,蛋白胨0.5%,$KH_2PO_4$0.1%,$MgSO_4$0.05%。

第五章 酒红球盖菇生态栽培影响因素

　　林地食用菌栽培是林下经济产业中的最重要的内容之一，它是充分利用林下土地资源和林荫、空气湿度大、氧气充足，光照强度低、昼夜温差优势等有利环境条件特点生产食用菌的一种新型生产模式。生产所需原料为农、林业的下脚料，其成本低，收益高，增收快。食用采收后废弃的菌糠、菌渣是优质的有机肥料，混入土壤后可以提高土壤肥力、促进树木的生长。在资源保护的同时，可将资源优势转化为经济优势和生态优势，是国家大力发展和予以扶持的一项新兴产业。

　　适合林下栽培的食用菌种类较多，如酒红球盖菇、平菇、香菇、木耳、双孢菇、竹荪等。酒红球盖菇是较理想的林地栽培食用菌之一，该菌不仅有较高的食、药用价值，其栽培技术简便粗放，对环境适应范围广，抗逆、抗杂性强，比较适合在林地开放性环境中进行生产，栽培经营易获得较高的产量和效益，也是精准扶贫优良项目之一，在全国各地发展迅速。酒红球盖菇在栽培基质的选择、栽培技术等方面均有较多研究成果，但通过近几年的生产实践、市场调研发现，该产业在发展过程中还存在着较多阻碍因素，影响栽培者的经济效益和进一步的推广应用。例如我国农林下脚料种类十分广泛，区域性显著，个体资源差异大，目前现有的培养料配方涵盖的栽培基质资源较少，不能满足不同小区域种植户充分利用农林废弃物需求，不利于广大栽培者就地取材；同时，林地栽培关键技术缺乏精准理论数据，造成部分栽培者栽培模式不合理，林分选择不得当，栽培时间不适宜，栽培技术太粗放等诸多问题，经济收益不高。为进一步推动该产业的快速发展和降本增效，还需要对林地关键栽培技术提供可参考的数据和理论支撑。甘肃多数地区主要粮食作物为玉米、小麦,因此有大量玉米秸、玉米芯和麦秸,本研究为提高我国北方地区林地酒红球盖菇栽培技术及经济效益,充分利用各地农林生产废弃物,设计53个不同的栽培基质配方,根据菌丝生长及产量、效益情况筛选出最佳培养料配方,并通过对胞外酶的测定为其提供理论依据;其次,对影响栽培基质发菌主要因素含水量、基质颗粒度、接种量等进行正交试验研究;同时对林地不同的栽培模式,不同播种时间、不同林分郁闭度、不同的覆土基质及不同覆土厚度等关键技术进行试验的研究,分析其对产量及经济效益影响;确定适合我国北方地区林地栽培模式、栽培时间及栽培管理等关键技术。

第一节 不同栽培基质对酒红球盖菇的影响

一、概述研究进展

(一)食用菌栽培基质研究进展

我国是农业大国,拥有丰富的如农作物秸秆等农林下脚料,现阶段我国农田废弃物重新利用方式主要有:①直接还田。可以将作物稻秆作为有机肥资源,它可以增加土壤有机质,改善土壤的理化性质,从而达到增加土壤肥力的效果。但其木质纤维素成分很难在自然条件下降解,因此,对增加土壤肥力效果不佳;②作为饲料。将农田废弃物作为家畜饲料,可有效减少精饲料的投喂,从而降低生产成本,但其缺陷在于纤维素含量过高,动物吸收利用率低;③农作物稻秆可以通过特殊工艺将其制成稻秆复合肥,但在工业现代化中融入农业废弃物的应用在我国也处于初步探索阶段,在技术上及市场需求等方面还需要进一步的探索;④栽培食用菌,食用菌栽培可以有效解决农林废弃物的利用问题,栽培后均渣含有丰富的营养物质,可以提高土壤肥力。

食用菌栽培基质原料来源广泛,除了秸秆、木屑、棉籽壳等传统原料,台湾学者梁志钦使用当地出产的禾本科植物——铺地黍和泰草作为栽培基质,配合使用玉米秸秆进行榆黄蘑的人工栽培,以木屑栽培基质为对照组,经过栽培后发现,三种试验组的效果均优于对照组;三种栽培基质中的出菇情况均表现为第一潮菇的产量最高,说明这三种禾本科植物都是良好的栽培基质原料。还可以利用黄姜渣、沼渣、茶枝药渣、葛渣等进行食用菌栽培。近年来人们积极发展新型栽培原料与传统原料结合来栽培食用菌,如添加鸡粪、牛粪、果树枝、木屑等。

(二)食用菌胞外酶研究进展

食用菌的胞外酶主要包括纤维素酶,半纤维素酶和木质素分解酶。纤维素酶由多种水解酶组成的复杂的酶系,主要来源为细菌和真菌。它是降解纤维素产生葡萄糖的一类酶的总称。纤维素酶主要包括羧甲基纤维素酶、滤纸纤维素酶(又称FP酶)、β-葡萄糖苷酶(又称纤维二糖酶),这三类酶分别以羧甲基纤维素、滤纸、纤维二糖为底物,其水解产物均为葡萄糖。半纤维素酶又称HC酶,在研究中以木聚糖为底物,水解产生木糖。在食用菌栽培基质中,半纤维素含量约占15%~20%,而半纤维素酶主要作用是将培养基中的半纤维素分解为五碳糖、六碳糖和糖醛酸,供食用菌菌丝吸收、利用。木质素是自然界中仅次于纤维素的最丰富的生物多聚体,全世界每年可产生约600万亿吨,在自然界中主要是通过丝状真菌降解木质素,而其中起到主要分解作用的是担子菌类中的白腐菌[1]。木质素分解酶主要包括漆酶、多酚氧化酶、过氧化物酶,其中漆酶是一种含有Cu^{2+}的多聚酚氧化酶,可降解木质素的真菌都可以产生漆酶。在食用菌培养基质中的木质素含量15%~20%,通过漆酶的分解作用,可将培养基中的木质素分解为成分复杂的小分子化合物,为食用菌菌丝的生长发育提供营养。食用菌中胞外酶的研究较早,其研究主要包括对食用菌生长过程中变化趋势研究和不同基质对

---

[1]管筱武,张甲耀,罗宇煊. 木质素降解酶及其调控机理研究的进展[J]. 上海环境科学,1998,(11):46-49.

胞外酶影响的研究。如 Munoz 对杏鲍菇中胞外酶进行了研究,得出杏鲍菇不同酶的分泌高峰期可以确定相应的发酵周期。PAL研究得出在金针菇子实体生长发育期,纤维素酶系、HCs、淀粉酶和蛋白酶均达到峰值,木质素酶系酶活力呈快速下降趋势,其变化趋势与双孢菇胞外酶变化规律和其相似。庄庆利利用平菇作为研究材料,探究其生长过程中胞外酶的变化,实验发现平菇生长过程中主要的几种酶如木聚糖酶、淀粉酶和蛋白酶等,其酶活性均表现为随着时间增加而降低,而另外两种酶——漆酶和过氧化酶却与此相反[①]。陈国梁在对羊肚菌生长过程中胞外酶的研究中发现,羊肚菌的生长过程中纤维素酶、淀粉酶的活性表现大,由此导致菌丝生长快,酶的活性高峰期出现早。赵丽对桦褐孔菌生长过程中胞外酶的变化进行了研究,试验得出桦褐孔菌在菌丝生长期和菌核产生期酶活性较高。在吴圣进的研究中,以草菇为实验对象,对草菇生长过程中胞外酶的数量变化进行了跟踪观察。发现随着草菇的不断生长,羧甲基纤维素酶和木聚糖酶的数量和活性也在不断增加,并且在菌丝期达到最高值,后期含量和活性则不断降低;另外一种酶——木聚糖酶在草菇生长初期不断上升,但是在菌丝期的活性表现最低,针头期和纽扣期又迅速上升,此后又迅速降低。不同基质对食用菌胞外酶的影响的研究如下:Matsumoto 研究得出不同营养物质对香菇胞外酶活性大小影响较大,对酶活性的变化趋势基本没有影响。Ahlawat 对不同栽培基质对草菇胞外酶活力及产量的影响进行研究,发现在经巴氏消毒后的水稻秸秆栽培基质实验组中内切葡聚糖酶、漆酶和多酚氧化酶是影响草菇产量的关键胞外酶,而在以堆制发酵后的水稻秸秆栽培基质实验组中,木聚糖酶和β-葡萄糖苷酶是影响草菇产量的关键胞外酶。Sandra 研究表明不同栽培基质会影响白腐菌胞外酶的种类。

纤维素酶测定方法主要是3,5-二硝基水杨酸法,纤维素酶水解纤维素产生的纤维二糖、葡萄糖等还原糖能将碱性条件下的3,5-二硝基

[①] 庄庆利,李冠军,申进文. 平菇栽培种培养过程中胞外酶活性变化的研究[J]. 河南农业大学学报,2010,(02):163-165.

水杨酸(DNS)还原,生成棕红色的氨基化合物,纤维素酶和半纤维素酶分别在520和550纳米处有最大光吸收。漆酶主要分解木质素,漆酶的测量方法主要有分光光度计法、HPLC法、测压法、微量热法、脉冲激光光声法等。分光光度法测定漆酶酶活的基本原理是选定某种漆酶作用的底物,底物在漆酶催化作用下首先形成底物自由基,底物自由基在特定的光波波长下有最大的吸光系数。其测定过程中底物主要有ABTS、愈创木酚、邻联甲苯胺、DMP、丁香醛连氮等。

(三)酒红球盖菇栽培基质配方研究进展

在我国不同地区进行酒红球盖菇的栽培时,由于条件的限制所使用的栽培基质也各不相同,利用不同材料作为栽培基质进行酒红球盖菇的栽培,所产生的效果也有较大差异。国外对酒红球盖菇栽培基质研究较早,Szudyga以麦草为主要原料进行了酒红球盖菇的试栽并获得了成功,他在栽培过程中发现在麦草中添加木屑、树叶等后会抑制酒红球盖菇子实体的生长。Domondon研究表明,椴树木屑与杨树木屑为栽培原料比以麦草为栽培基质能获得更高的产量。J.N.Bruhn在美国中部用木屑在林地成功栽培了酒红球盖菇,并对2009与2010年的产量以及降雨量等进行对比,结果发现降雨量和温湿度对酒红球盖菇的生长有着显著的影响,不良的环境还会对酒红球盖菇的生长品质造成破坏。国内对酒红球盖菇栽培基质研究较多,杨大林利用纯稻草作为酒红球盖菇的栽培原料,表现效果较好,经济效益显著。陆秀妍利用稻草、玉米秆、甘蔗叶、木糠等进行试验,得出玉米秸栽培产量最高。徐彦军对麦草和稻草进行了生料试种,麦草生料栽培产量高于稻草和稻草加麦草的配方[1]。董贵发利用金针菇菌渣、稻谷壳、稻草料和梨树树枝木屑作为栽培基质原料,搭配一定的有机肥,通过不同的配比做出七种不同的配方。经过实地栽培后发现,栽培基质中金针菇菌渣:稻草:梨树木屑为3:4:3时效果最佳,酒红球盖菇的产量最高。赵洁以麦秸秆、树叶

---

[1]徐彦军,樊卫国,佘冬芳,刘平挺. 麦草生料栽培对大球盖菇生长及营养成分的影响[J]. 种子,2008,(27):60-62.

和木屑作为原料,探究组成酒红球盖菇栽培基质的最佳配比,发现三者比例为4∶3∶3时效果最好,生物转化率最高。王爱仙对稻草和菌草栽培产量进行对比,发现菌草栽培产量明显高于稻草。周祖法以稻草为主要栽培材料,向其中掺入香菇的菌渣,发现更有利于酒红球盖菇的生长;当搭配一定的姬菇菌渣时,发现该种配方对酒红球盖菇的生长产生了抑制作用。鲍蕊对酒红球盖菇配方比例进行了模型优化,得出木屑68.2%,玉米芯11.5%,麦草20.23%的比例酒红球盖菇产量最高。龚燕京以果树修剪的枝梢为栽培基质进行酒红球盖菇栽培,结果表明桃枝、梨枝为辅料其出菇率为60%~85%。龚赛设计了稻壳50%、玉米芯30%、木屑20%和豆秸50%、木屑50%两个配方进行栽培,得出稻壳50%的配方产量和抗杂能力都较强[1]。孙兴荣按照30%稻草,20%稻壳和50%大麻屑的比例搭配酒红球盖菇混合料,发现该比例的栽培基质效果最好。敬勇对5种农作物副产物进行了试验,以谷壳为主料经济效益最高。除了上述几种传统栽培原料外,翁伯琦则加入沼渣对酒红球盖菇进行培养;王怡加入花生壳进行相关试验[2];石生香以70%棉秆,30%棉籽壳进行的酒红球盖菇栽培[3],都获得了较高的生产效益。以上针对酒红球盖菇栽培基质的研究很多,但是其涉及原材料较少,配方设计较少,适宜北方使用的配方也较少,缺乏系统性的配方设计,不能满足就地取材的需要。

(四)酒红球盖菇营养类型及胞外酶研究进展

酒红球盖菇为草腐菌,传统配方多以稻草类原料为主,近年来也有以木屑为原料进行酒红球盖菇栽培报道;Yoo KH报道了酒红球盖菇降解纤维素的3种酶,即微晶纤维素酶、β-葡萄苷酶和羧甲基纤维素酶。氧气和二氧化碳都对酒红球盖菇胞外酶有影响;Schlosser D认为在酒红

①龚赛,赵淑芳,聂阳,李丽君,姜淑霞.不同栽培条件下大球盖菇的经济效益[J].中国食用菌,2016,35(4):35-38.
②王怡,邱芳,祝晓波,王涛,李涛.花生壳生产大球盖菇菌种研究[J].安徽农业科学,2011,39(20):12049-12051.
③石生香,陈庆宽,王建宝,闫红霞,张凤琴,付振艳.新疆玛纳斯县大球盖菇栽培技术研究[J].北方园艺,2012,(14):168-169.

球盖菇降解木质素过程中漆酶起到关键作用。王红对酒红球盖菇液体培养的培养液进行测定,检测发现其中含有纤维素酶和淀粉酶,未见多酚氧化酶和漆酶。孙萌对不同栽培料中酒红球盖菇酶活性变化趋势进行研究,研究得出酒红球盖菇菌株在不同培养料中均能检测出羧甲基纤维素酶、滤纸纤维素酶、葡萄糖苷酶、半纤维素酶和漆酶活性,并且在菌丝生长期和子实体成熟期酶活性较强。以上研究主要是分析酒红球盖菇胞外酶种类及变化趋势,未见将酒红球盖菇产量及菌丝生长速度与胞外酶结合进行的相关研究报道。

二、材料方法

(一)酒红球盖菇栽培基质配方筛选

本试验收集北方较有代表性农林废弃物14种,分别为玉米秸、玉米芯、稻壳、麦秸、棉籽壳、桑树、杨木、苹果木、桃木、樱桃木、桦木、阔叶树杂木屑、文冠果壳及香菇菌渣等,以上述13种废弃物按照纯栽培基质、每种主料为基础分别加入不同比例其他混合料,设计出配方53个,如表5-1。

表5-1 酒红球盖菇栽培基质配方

编号	配方	备注
C1	99%玉米秸	纯料组
C2	99%稻壳	纯料组
C3	99%杨木屑	纯料组
C4	99%桑木屑	纯料组
C5	99%文冠果壳	纯料组
C6	99%玉米芯	纯料组
C7	99%麦秸	纯料组
C8	99%棉籽壳	纯料组
C9	99%桦木屑	纯料组
C10	99%苹果木屑	纯料组
C11	99%桃木屑	纯料组

编号	配方	备注
C12	99% 樱桃木屑	纯料组
C13	99% 杂木屑	纯料组
Y1	90% 杨木屑,4.5% 玉米芯,4.5% 玉米秸	杨木屑组
Y2	70% 杨木屑,14.5% 玉米芯,14.5% 玉米秸	杨木屑组
Y3	50% 杨木屑,24.5% 玉米芯,24.5% 玉米秸	杨木屑组
Y4	30% 杨树木屑,34.5% 玉米芯,34.5% 玉米秸	杨木屑组
Y5	50% 杨树木屑,24.5% 玉米芯,24.5% 稻壳	杨木屑组
Y6	50% 杨树木屑,24.5% 玉米秸,24.5% 稻壳	杨木屑组
Y7	50% 杨树木屑,24.5% 麦秸,24.5% 玉米秸	杨木屑组
Y8	50% 杨树木屑,24.5% 麦秸,24.5% 玉米芯	杨木屑组
Y9	30% 杨树木屑,34.5% 麦秸,34.5% 玉米秸	杨木屑组
Y10	30% 杨树木屑,34.5% 麦秸,34.5% 玉米芯	杨木屑组
Y11	30% 杨树木屑,34.5% 玉米秸,34.5% 稻壳	杨木屑组
Y12	30% 杨树木屑,34.5% 玉米芯,34.5% 稻壳	杨木屑组
Y13	50% 杨树木屑,24.5% 麦秸,24.5% 香菇菌棒	杨木屑组
Y14	30% 杨树木屑,34.5% 麦秸,34.5% 香菇菌棒	杨木屑组
Y15	50% 杨树木屑,24.5% 玉米芯,24.5% 香菇菌棒	杨木屑组
Y16	30% 杨树木屑,34.5% 玉米芯,34.5% 香菇菌棒	杨木屑组
S1	90% 桑木屑,4.5% 玉米芯,4.5% 玉米秸	桑木屑组
S2	70% 桑木屑,14.5% 玉米芯,14.5% 玉米秸	桑木屑组
S3	50% 桑木屑,24.5% 玉米芯,24.5% 玉米秸	桑木屑组
S4	30% 桑木屑,34.5% 玉米芯,34.5% 玉米秸	桑木屑组
H1	90% 桦木屑,4.5% 玉米芯,4.5% 玉米秸	桦木屑组
H2	70% 桦木屑,14.5% 玉米芯,14.5% 玉米秸	桦木屑组
H3	50% 桦木屑,24.5% 玉米芯,24.5% 玉米秸	桦木屑组
H4	30% 桦木屑,34.5% 玉米芯,34.5% 玉米秸	桦木屑组
W1	90% 文冠果壳,4.5% 玉米芯,4.5% 玉米秸	文冠果组
W2	70% 文冠果壳,14.5% 玉米芯,14.5% 玉米秸	文冠果组
W3	50% 文冠果壳,24.5% 玉米芯,24.5% 玉米秸	文冠果组
W4	30% 文冠果壳,34.5% 玉米芯,34.5% 玉米秸	文冠果组

编号	配方	备注
P1	90%苹果木屑,4.5%玉米芯,4.5%玉米秸	苹果木屑组
P2	70%苹果木屑,14.5%玉米芯,14.5%玉米秸	苹果木屑组
P3	50%苹果木屑,24.5%玉米芯,24.5%玉米秸	苹果木屑组
P4	30%苹果木屑,34.5%玉米芯,34.5%玉米秸	苹果木屑组
T1	90%桃木屑,4.5%玉米芯,4.5%玉米秸	桃树木组
T2	70%桃木屑,14.5%玉米芯,14.5%玉米秸	桃树木组
T3	50%桃木屑,24.5%玉米芯,24.5%玉米秸	桃树木组
T4	30%桃木屑,34.5%玉米芯,34.5%玉米秸	桃树木组
YT1	90%樱桃木屑,4.5%玉米芯,4.5%玉米秸	樱桃木组
YT2	70%樱桃木屑,14.5%玉米芯,14.5%玉米秸	樱桃木组
YT3	50%樱桃木屑,24.5%玉米芯,24.5%玉米秸	樱桃木组
YT4	30%樱桃木屑,34.5%玉米芯,34.5%玉米秸	樱桃木组

按以上配方配料,并混合均匀后装入试管中,每个配方设计重复3次,126℃灭菌120分钟,凉至室温于超净工作台中接种,每支试管接种5个直径为4毫米的菌饼,然后放入25℃恒温生化培养箱培养并观察记录。记录长满试管的时间、菌丝密度和均匀度,菌丝密度:++++表示菌丝生长旺盛,+++表示菌丝生长较为旺盛,++表示菌丝生长一般,+表示菌丝生长较弱,0表示未长。均匀度:++++表示菌丝生长非常均匀,+++表示菌丝生长均匀,++表示菌丝均匀度一般,+表示菌丝不均匀,0表示未长。

(二)不同培养基质林地栽培

根据上述室内筛选试验的结果和可搜集到的甘肃地区生产剩余料种类和选择10个配方在甘肃农业大学树木园林地进行栽培出菇试验,每个配方3个重复,每个重复栽培面积为1平方米。

样地设置:试验地设置在甘肃民族师范学院青藏高原真菌引种驯化基地,土壤类型为沙壤土,针阔混交林,株距为3米、行距为4米,郁闭度为0.7左右。

栽培配方设计如下。

Ck：40%稻壳，29.5%.玉米芯，29.5%木屑，1%石灰。

C1：99%玉米秸，1%石灰。

C2：99%稻壳，1%石灰。

C4：99%桑枝，1%石灰。

C6：99%玉米芯，1%石灰。

Y1：90%杨树木屑，4.5%玉米芯，4.5%玉米秸，1%石灰。

Y5：50%杨树木屑，24.5%玉米芯，24.5%稻壳，1%石灰。

S1：90%桑树木屑，4.5%玉米芯，4.5%玉米秸，1%石灰。

H1：90%桦树木屑，4.5%玉米芯，4.5%玉米秸，1%石灰。

W4：30%文冠果果壳，34.5%玉米芯，34.5%玉米秸，1%石灰。

P2：70%苹果木屑，14.5%玉米芯，14.5%玉米秸，1%石灰。

酒红球盖菇栽培管理：每平方米15kg干料，每个配方重复3次，按照上述配方将料混匀预湿后建堆发酵。铺料之前10天将场地喷施多菌灵、阿维菌素，铺料前在整理好的畦面上撒上石灰，在铺一层草炭土，之后将灭好的料铺在瓦面上，将菌种掰成3cm×3cm的小块，采用梅花形点播于第一层与第二层、第二层与第三层间，然后取林地土和草炭土按照体积比1：1进行混匀，混匀后铺在料上，厚度约为3cm，然后用直径3～4cm的木棒在菌床上每隔30cm打深度约为20cm左右的通气孔，盖上2～3cm厚的稻草，然后覆上黑地膜。

发菌期前期无须补水，翌年天气转暖后酌情进行灌沟补水，撤去地膜后应注意对料堆侧面进行补水，注意控制水流量及水速，防止菌丝被破坏。发菌完成后灌大水，促进菌丝扭结，形成原基。

出菇期空气相对湿度应控制在90%左右，出菇期应该注意光照，阳光太强处加遮阳网，防止光照太强，引起菇体灼伤。

菌褶尚未破裂菌盖呈钟形时为采收适期，达到采收标准时，用拇指、食指和中指抓住菇体的下部，轻轻扭转一下，松动后再向上拔起。注意避免松动周围的小菇蕾。采过菇后，菌床上留下的洞口要及时补平，清除留在菌床上的残菇，以免腐烂后招引虫害而危害健康的菇。

数据记录及产量统计：记录菌丝定植时间、菌丝长至土层时间、出菇时间、一级菇产量、二级菇产量和总产量。酒红球盖菇分级标准见表5-2。

表5-2　酒红球盖菇鲜菇质量分级标准

分级标准	Ⅰ级	Ⅱ级	Ⅲ级
子实体高度/cm	≥8	6～8	无要求
菌柄长度/cm	≥6	3～6	无要求
菌柄粗度/cm	≥2.5	1.5～2.5	无要求
菌盖直径/cm	≥3.5	2.5～3.5	无要求
菌盖色泽	酒红色至酒红褐色	酒红色至酒红褐色	允许灰白至浅黄褐色
开伞程度	未开伞，内菌幕不破裂	轻微开伞，半开伞	开伞，菌盖平展
菌褶颜色	白色至灰白色	白色至灰白色	灰白至灰褐色
菌柄弯曲度	菌柄直	允许略弯曲	允许弯曲
机械损伤	无	允许小机械损伤	无严重损伤，菇形完整
畸形菇	无	无	允许轻微畸形
空根白心	无	允许小空心	允许空心

(三)不同培养基质配方胞外酶含量测定

酒红球盖菇为草腐菌，目前多数的栽培基质为农作物秸秆，在前期试验中发现加入多种阔叶树木屑该菌均生长良好，其产量和质量均有所提升现象，甚至在木屑比例达到99%时仍然能够很好地生长出菇，为此本实验设4个配方，接种培养后，取样测定羧甲基纤维素酶、滤纸纤维素酶、半纤维素酶及漆酶的酶活通过对2种纤维素酶、半纤维素酶和1种木质素酶的测定为其提供理论依据。

1.配方设计。有以下4种。

C2：99%稻壳，1%石灰。

C3：99%杨木屑，1%石灰。

C4：99%桑枝木屑，1%石灰。

Y5：50%杨木屑，24.5%玉米芯，24.5%稻壳，1%石灰。

试验方法：将上述配方按照比例混匀后装入300mL组培瓶中，每瓶干料30g,126℃灭菌120分钟,冷却至室温后接种,每瓶5个直径为4mm的菌饼,接种后第5天、10天、15天、18天、20天、25天取样,取样时每次取3瓶,将料搅匀后取干料20g测定4种酶的含量。

2.试验仪器及试剂。具体试验仪器及试剂如下所述。

实验仪器:U-1800紫外分光光度计、石英比色皿、烘箱、培养箱、超净工作台、恒温水浴锅、高压蒸汽灭菌锅

试验试剂:羧甲基纤维素钠(分析纯)、3,5-二硝基水杨酸(分析纯)、NaOH(分析纯)、酒石酸钾钠(分析纯)、苯酚(分析纯)、木聚糖(分析纯)、邻联甲苯胺(分析纯)、一水柠檬酸(分析纯)、柠檬酸三钠(分析纯)、乙酸(分析纯)、三水乙酸钠(分析纯)、葡萄糖(分析纯)、木糖(分析纯)。

3.缓冲液配制。有以下4种。

(1)pH4.6的0.2M醋酸-醋酸钠缓冲液:电子天平准确称取三水乙酸钠27.22g,加入蒸馏水定容至1000mL;准确量取醋酸11.7mL,定容至1000mL。分别量取490mL三水乙酸钠溶液和510mL醋酸稀释液配成1000mL的pH4.6的0.2M的醋酸-醋酸钠缓冲液。

(2)pH5.0的0.2M醋酸-醋酸钠缓冲液:电子天平准确称取三水乙酸钠27.22g,加入蒸馏水定容至1000mL;准确量取醋酸11.7mL,定容至1000mL。分别量取700mL三水乙酸钠溶液和300mL醋酸稀释液配成1000mL的pH5.0的0.2M醋酸-醋酸钠缓冲液。

(3)pH5.8的0.2M醋酸-醋酸钠缓冲液:电子天平准确称取三水乙酸钠27.22g,加入蒸馏水定容至1000mL;准确量取醋酸11.7mL,定容至1000mL。分别量取940mL三水乙酸钠溶液和60mL醋酸稀释液配成1000mL的pH5.0的0.2M醋酸-醋酸钠缓冲液。

(4)pH4.0的0.2M柠檬酸-枸橼酸钠缓冲液:电子天平称取一水枸橼酸纳21.01g,29.4g的柠檬酸三钠,分别用蒸馏水定容至1000mL,然后分别从以上溶液中称取445mL,555mL配置成1000mL的pH4.0的0.2M柠檬酸-枸橼酸钠缓冲液。

4.底物溶液的配制。有以下3种。

(1)0.5%CMC-Na溶液：电子天平称取0.5gCMC-Na，然后用pH4.6的0.2M柠檬酸–枸橼酸钠缓冲液定容至1000mL。

(2)0.5%木聚糖溶液：电子天平称取0.5g木聚糖,用pH4.6的0.2M醋酸–醋酸钠缓冲液定容至200mL。

(3)0.336mM邻联甲苯胺溶液准确称取0.7133g邻联甲苯胺用95%乙醇溶液定容至1000mL。

5.酶活终止剂DNS配制。准确称取酒石酸钾钠91g,加入到盛有250mL蒸馏水的锥形瓶中充分溶解,水浴条件下加热,边加热边加入0.15g3,5–二硝基水杨酸,10.5g氢氧化钠,1.5g苯酚,搅拌溶解,冷却至室温后用蒸馏水定容至500mL,放在棕色瓶中保存,静置七天后可以使用。

6.标准曲线制作。有葡萄糖标准曲线制作和木糖标准曲线制作。

第一,葡萄糖标准曲线的制作。葡萄糖标准溶液(0.2mg/mL)的配制：准确称取规定剂量的分析纯葡萄糖(预先在105℃干燥至恒重),加入少量去离子水溶解,定容后放入冰箱保存备用。葡萄糖标准曲线定制加样操作详见5-3。按表5-3进行实验操作,摇匀放入沸水浴中准确反应10min,取出后即用冷水冷却,加去离子水定容至25mL后,以0号试管为空白对照调零点,在520nm处比色测定光密度值(以下用OD表示),记录并绘制出标准曲线。

表5-3　3,5–二硝基水杨酸法定制葡萄糖标准曲线实验加样操作表

试管号	0	1	2	3	4	5	6	7	8	9	10
葡萄糖标准溶液(mL)	0	0.1	0.2	0.3	0.4	0.5	0.6	0.7	0.8	0.9	1.0
DNS(mL)						2.0					
去离子水(mL)	2.0	1.9	1.8	1.7	1.6	1.5	1.4	1.3	1.2	1.1	1.0

第二,木糖标准曲线的制作方法同上,以木糖取代葡萄糖。在550nm处测定OD值,记录并绘制出标准曲线。

7.粗酶液提取。从栽培基质中准确称取20g,向其中加入100mL的去离子水,充分浸泡4小时。取一定量浸后液进行离心,4000r/min条件下5分钟,提取离心后的上清液作为粗酶液;称取20g料,在干燥箱80℃条件下进行烘干,直到恒重。

8.酶活性测定。有羧甲基纤维素酶酶活力测定、滤纸纤维素酶酶活力测定、半纤维素酶酶活力测定、漆酶酶活力测定这四项。具体如下所述。

(1)羧甲基纤维素酶酶活力测定:准确量取0.5%羧甲基纤维素钠溶液1.5mL,向其中加入酶液0.5mL,向对照管加入DNS试剂1.5mL以钝化酶的活性,以此管作为对照,比色时用于调零。将试验管和对照管置于50℃水浴中保温30分钟,取出后向试验管中加入1.5mLDNS试剂,水浴煮沸5分钟,取出试验管和对照管后用冷水冷却,分别加入20mL去离子水进行定容,在520nm处用分光光度计测量其OD值。酶活力单位定义:1g干培养物中的酶量与底物作用30分钟释放出1mg葡萄糖为一个活力单位。

(2)滤纸纤维素酶酶活力测定:取滤纸50mg,然后加入1mL的0.05mol/L的pH值4.5的柠檬酸缓冲液,再加入0.5mL粗酶液,向对照管中加入DNS试剂1.5mL以钝化酶的活性,以此管作为对照,比色时用于调零。实验管和对照管均在50℃保温1小时,取出后实验管立即加入DNS试剂1.5mL,之后于100℃水浴中煮沸5分钟,取出冷却后用去离子水定容至20mL,充分摇晃均匀,在520nm处用分光光度计测量其OD值。酶活力单位定义:1g干培养物中的酶量与底物作用60分钟释放出1mg葡萄糖为一个活力单位。

(3)半纤维素酶酶活力测定:加入0.5%的木聚糖1.8mL,加入1.8mLpH4.6的乙酸-乙酸钠缓冲液,加入0.2mL酶液,向对照管中加入DNS试剂1.5mL以钝化酶的活性,以此管作为对照,比色时用于调零。试验管和对照管均在50℃保温30分钟,取出后实验管立即加入DNS试剂1.5mL,之后于100℃水浴中煮沸5分钟,取出冷却后用去离子水定容至15mL,混合均匀,用分光光度计测550nm处OD值。酶活力单位定义:1g干培养物中的酶量与底物作用30分钟释放出1mg木糖为一个活力单位。

(4)漆酶酶活力测定:加入0.336mL的邻联甲苯胺溶液0.5mL,加入0.2M的乙酸-乙酸钠缓冲液,加入0.5mL酶液,向对照管中加入DNS试剂1.5mL以钝化酶的活性,以此管作为对照,比色时用于调零。试验管和对照管均在28℃保温30分钟,取出后实验管立即加入DNS试剂1.5mL,之后于100℃水浴中煮沸5分钟,混合均匀,用分光光度计测600nm处OD值。酶活力单位定义:干培养物中的酶量每分钟使OD_{600}值改变0.01为一个活力单位。

(四)影响菌丝生长基质三因素正交分析试验

目前栽培过程中存在着某些基质中菌丝生长缓慢的现象,为此将影响菌丝生长主要三因素培养料含水量、基质颗粒度、接种量等因素都有可能影响菌丝生长速度和菌丝长势,因此以99%杨木屑,1%石灰为试验材料设计三因素四水平正交试验来确定影响菌丝生长的主要因素,三因素分别为含水量、接种量、料的颗粒度。四水平为含水量:55%、60%、65%、70%;接种量为1、3、5、7个直径为4mm的菌饼;颗粒度为7~10mm、5~7mm、3~5mm、2mm以下,将杨木屑按上述设计装入300mL组培瓶,拌料时加入1%石灰,水按照重量比加入料中,用透气封口膜封住瓶口,126℃灭菌120分钟,凉至室温于超净工作台中接种,然后放入25℃恒温生化培养箱培养。每隔5天记录一次平均生长速度然后求均值。具体正交因子设计见表5-4。

表5-4　影响酒红球盖菇栽培发菌的栽培基质三因素正交分析试验设计

试验编号	含水量(%)	接种量(个)	颗粒度(mm)
1	55	1	7~10
2	55	3	5~7
3	55	5	3~5
4	55	7	<2

续表

试验编号	含水量(%)	接种量(个)	颗粒度(mm)
5	60	1	5～7
6	60	3	7～10
7	60	5	<2
8	60	7	3～5
9	65	1	3～5
10	65	3	<2
11	65	5	7～10
12	65	7	5～7
13	70	1	<2
14	70	3	3～5
15	70	5	5～7
16	70	7	7～10

三、结果与分析

(一)不同栽培基质对酒红球盖菇菌丝生长的影响

不同栽培基质对酒红球盖菇菌丝生长的影响不同栽培基质对酒红球盖菇菌丝生长平均速率、均匀度、生长势的影响结果见表5-5和图5-1、图5-2、图5-3、图5-4、图5-5、图5-6、图5-7、图5-8。

表5-5 不同栽培基质配方对酒红球盖菇菌丝生长的影响

主料组	编号	配方	平均生长速度（mm/天）	菌丝长势	均匀度	满管时间/天
纯料组	C1	99%玉米秸	1.79±0.084	+++	+++	49
	C2	99%稻壳	2.90±0.092	++	+++	31
	C3	99%杨木屑	2.02±0.138	+	++	41
	C4	99%桑木屑	3.03±0.06	++++	++++	30
	C5	99%文冠果壳	1.42±0.108	++	++	59
	C6	99%玉米芯	2.50±0.094	+++	+++	32
	C7	99%麦秸	1.61±0.045	+	++	51
	C8	99%棉籽壳	1.58±0.044	+	++	53

主料组	编号	配方	平均生长速度（mm/天）	菌丝长势	均匀度	满管时间/天
	C9	99%桦木屑	2.02±0.077	+++	+++	45
	C10	99%苹果木屑	1.91±0.076	++	+++	42
	C11	99%桃木屑	3.15±0.119	++++	++++	27
	C12	99%樱桃木屑	2.89±0.133	++++	++++	29
	C13	99%杂木屑	2.73±0.097	+	++	30
杨木组	Y1	90%杨木屑,4.5%玉米芯,4.5%玉米秸	2.40±0.106	+++	+++	35
	Y2	70%杨木屑,14.5%玉米芯,14.5%玉米秸	1.99±0.088	+++	+++	40
	Y3	50%杨木屑,24.5%玉米芯,24.5%玉米秸	1.91±0.084	+++	+++	46
	Y4	30%杨树木屑,34.5%玉米芯,34.5%玉米秸	1.84±0.086	+++	++++	47
	Y5	50%杨树木屑,24.5%玉米芯,24.5%稻壳	3.24±0.102	++++	++++	25
	Y6	50%杨树木屑,24.5%玉米秸,24.5%稻壳	1.65±0.06	++++	+++	42
	Y7	50%杨树木屑,24.5%麦秸,24.5%玉米秸	1.34±0.11	++	++	68
	Y8	50%杨树木屑,24.5%麦秸,24.5%玉米芯	2.33±0.062	++	+++	38
	Y9	30%杨树木屑,34.5%麦秸,34.5%玉米秸	2.09±0.152	+++	+++	44
	Y10	30%杨树木屑,34.5%麦秸,34.5%玉米芯	1.41±0.109	+++	+++	59
	Y11	30%杨树木屑,34.5%玉米秸,34.5%稻壳	2.19±0.116	+++	++++	41
	Y12	30%杨树木屑,34.5%玉米芯,34.5%稻壳	3.28±0.108	++++	++++	28
	Y13	50%杨树木屑,24.5%麦秸,24.5%香菇菌棒	1.60±0.097	++	++	53
	Y14	30%杨树木屑,34.5%麦秸,34.5%香菇菌棒	1.94±0.114	++	++	47

续表

主料组	编号	配方	平均生长速度（mm/天）	菌丝长势	均匀度	满管时间/天
	Y15	50%杨树木屑,24.5%玉米芯,24.5%香菇菌棒	2.41±0.114	++	++	36
	Y16	30%杨树木屑,34.5%玉米芯,34.5%香菇菌棒	1.96±0.063	+++	+++	45
桑木组	S1	90%桑木屑,4.5%玉米芯,4.5%玉米秸	2.94±0.13	++++	++++	33
	S2	70%桑木屑,14.5%玉米芯,14.5%玉米秸	2.42±0.108	++++	++++	36
	S3	50%桑木屑,24.5%玉米芯,24.5%玉米秸	2.38±0.13	++++	++++	40
	S4	30%桑木屑,34.5%玉米芯,34.5%玉米秸	1.96±0.141	++++	++++	44
桦木组	H1	90%桦木屑,4.5%玉米芯,4.5%玉米秸	2.60±0.077	++++	++++	35
	H2	70%桦木屑,14.5%玉米芯,14.5%玉米秸	2.58±0.061	+++	+++	38
	H3	50%桦木屑,24.5%玉米芯,24.5%玉米秸	1.98±0.068	+++	+++	46
	H4	30%桦木屑,34.5%玉米芯,34.5%玉米秸	2.16±0.098	+++	+++	43
文冠果组	W1	90%文冠果壳,4.5%玉米芯,4.5%玉米秸	—	—	—	—
	W2	70%文冠果壳,14.5%玉米芯,14.5%玉米秸	1.81±0.058	+	++	63
	W3	50%文冠果壳,24.5%玉米芯,24.5%玉米秸	1.96±0.142	++	++	59
	W4	30%文冠果壳,34.5%玉米芯,34.5%玉米秸	2.33±0.096	++++	++++	45
苹果木组	P1	90%苹果木屑,4.5%玉米芯,4.5%玉米秸	2.31±0.035	++++	++++	38
	P2	70%苹果木屑,14.5%玉米芯,14.5%玉米秸	2.39±0.183	+++	+++	36
	P3	50%苹果木屑,24.5%玉米芯,24.5%玉米秸	2.00±0.105	+++	+++	44

续表

主料组	编号	配方	平均生长速度（mm/天）	菌丝长势	均匀度	满管时间/天
	P4	30%苹果木屑,34.5%玉米芯,34.5%玉米秸	1.69±0.044	+++	+++	49
桃木组	T1	90%桃木屑,4.5%玉米芯,4.5%玉米秸	2.34±0.095	++++	++++	43
	T2	70%桃木屑,14.5%玉米芯,14.5%玉米秸	1.83±0.116	++++	++++	47
	T3	50%桃木屑,24.5%玉米芯,24.5%玉米秸	2.48±0.143	+++	++++	38
	T4	30%桃木屑,34.5%玉米芯,34.5%玉米秸	2.66±0.102	+++	++++	35
樱桃木组	YT1	90%樱桃木屑,4.5%玉米芯,4.5%玉米秸	2.15±0.103	++++	++++	40
	YT2	70%樱桃木屑,14.5%玉米芯,14.5%玉米秸	1.71±0.125	+++	+++	50
	YT3	50%樱桃木屑,24.5%玉米芯,24.5%玉米秸	2.37±0.102	+++	+++	36
	YT4	30%樱桃木屑,34.5%玉米芯,34.5%玉米秸	1.95±0.082	+++	+++	45

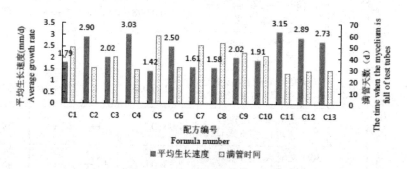

图5-1 纯料组配方对酒红球盖菇菌丝生长的影响

由表5-5和图5-1可以看出菌丝在W1中未见生长,纯料组中长满管的时间以桃木屑生长速度最快(27天),依次为樱桃木屑(29天)、桑枝木屑(30天)、杂木屑(30天)、稻壳(31天)、玉米芯(32天)、杨木屑(41天)、苹果木屑(42天)、桦树木屑(45天),生长缓慢的为文冠果壳(59天)、棉籽壳(53天)、麦秸(51天)、玉米秸(49天);前3个配方菌丝长势旺盛,菌丝生长均匀,而稻壳菌丝长势和均匀度都次之;杂木屑虽然长速较快,但是菌丝长势和均匀度都较差。玉米芯和桦木屑虽然长速较慢但是其菌丝生长情况都较好;由此得出在选用99%纯栽培基质时应首选桃木屑、樱桃木屑、桑木屑、杨木屑、稻壳、桦木屑、玉米芯、苹果木屑;其次为玉米秸、麦秸、杂木屑,纯度为99%棉籽壳和99%文冠果壳不适宜作为酒红球盖菇的栽培基质。

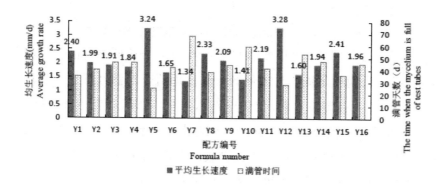

图5-2 杨树木屑组配方对酒红球盖菇菌丝生长的影响

由表5-5和图5-2可以看出以杨木屑为主料的杨木组,从总体长势可以看出,以杨木屑+玉米芯+稻壳的组合最好,其次是杨木屑+玉米芯+玉米秸的组合,再次是杨木屑+玉米芯+香菇菌棒的组合,以杨木屑+麦秸+玉米秸的组合最差。Y5(在杨木屑+玉米芯+稻壳的组合中,以50%杨树木屑,24.5%玉米芯,24.5%稻壳)的组合最好,菌丝生长速度最快(25天),菌丝生长旺盛,长势均匀。其长势与Y12的组合相近。在杨木屑+玉米芯+玉米秸的组合中,以Y1(90%杨木屑,4.5%玉米芯,4.5%玉米秸)菌丝生长最快(35天),Y2长速和长势都弱于Y1;杨木屑+麦秸+玉米秸的配方最差,由此得出,以杨木屑为主料的配方中可选用杨木屑+玉米芯+稻壳和杨木屑+玉米芯+玉米秸的组合。

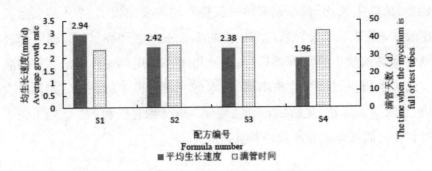

图5-3 桑树木屑组配方对酒红球盖菇菌丝生长的影响

由表5-5和图5-3可以看出在桑木组中,4个比例组合的配方菌丝生长都较好,说明不同桑枝木屑的含量比均适合对酒红球盖菇菌丝的生长,S1(其中90%桑木屑,4.5%玉米芯,4.5%玉米秸)菌丝长势旺盛,生长速度快(33天),S2次之(36天),S4生长速度慢(44天),其菌丝长势旺盛。综合纯料组实验部分得出桑枝木屑有利于酒红球盖菇菌丝生长,高含量的桑枝木屑可缩短发菌时间和栽培周期。

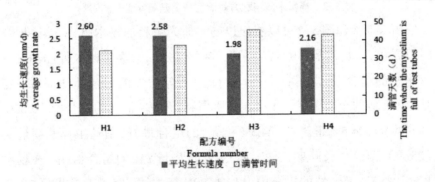

图5-4 桦木组配方对酒红球盖菇菌丝生长的影响

由表5-5和图5-4可以看出桦树木屑组中,其中H1(90%桦木屑,4.5%玉米芯,4.5%玉米秸)菌丝长势较好,生长速度较快(35天),H2次之(38天),H3最差(46天),但四个配方间差距不大。

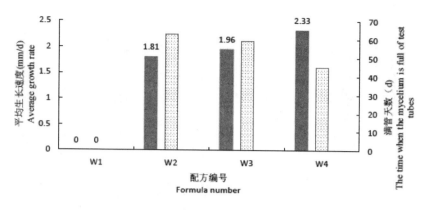

图5-5 文冠果组配方对酒红球盖菇菌丝生长的影响

由表5-5和图5-5可以看出文冠果组中整体生长情况较差,其中以W4(30% 文冠果壳,34.5%玉米芯,34.5%玉米秸)长速和长势都较好(45天),W1最差,未见生长,由此得出文冠果含量比例越高长势越差。

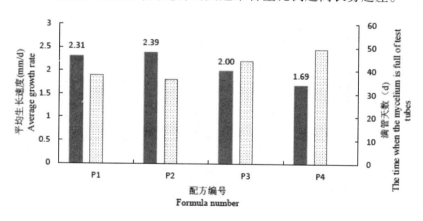

图5-6 苹果木屑组配方对酒红球盖菇菌丝生长的影响

由表5-5和图5-6可以看出苹果木屑组中P2(70%苹果木屑,14.5%玉米芯,14.5%玉米秸)的菌丝长势较好,生长速度较快(36天),P1次之(38天),P4菌丝生长情况最差(49天)。

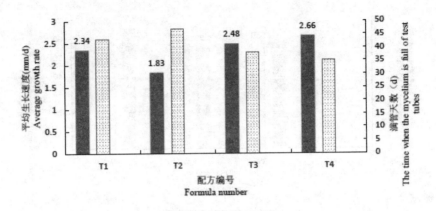

图5-7　桃木屑组配方对酒红球盖菇菌丝生长的影响

由表5-5和图5-7可以看出桃木屑组中T4(30%桃木屑,34.5%玉米芯,34.5%玉米秸)菌丝长势较好,生长速度较快(35天),T3次之(38天),但与T4差距较小,T2(47天)菌丝生长情况最差。

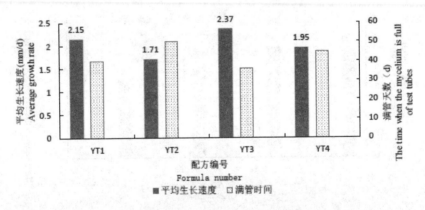

图5-8　樱桃木屑组配方对酒红球盖菇菌丝生长的影响

由表5-5和图5-8可以看出樱桃木屑组中YT3(50%樱桃木屑,24.5%玉米芯,24.5%玉米秸)菌丝长势较好,生长速度较快(36天),YT1次之(40天),YT2菌丝生长情况最差(50天)。

(二)不同栽培基质对酒红球盖菇产量及质量的影响

表5-6为不同培养基质对酒红球盖菇产量及质量的影响,由图5-9和表5-6可以看出总产量最高的是配方Y5(50%杨木屑,24.5%玉米芯,

24.5稻壳)，其产量为5037.40kg/666.7m²；其次是配方H1（90% 桦木屑，24.5% 玉米芯，24.5 玉米秸），其产量为4917.25kg/666.7m²；第三为配方Y1（90% 杨木屑，4.5% 玉米秸，4.5% 玉米芯），其产量为 4734.80kg/666.7m²；再次是C6（99% 玉米芯），其产量为4601.30kg/666.7m²这四种配方产量较为接近。一级菇产量最高的为配方Y1（90% 杨树木屑，4.5% 玉米芯，4.5% 玉米秸），其次为配方H1（90% 桦树木屑，4.5% 玉米芯，4.5% 玉米秸），第3为Y5（50% 杨树木屑，24.5% 玉米芯，24.5% 稻壳），由此可以看，出栽培基质中添加木屑可以提高产量和质量。从发菌时间及第一潮菇出菇的时间上看，排在第一位为H1，分别为75天、125天，其次为配方Y1和P2，均为100天、130天，但配方P2的产量较低，为6.25/m²，这与上述试验的结果有差距，分析其原因，发菌时菌床有污染菌；配方C4和S1为桑树木屑为主料的，这两配方在上述试验中的表现不相符，这与出菇期较晚，撰写论文时，产量统计不全有较大的关系。

表5-6　不同培养基质对酒红球盖菇生长和产量的影响

配方	定植时间/天	菌丝长满时间/天	出菇时间/天	一级菇均产量（kg/m²）	二级菇均产量(kg/m²)	总产量（kg/m²）	均亩产（kg/m²）	增长率
Ck	10	111	142	2.00±0.356	3.25±0.273	7.23±0.116bc	3217.35	—
C1	10	124	160	0.64±0.43	4.19±0.849	6.78±0.355ab	3017.10	−6.2
C2	9	106	140	1.86±0.643	2.97±0.807	7.09±0.715bc	3155.05	−1.9
C4	8	105	138	1.26±0.781	2.98±0.929	6.93±0.775ab	3083.85	−4.1
C6	10	119	146	0.65±0.082	7.63±0.889	10.34±0.934c	4601.30	43.0
Y1	5	100	130	2.23±0.828	5.15±1.574	10.64±0.890c	4734.80	47.2
Y5	8	103	132	1.84±0.348	8.37±0.341	11.32±0.702c	5037.40	56.6
S1	10	109	142	1.48±0.128	4.04±0.654	7.56±0.019bc	3364.20	4.6
H1	5	75	125	2.21±0.711	6.38±0.618	11.05±0.867c	4917.25	52.8
W4	12	130	165	0.68±0.445	2.08±0.060	4.07±0.450a	1811.15	−43.7
P2	7	100	130	0.90±0.241	3.82±0.347	6.25±0.349ab	2781.25	−13.6

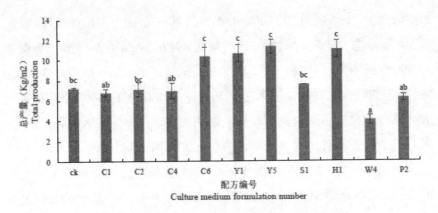

图5-9　不同培养基质对酒红球盖菇产量的影响

（三）不同栽培基质胞外酶活性研究

表5-7为4种栽培基质中胞外酶活性的最高值、最低值和平均值，图5-10为C2培养基25天内酶活性的变化曲线，由这四个表中可以看出C2（99%稻壳）的配方中羧甲基纤维素酶最高值为0.083U，最低值为0.010U，平均值为0.048U；滤纸纤维素酶最高值为0.820U，最低值为0.020U，平均值为0.052U；半纤维素酶最高值0.053U，最低值0.022U，平均值0.033U；漆酶最高值为0.013，最低值为0.003，平均值为0.007U。由图5-10可以看出羧甲基纤维素酶、滤纸纤维素酶、半纤维素酶的都是在第15天左右达到峰值，随后下降，在第18天左右胞外酶上升，20天左右时再次下降；漆酶酶活性变化较小，在第10天达到最低值，随后上升，20天后继续下降。

表5-7　4种栽培基质中胞外酶活性

编号	羧甲基纤维素酶酶活（U）			滤纸纤维素酶酶活（U）			半纤维素酶酶活（U）			漆酶酶活（U）		
	最高值	最低值	平均值	最高值	最低值	平均值	最高值	最低值	平均值	最高值	最低值	平均值
C2	0.083	0.010	0.048	0.820	0.020	0.052	0.053	0.022	0.033	0.013	0.003	0.007
C3	0.055	0.008	0.034	0.068	0.016	0.048	0.045	0.020	0.030	0.049	0.007	0.025
C4	0.058	0.009	0.035	0.084	0.033	0.060	0.034	0.022	0.029	0.045	0.005	0.023
Y5	0.085	0.017	0.053	0.116	0.042	0.073	0.045	0.020	0.034	0.063	0.009	0.035

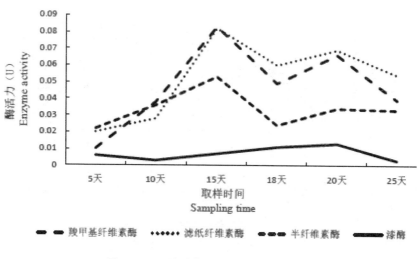

图5-10 C2栽培基质中胞外酶活性变化

图5-11为C3培养基25天内酶活性的变化曲线,由表5-7可以看出C3(99%杨木屑)羧甲基纤维素酶最高值为0.055U,最低值为0.008U,平均值为0.034U;滤纸纤维素酶的最高值为0.068U最低值为0.016U,平均值为0.048U;半纤维素酶的最高值为0.045U,最低值为0.020U,平均值为0.030U;漆酶最高值0.049U,最低值0.007U,平均值为0.025U。由图5-11可以看出滤纸纤维素酶、半纤维素酶、漆酶在第10天左右出现第1个峰值,随后下降,在18天左右再次上升,20天左右再次下降;羧甲基纤维素酶在第15天左右达到峰值,随后下降,在18天左右再次上升,20天左右再次下降。C3羧甲基纤维素酶、滤纸纤维素酶、半纤维素酶酶活性都低于C2,漆酶酶活性高于C2,因为稻壳纤维素含量高于杨木屑,而木质素含量低于杨木屑。

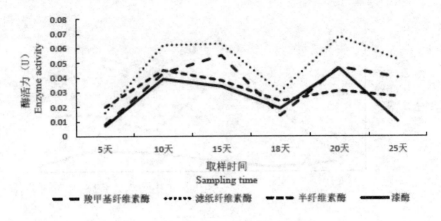

图5-11　C3栽培基质中胞外酶活性变化

图5-12为C4培养基25天内酶活性的变化曲线,由表5-7可以看C4(99%桑枝)羧甲基纤维素酶最高值为0.058U,最低值为0.009U,平均值为0.035U;滤纸纤维素酶最高值为0.084U,最低值为0.033U,平均值为0.060U;半纤维素最高值为0.034U,最低值为0.022U,平均值为0.029U;漆酶最高值为0.045U,最低值为0.005U,平均值为0.023U。由图5-12可以看出羧甲基纤维素酶、滤纸纤维素酶和漆酶都是在15天左右达到峰值,随后下降,在18天左右继续上升,20天左右再次下降;半纤维素酶变化趋势较小,总体来看是先上升后下降。C4羧甲基纤维素酶和滤纸纤维素酶值都高于C3,漆酶低于C3,因为桑枝为木本灌木,其纤维素含量高于杨木。

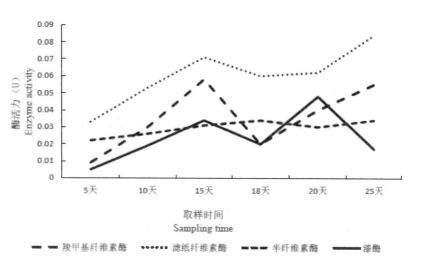

图5-12 C4栽培基质中胞外酶活性变化

图5-13为Y5培养基25天内酶活性的变化曲线,由表5-7可以看Y5(50%杨木屑,24.5%玉米芯,24.5%稻壳)羧甲基纤维素酶最高值为0.085U,最低值为0.017U,平均值0.053U;滤纸纤维素酶最高值0.116U,最低值为0.042U,平均值为0.073U;半纤维素酶最高值为0.045U,最低值为0.020U,平均值0.034U;漆酶最高值0.063U,最低值为0.009U,平均值0.035U。由图5-13可以看出羧甲基纤维素酶、滤纸纤维素酶和漆酶都是先上升,在15天左右达到峰值,随后下降,在18天左右再次上升,20天左右继续下降;半纤维素酶变化趋势较小,先上升后下降。Y5中4种酶活性都最高。

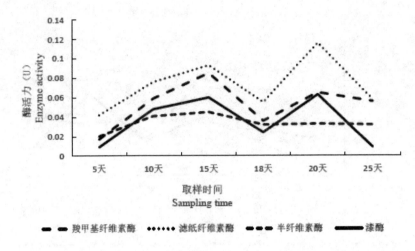

图5-13　Y5栽培基质中胞外酶活性变化

不同栽培基质对酒红球盖菇胞外酶的产生有一定诱导作用,4个配方中纤维素酶最高值、均值均高,且比漆酶出现早,说明酒红球盖菇首选的碳源为纤维素,菌丝在纯木屑及含有木屑的配方中,漆酶的活性明显增加,显示出酒红球盖菇与其他草腐菌有着明显差别,对其木质素的碳源也能很好利用,尤其是在纤维素和木质素混合基质的配方中表现出 4 中酶的均值明显高于其他 3 个配方,这与对菌丝生长的影响和林地出菇的产量试验结果是一致(Y5菌丝生长速度为 3.24mm/d,产量为 11.32kg/m²,C2菌丝生长速度为 2.90mm/d,产量为 7.09kg/m²,C3菌丝平均生长速度为 2.02mm/d,C4菌丝生长速度为 3.03mm/d,产量为 6.93kg/m²),由此可以看出增加木质素含量可以加快菌丝生长速度和提高产量,研究结果表明了酒红球盖菇不同于其他草腐菌,对木质素和纤维素利用均较好;两类碳源混合的配方更有利于菌丝的生长,其原因为混合料各类营养更丰富,更有利于菌素生长,提高产量及质量,此研究为酒红球盖菇栽培基质充分利用提供了理论依据。

(四)影响菌丝生长基质三因素正交分析实验

表 5-8 为基质不同处理正交试验结果,表 5-9 为正交试验方差分析,由表 5-8 和图 5-14 可以看出,含水量70%、接种量3个直径4mm的菌

饼、颗粒度3~5mm时长速最快,含水量65%、接种量3个菌饼、颗粒度<2mm时次之。编号1、2、3、6、8未见生长,其主要原因为含水量较低影响酒红球盖菇萌发。由表5-9分析得出含水量间F=4.998,P=0.045<0.05,接种量间F=0.216,P=0.882>0.05,颗粒度间F=9.783,P=0.010<0.05,由此可以看含水量和颗粒度对酒红球盖菇菌丝生长速度影响显著,正交结果得出对酒红球盖菇菌丝生长快慢影响程度依次是颗粒度>含水量>接种量,所以,在对酒红球盖菇栽培基质选择时,应注意其料粉碎程度,其次应注意酒红球盖菇栽培基质含水量,含水量应控制在65%~70%之间。

表5-8 栽培基质不同处理正交试验结果

编号	含水量(%)	接种量(个)	颗粒度(mm)	平均生长速度(mm/d)
1	55	1	7~10	—
2	55	3	5~7	—
3	55	5	3~5	—
4	55	7	<2	2.38±0.887bcd
5	60	1	5~7	1.00±0.200ab
6	60	3	7~10	—
7	60	5	<2	2.88±0.313cd
8	60	7	3~5	—
9	65	1	3~5	1.44±0.077abc
10	65	3	<2	3.31±0.409d
11	65	5	7~10	1.39±0.575abc
12	65	7	5~7	0.34±0.065a
13	70	1	<2	3.29±0.031d
14	70	3	3~5	3.38±0.017bcd
15	70	5	5~7	2.22±0.380bcd
16	70	7	7~10	2.27±0.267abc

表5-9 栽培基质不同处理方差分析表

Source	Type Ⅲ Sum of Squares	df	Mean Square	F	Sig.
Corrected Model	22.583ᵃ	9	2.509	4.999	.032
	36.120	1	36.120	71.964	.000
含水量	7.526	3	2.509	4.998	.045
接种量	.325	3	.108	.216	.882
颗粒度	14.731	3	4.910	9.783	.010
Error	3.012	6	.502		
Total	61.714	16			
Corrected Total	25.594	15			

a.R Squared=.882（Adjusted R Squared=.706）

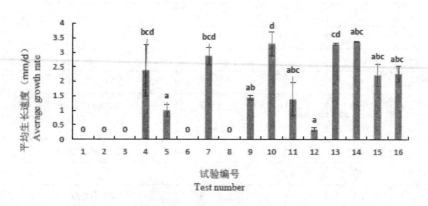

图5-14 影响菌丝生长三因素不同处理正交试验结果

四、讨论

1.不同栽培基质配方对酒红球盖菇生长发育的影响。我国农林业生产废弃物众多,在酒红球盖菇栽培基质筛选方面主要局限在农作物秸秆较多,但由于栽培基质小地域性较强,其栽培基质运输成本高;随着酒红球盖菇栽培面积逐年增多,栽培原料需求不断增加,本试验收集14种栽培基质设计了53个配方,涵盖甘肃地区大部分的农林业废弃物,其研究结果为栽培基质中添加木屑来明显的增加酒红球盖菇产量和质量,这也证实了赵洁筛选出麦秸秆、树叶和木屑混合料配方产量较高依据,与侯志江利用稻草、谷壳和亚麻屑混合栽培效果最好的结果较为相似。本试验筛选出的高产配方,并首次将酒红球盖菇在不同基质上菌丝生长、出菇的产量、质量及胞外酶活性相结合理论分析,为酒红球盖菇优质高产栽培技术提供理论依据,对该产业健康快速发展具有较大的指导意义。

2.栽培基质主要三因素对菌丝生长情况的影响。近年来研究表明,酒红球盖菇菌丝在基质含水量为65%～85%的条件下都能正常生长,最适含水量为70%～75%。闫培生等报道,麦草培养基含水量为55%～60%时,菌丝微生长,达75%时,菌丝生长最快,最健壮。为了明确栽培基质最适含水量及最适颗粒度,为生产栽培基质选择提供依据,本试验以影响酒红球盖菇生长的三个因素设计三因素四水平正交试验,其结果是含水量70%,接种量3个菌饼,颗粒度3～5mm时生长速度最快。其次是含水量65%,接种量3个菌饼,颗粒度<2mm,两个处理生长速度相差较小,根据处理结果可以看出,菌丝生长情况与含水量和颗粒度差异性极显著,当颗粒度在3～5mm时其通气性比颗粒度<2mm时通气性好,当颗粒度在3～5mm时其中物质比5～7mm和>7mm时易于酒红球盖菇分解生长,可以有效解决酒红球盖菇栽培菌丝生长缓慢的问题。

3.不同栽培基质配方胞外酶的含量。在食用菌胞外酶研究方面,国内外的研究方向主要集中在生长期胞外酶的变化趋势,如金针菇和桦褐孔菌等的胞外酶研究,都是研究其胞外酶在生长期内的变化趋势,孙萌对不同栽培基质的胞外酶进行了研究,得出酒红球盖菇菌株在不同培养料中均能检测出羧甲基纤维素酶、滤纸纤维素酶、葡萄糖苷酶、半纤维素酶和漆酶活性,并且在菌丝生长期和子实体成熟期酶活性较强,但是其并未对不同种类胞外酶进行对比。

酒红球盖菇为草腐菌,但近年来许多试验证明酒红球盖菇也可以在木屑为主料的栽培基质上生长,本试验对4种不同配方的栽培基质生长过程中的胞外酶进行测定,但每种栽培基质中都是纤维素酶系活性最高,漆酶活性最低;50%杨木屑三类酶活性都最高,99%稻壳配方中漆酶活性最低,99%杨木屑中纤维素酶活性最低;初始时所有配方中半纤维素酶活性都较高,半纤维素酶主要作用是分解细胞壁,细胞壁分解后更容易使酒红球盖菇菌丝生长。从四种栽培基质胞外酶测定总体来看可以看出酒红球盖菇与其他草腐菌有明显区别,可以在纯木屑中生长出菇,因此纤维素中加一定量的木质素可以加快酒红球盖菇生长。

第二节 不同培养基配方对酒红球盖菇菌丝生长的影响

一、不同培养基配方对酒红球盖菇母种菌丝生长的影响

(一)材料

1.器材。主要器材有:超净工作台、电子天平、电热炉、恒温培养箱、高压蒸汽灭菌锅、DF205型电热鼓风干燥箱、20mL试管、酒精灯、麦芽糖、丙三醇、无水乙醇、甘露醇、玉米粉、葡萄糖、小麦粉、甘氨酸、硝酸铵、硫酸铵、大米粉、碳酸铵、马铃薯、氯化铵、天冬酰胺、谷氨酸、谷氨酰胺、尿素、酵母膏、蔗糖、牛肉膏、硫酸镁、琼脂粉、磷酸二氢钾。

2.菌株来源。菌株来源是由广西民族师范学院广西真菌资源研究所提供。

3.培养基。有以下2种培养基。

培养基1:PDA加富培养基、硫酸镁0.5g、磷酸二氢钾1g、葡萄糖20g、琼脂粉20g、去皮马铃薯200g、蒸馏水1000mL、pH自然。

培养基2:葡萄糖20g、磷酸二氢钾1g、尿素2g、硫酸镁0.5g、琼脂粉24g、蒸馏水1000mL、pH自然。

(二)研究方法

试验于2017年11月25日至12月15日在广西民族师范学院理科楼广西真菌遗传育种实验室进行,试验采用微生物平板培养法,通过测定不同培养基上菌丝长势、生长指数、菌落直径、菌落形成时间、菌落长

势、菌丝生长速度等指标来研究不同培养基配方对酒红球盖菇菌丝生长的影响,将培养基按15mL的规格盛装在直径为90mm的培养皿中,每个平板的中心位置定量接种米粒大的菌柄1块,在培养箱中培养3d,相对湿度60%～75%、温度20℃,十字交叉划线法标记1次菌落直径的时间间隔为1d,持续标记3次,记录菌丝日均长速和菌丝长度。每个配方10个重复,注意记录霉变情况,对霉变的平板要及时处理。

1.不同碳源对酒红球盖菇菌丝生长的影响。常用的碳源有小麦粉、玉米粉、大米粉、麦芽糖、葡萄糖、蔗糖、甘露醇、丙三醇8种,分别以等量的上述7种碳源替代培养基1中的葡萄糖,以培养基1为对照组,研究不同碳源物质对酒红球盖菇菌丝生长的影响。

2.不同氮源对酒红球盖菇菌丝生长的影响。常用的氮源有谷氨酸、牛肉膏、硝酸铵、碳酸铵、天冬酰胺、酵母膏、甘氨酸、硫酸铵、硝酸钾、氯化铵、谷氨酰胺11种,分别以等量的上述11种氮源替代培养基2中的尿素,以培养基2为对照组,研究酒红球盖菇菌丝在不同氮源物质生长下的影响。

3.测定指标与方法。

(1)菌落直径(mm):用游标卡尺任意测量3次,求3次数据的平均值。

(2)菌丝生长指数:菌丝生长指数＝菌丝长势评分×菌丝生长速率(mm/d)。

(3)菌丝日均长速:菌丝日均长速(mm/d)＝[(菌落直径－6mm)/2]/培养天数,取10个重复的平均值。

(4)记录菌丝满管天数、生长速度、生长势、形成气生菌丝的多少、满管天数及密度等指标。

4.数据分析。采用DPS7.05统计软件将试验数据进行新复极差法分析。

(三)结果与分析

1.酒红球盖菇菌丝生长对培养基不同碳源的响应。表5-10结果表明,以酒红球盖菇的菌丝在单糖类中以CK培养基中,其菌丝生长速度最快为1.41mm/d,满管天数最短为9d,生长势最强,菌丝生长指数最大为46.73,气生菌丝多,丙三醇菌丝生长速度最慢为1.03mm/d,满管天数最长为12d,生长势最强,菌丝生长指数最小为29.76,气生菌丝多;在以麦芽糖为碳源的培养基中生长速度慢于蔗糖0.03mm/d,同样菌丝生长指数也小于蔗糖9.22,但其他指标如满管天数、菌丝生长势和气生菌丝等指标都相同。菌丝生长速度顺序为CK>蔗糖>麦芽糖>小麦粉>玉米粉>大米粉>甘露醇>丙三醇,糖类>淀粉类>醇类,生长指数和生长速度在各碳源之间丙三醇和甘露醇与CK差异达极显著水平,大米粉与CK差异达显著水平,其他各个碳源之间差异均不显著。

表5-10 酒红球盖菇菌丝生长对不同碳源的响应

碳源	生长速度(mm/d)	满管天数(d)	生长势	菌丝生长指数	气生菌丝
小麦粉	1.29±0.09abA	11	++	37.82±8.24aA	较多
玉米粉	1.24±0.06abA	11	++	34.54±6.16abA	较多
大米粉	1.14±0.03bAB	11	+++	33.05±6.05bAB	较多
麦芽糖	1.33±0.03aA	10	+++	38.53±7.33aA	多
蔗糖	1.36±0.04aA	10	+++	41.75±7.83aA	多
CK	1.41±0.30aA	9	+++	46.73±7.16aA	多
丙三醇	1.03±0.02bBC	12	+	29.76±4.02bcB	少
甘露醇	1.06±0.03bBC	12	+	30.63±6.04bcB	少

注:+、++、+++分别表示菌丝的生长势为弱、较强、强;a=0.05的显著水平,A=0.01的极显著水平,b=0.05的显著水平,下同。

2.酒红球盖菇菌丝生长对培养基不同氮源的响应。表5-11结果表明,酒红球盖菇R-4菌株菌丝在有机膏类中以酵母膏为氮源的培养基上,其菌丝生长速度最快为2.10mm/d,菌丝长满试管的天数最短为5d,生长势强,菌丝生长指数最大为43.56,气生菌丝较多,牛肉膏次之,天冬酰胺菌丝生长速度最慢为0.90mm/d,菌丝长满试管的天数最长为8d,生长势强,菌丝生长指数最小为11.73,气生菌丝少,且菌丝生长速度比酵母膏极显著减慢52.86%(P<0.01)、菌丝长满试管的天数比酵母膏延迟

60%、菌丝生长指数酵母膏极显著减小73.07%（P<0.01）。在以含氮的无机盐为氮源的培养基中，菌丝生长速度顺序依次为尿素＞硝酸钾＞碳酸铵＞硝酸铵＞氯化铵＞硫酸铵，其中尿素在所有氮源中位列第三。酒红球盖菇菌丝在所有试验氮源上的生长顺序依次为酵母膏＞牛肉膏＞CK＞硝酸钾＞碳酸铵＞硝酸铵＞氯化铵＞硫酸铵＞甘氨酸＞谷氨酸＞谷氨酰胺＞天冬酰胺；在各氮源影响下，菌丝生长速度差异较大，且谷氨酸和天冬酰铵为氮源的培养基上酒红球盖菇菌丝生长速度、生长指数比在其他培养基上差异达到了极显著水平。

表5-11 酒红球盖菇菌丝生长对不同氮源对的响应

氮源	生长速度（mm/d）	满管天数（d）	生长势	菌丝生长指数	气生菌丝
谷氨酸	0.99±0.05bAB	7	++	31.65±4.26abA	较少
甘氨酸	1.02±0.15bAB	7	++	31.56±4.44abA	较少
牛肉膏	2.07±0.22aA	5	+++	40.93±5.79aA	较多
酵母膏	2.10±0.11aA	5	+++	43.56±7.61aA	较多
硝酸铵	1.24±0.14abAB	6	+++	37.02±8.49aA	多
硝酸钾	1.55±0.15aA	6	+++	34.44±9.41aA	多
硫酸铵	1.14±0.01abA	7	+++	28.96±6.32bAB	较少
碳酸铵	1.26±0.13abA	6	+++	21.33±5.79bcBC	多
氯化铵	1.23±0.09abAB	7	++	21.63±5.94bB	多
谷氨酰胺	0.97±0.051bB	8	+	15.89±5.71cC	少
天冬酰胺	0.90±0.04bB	8	+	11.73±2.86cC	少
CK	1.83±0.21aA	5	+++	38.43±8.79aA	多

3.酒红球盖菇菌落生长对培养基不同碳源对的响应。表5-12结果表明，酒红球盖菇菌落的形成对葡萄糖和7种供试碳源均能利用，但在不同培养基上菌落特征差异较大，其中在大米粉、甘露醇的培养基中菌落正面和背面均为灰白色，在其他的碳源中均为灰白色；CK培养基上，菌落的生长速率最大为9.75mm/d，菌落直径也最大为50.22mm，长势也强。所以葡萄糖是酒红球盖菇菌落生长和形成的最优碳源；其次为蔗糖和麦芽糖，其生长速率和菌落直径分别为8.84mm/d、8.68mm/d 和

40.22mm/d、39.05mm/d；最差的碳源为甘露醇。所有碳源的菌落形成和生长状况的优劣顺序依次为CK＞蔗糖＞麦芽糖＞小麦粉＞玉米粉＞大米粉＞丙三醇＞甘露醇。

表5-12　酒红球盖菇菌落生长不同碳源对的响应

碳源	菌落特征				
	颜色		菌落长势	生长速 （mm/d）	菌落直径 （mm）
	正面	背面			
小麦粉	白色	白色	+++	8.42	35.55
玉米粉	白色	白色	+++	8.28	34.89
大米粉	灰白色	灰白色	+++	7.93	32.48
麦芽糖	白红	白红	++	8.68	39.05
蔗糖	白色	白色	++	8.84	40.22
甘露醇	灰白色	灰白色	+	6.21	28.36
丙三醇	灰白色	灰白色	+	6.47	30.05
CK	白色	白色	+++	9.75	50.22

注：+、++、+++分别表示菌落的生长势为弱、较强、强，下同。

4.不同培养基氮源对酒红球盖菇菌落生长的影响。表5-13结果表明，11种供试氮源和尿素对酒红球盖菇菌落特征的形成是有区别的，其中在以牛肉膏、酵母膏、硫酸铵和氯化铵为氮源的培养基中，菌落的特征是背面和正面颜色白色，其他氮源的颜色正面和背面均为灰白色；菌核在以酵母膏为氮源的培养基上生长最快，生长速率为14.12mm/d菌落直径同样最大为52.54mm，比最差的天冬酰胺碳源分别提高和增加了243.55%和186.17%，其菌落长势也强，因此酵母膏是酒红球盖菇菌落形成和生长的最优氮源；其次为牛肉膏，其生长速率和菌落直径分别为13.46mm/d和51.22mm，也比天冬酰胺的碳源分别提高和增加了227.49%和138.79%。所有氮源的菌落形成和生长状况的优劣顺序依次也为酵母膏＞牛肉膏＞CK＞硝酸铵＞硝酸钾＞碳酸铵＞氯化铵＞硫酸铵＞甘氨酸＞谷氨酸＞谷氨酰胺＞天冬酰胺。

表5-13　酒红球盖菇菌落生长对不同氮源对的响应

氮源	菌落特征				
	颜色		菌落长势	生长速率(mm/d)	菌落直径（mm）
	正面	背面			
谷氨酸	灰白色	灰白色	++	5.05	40.25
甘氨酸	灰白色	灰白色	++	5.33	40.25
牛肉膏	白色	白色	+++	13.46	51.22
酵母膏	白色	白色	+++	14.12	52.54
硝酸铵	灰白红	灰白红	+++	12.23	44.98
硝酸钾	灰白色	灰白色	+++	10.35	40.36
硫酸铵	灰白色	灰白色	++	5.62	33.05
碳酸铵	白色	白色	+++	7.75	32.48
氯化铵	白色	白色	+++	6.34	26.29
谷氨酰胺	灰白色	灰白色	+	4.24	21.45
天冬酰胺	灰白色	灰白色	+	4.11	18.36
CK	白色	白色	+++	13.03	45.88

（四）讨论与结论

综合上述试验分析,酒红球盖菇均能利用本论文中供试的7种碳源,其中单糖类是酒红球盖菇菌核生长、菌落形成和菌丝生长的最优碳源,其次为禾本科淀粉类,最差的是有机醇类,其中糖类的优劣顺序依次是葡萄糖＞蔗糖＞麦芽糖;禾本科淀粉类的优劣顺序依次是小麦粉＞玉米粉＞大米粉;有机醇类的优劣顺序是丙三醇＞甘露醇。酒红球盖菇对11种供试氮源也是可利的,其中有机膏类是酒红球盖菇菌丝生长菌落形成及菌核生长的最优氮源,其次是含氮的无机盐类,再次是氨基酸类,酰胺类是酒红球盖菇最差的氮源,其中有机膏类的优劣顺序依次是酵母膏＞牛肉膏;含氮的无机盐类的优劣顺序依次是尿素＞硝酸钾＞硝酸铵＞碳酸铵＞氯化铵＞硫酸铵;氨基酸类的优劣顺序依次是甘氨酸＞谷氨酸;酰胺类的优劣顺序依次是谷氨酰胺＞天冬酰胺。王桂芹等人的研究结果表明蔗糖是酒红球盖菇菌丝生长的最优碳源,蛋白胨和硝酸铵是最优氮源,与本研究结果不一致的原因是王桂芹等人的研究所设的碳源和氮源都较少,氮在关于食用菌氮源的研究中,与各个研究人员的结论存在较大差异,原因可能是种类不同所以对氮源的要求也不同;宫志远等人的研究结果表明酒红球盖菇菌丝生长的最优氮源和最优碳源分别是蛋白胨和葡萄糖,这与本研究的部分结果相同,是因为所设的氮源和碳源不同;陈斌等人的研究结果表明酒红球盖菇有较广的氮源适应性,在添加无机氮源的培养基中各项指标都劣于在添加有机氮源的培养基中的各项指标,且当有机氮源中添加蛋白胨的培养基菌丝生长最好,这一结论与本研究结果基本一致。本文中酵母膏、牛肉膏等培养基上,酒红球盖菇菌丝生长速率较快,而且其菌丝和菌落长势也较强,菌落直径较大,菌核密度、菌丝密度形成天数和满管天数也较短,因此,酵母膏和葡萄糖分别是酒红球盖菇菌丝生长的最优氮源和最优碳源。

二、不同培养基配方对酒红球盖菇原种菌丝生长的影响

(一)材料

1. 器材。主要器材有:超净工作台、电子天平、电热炉、恒温培养箱、高压蒸汽灭菌锅、DF205型电热鼓风干燥箱、酒精灯、棉籽壳、麸皮、石膏、蔗糖、木屑、小麦籽粒、甘蔗渣。

2. 母种来源。酒红球盖菇母种是由广西民族师范学院广西真菌资源研究所自制。

(二)研究方法

试验于2017年4月15日至5月25日在广西民族师范学院理科楼广西真菌遗传育种实验室进行,原种培养基配方共设5个配方处理。

配方1:棉籽壳63%,木屑23%,麸皮15%,石膏1%,白糖1%。

配方2:棉籽壳63%,甘蔗渣23%,麸皮15%,石膏1%,白糖1%。

配方3:小麦籽粒98%,石膏2%。

配方4:小麦籽粒93%,牛粪5%,石膏2%。

配方5：小麦籽粒93%，甘蔗渣5%，石膏2%。

每个处理重复20次。原种采用750mL聚丙烯菌种瓶，每瓶装150g干料，松紧度为上紧下松，高压灭菌2h，冷却至室温时接种，每个配方接20瓶，接种后在27℃培养室黑暗下培养，定时记录菌丝生长速度，观察菌丝形态及其长势，结果作方差分析，综合分析确定最适配方，菌丝长至达到菌种质量标准后，在理科楼楼顶进行箱式栽培。

1.测定指标与方法。

（1）菌丝生长指数：菌丝生长指数＝菌丝长势评分×菌丝生长速率（mm/d）。

（2）菌丝日均长速：菌丝生长速度（mm/d）＝培养料高度（mm)/满瓶时间（d）。取20个重复的平均值。

（3）记录菌丝满瓶天数、生长势。

2.数据分析。采用DPS7.05统计软件将试验数据进行新复极差法分析。

（三）结果与分析

1.不同培养基配方对酒红球盖菇原种菌丝生长速度的影响。图5-15结果表明，小麦配方比棉籽壳配方更有利于小酒红球盖菇菌丝生长；添加甘蔗渣也能加速其菌丝生长。3个小麦配方中，甘蔗渣比牛粪更有利于菌丝生长；配方5的菌丝生长速度最快为2.39mm/d，比配方4的2.33mm/d生长速度提高了2.58%，是因为配方5中含有甘蔗渣。配方2菌丝的生长速度快于配方1，说明配方2中的甘蔗渣比配方1中的木屑更有利于菌丝生。酒红球盖菇菌丝满瓶天数的顺序为配方5＞配方4＞配方3＞配方2＞配方1。直线方程为 $Y=8.0182x$，$R^2=-15.28$，说明培养基配方与菌丝满瓶的时间呈显著正相关。

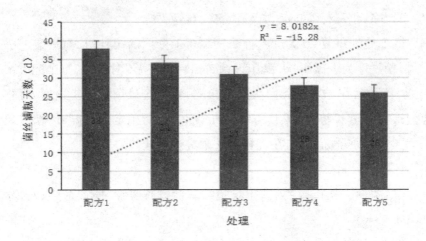

图5-15　不同原种培养基配方对酒红球盖菇菌丝生长影响

2.不同培养基配方对酒红球盖菇原种菌丝满瓶天数的影响。图5-16结果表明,小麦配方比棉籽壳配方菌丝满瓶的时间要显著缩短;在其他成分相同的情况下,添加甘蔗渣也能显著缩短菌丝满瓶的时间。3个小麦配方中,添加了甘蔗渣的配方5比添加了牛粪的配方4菌丝长满菌种瓶的天数缩短了2d;菌丝满瓶时间最长的为配方1,菌丝的时间为38d,比添加了甘蔗渣的配方2延长了5.56%,比时间最短的配方1延长了46.15%;酒红球盖菇菌丝在不同原种培养基配方中的生长速度顺序为配方5<配方4<配方3<配方2<配方1。直线方程为 Y=0.5649x,R^2=0.9501,说明培养基配方与菌丝生长速度成极显著正相关。

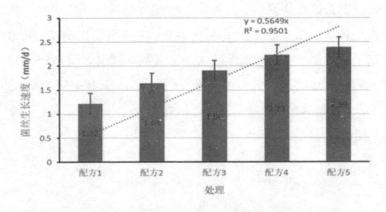

图5-16　不同培养基配方对酒红球盖菇原种菌丝满瓶天数的影响

3.不同培养基配方对酒红球盖菇原种菌丝萌发时间的影响。图5-17结果表明,小麦配方比棉籽壳配方菌丝萌发的时间要显著缩短;在其他成分相同的情况下,添加甘蔗渣显著加快菌丝萌发的时间。3个小麦配方中,添加了甘蔗渣的配方5比添加了牛粪的配方4菌丝萌发的时间缩短了3.42h;配方1菌丝萌发时间最长为58.66h,比添加了甘蔗渣的配方2延长了5.90%,比时间最短的配方5d的40.96h显著延长了43.21%;不同配方酒红球盖菇菌丝萌发时间的顺序为配方5<配方4<配方3<配方2<配方1。直线方程为Y=12.796x,R²=-16.07,说明培养基配方与菌丝萌发时间呈显著正相关。

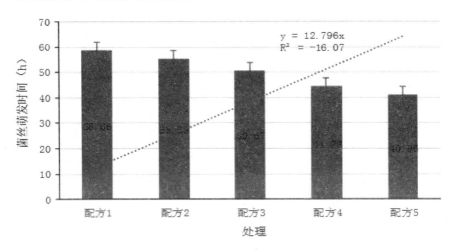

图5-17　不同培养基配方对酒红球盖菇原种菌丝萌发时间的影响

4.不同培养基配方对酒红球盖菇原种菌丝直径的影响。图5-18结果表明,小麦配方比棉籽壳配方菌丝直径显著缩短;在其他成分相同的情况下,添加甘蔗渣显著加快菌丝长得粗壮。3个小麦配方中,添加了甘蔗渣的配方5比添加了牛粪的配方4菌丝直径显著加长1.12mm了3.42h;配方1菌丝直径最短为1.12mm为,比添加了甘蔗渣的配方2的菌丝直径缩短了11.9%,比时间最短的配方5的菌丝直径增加了50%;不同配方酒红球盖菇菌丝萌发时间的顺序为配方5>配方4>配方3>配方2>配方1。直线方程为Y=0.4878x,R²=0.961,说明培养基配方与菌丝萌发时间成极显著正相关。

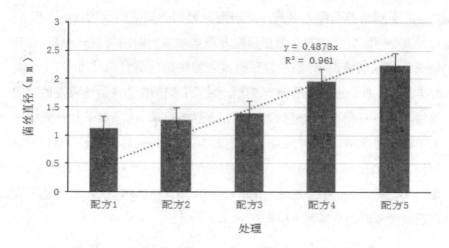

图5-18　不同培养基配方对酒红球盖菇原种菌丝直径的影响

（四）讨论与结论

综合上述试验分析,原种培养基配料为小麦籽粒93%,牛粪5%,石膏2%,小麦籽粒93%和甘蔗渣5%,石膏2%的最佳配方,但由于小麦的成本较高,再加之小麦在制种时的质量标准较高,菌种的污染率也较高,在广西甘蔗渣、作物秸秆、木屑资源都非常丰富,也比较廉价,可以农业实现资源的再循环利用,同时还可以减少焚烧秸秆等造成的环境污染和引发火灾,因此,如果是工厂化栽培,生产条件和仪器设备都比较先进,对菌种的要求标准也高,建议用配方4或配方5,对普通的种植用户,由于是大田种植,可以选原材料来源广泛、便捷的对配方2。

三、不同培养基配方对酒红球盖菇栽培种菌丝生长及产量和品质的影响

（一）材料

1.器材。主要器材有:超净工作台、电子天平、电热炉、恒温培养箱、高压蒸汽灭菌锅、DF205型电热鼓风干燥箱、酒精灯、棉籽壳、麸皮、石膏、蔗糖、木屑、甘蔗渣、玉米秸秆粉、稻草粉。

2.原种来源。酒红球盖原种是由上述实验结果中选出的生长健壮、无杂菌感染、无虫害的优良原种。

(二)研究方法

试验于2018年9月28日至12月27日在广西民族师范学院理科楼广西真菌遗传育种实验室及楼顶进行,栽培种培养基配方共设4个配方处理。

配方1:棉籽壳50%,木屑33%,麸皮15%,石膏1%,白糖1%。

配方2:棉籽壳50%,甘蔗渣33%,麸皮15%,石膏1%,白糖1%。

配方3:稻草50%,甘蔗渣33%,麸皮15%,石膏1%,白糖1%。

配方4:玉米秸秆50%,甘蔗渣33%,麸皮15%,石膏1%,白糖1%。

每个处理重复20次。栽培种采用17cm×34cm聚丙烯塑料袋,每袋装1kg干料,松紧度为上紧下松,高压灭菌2h,冷却至室温时接种,每瓶原种接15袋,每个配方接20袋,接种后在27℃培养室黑暗下培养,定时记录菌丝生长速度,观察菌丝形态及其长势,结果作方差分析,综合分析确定最适配方。第一层为狗牙根草,第二层为甘蔗叶,表面覆盖狗牙根草的铺放模式并选出生长菌丝旺盛、无杂菌感染、无虫的栽培种于11月20日进行箱式栽培试验。

1.测定指标与方法。

(1)菌丝生长指数:菌丝生长指数=菌丝长势评分×菌丝生长速率(mm/d)。

(2)菌丝日均长速:菌丝生长速度(mm/d)=培养料高度(mm)/满袋时间(d)。取20个重复的平均值。

(3)记录菌丝满袋天数、生长势。

(4)菌盖直径(cm):在不同生长时间和收获后用游标卡尺测量被标记的10株酒红球盖菇的菌盖长,取其平均值并算出周长。

(5)收获后测单株鲜重(g)=20株子实体的总鲜重/10。

(6)收获后测单株干重(g)=20株子实体的总干重/10。

(7)收获后测每箱鲜产量(kg)=单株鲜重×每箱采摘的总株数/1000。

(8)收获后测每箱干产量(kg)=单株干重×每箱采摘的总株数/

1000。

2.数据分析。采用DPS7.05统计软件将试验数据进行新复极差法分析。

（三）结果与分析

1.栽培种培养基配方对酒红球盖菇菌丝生长的影响。表5-14结果表明,酒红球盖菇栽培种的菌丝在配方4培养基中,其菌丝生长速度最快为2.68mm/d,长满袋内的天数最短为19d,生长势很强,在接种后的第40.18h菌丝萌发,萌发所需时间最短,菌丝直径也最粗为2.15mm,配方4菌丝生长速度比最慢的配方1加快了87.41%、慢袋天数和菌丝萌发时间比配方1依次提前了36.67%、20.47%;菌丝直径比配方1增加了82.20%。

表5-14　培种培养基配方对酒红球盖菇菌丝生长的影响

栽培种配方	生长速度（mm/d）	满袋天数(d)	生长势	菌丝萌发时间（h）	菌丝直径
配方1	1.43±0.05abA	30	弱	50.52	1.18mm
配方2	1.68±0.05abA	28	较弱	48.67	1.29mm
配方3	2.21±0.01bAB	23	较强	44.92	1.42mm
配方4	2.68±0.06aA	19	很强	40.18	2.15mm

2.栽培种培养基质配方对酒红球盖菇菌盖的影响。随着酒红球盖菇菌盖菇生长发育的推进,菌盖在逐渐长大,且呈现出由快变慢的变化趋势(表5-15)。稻草和玉米秸秆配方优于棉籽壳配方,棉籽壳甘蔗渣配方优于甘蔗渣木屑配方。配方4的菌盖生长最快,酒红球盖菇从2018年12月09日生长至2018年12月15日时,仅仅6天的时间菌盖长和菌盖周长分别从4.93cm、15.66cm依次长至6.25cm和25.84cm,长幅达到了120.07%和85.37%,12月15日的菌盖直径和周长比同期生长最慢的配方1的依次增加了26.77%和65.06%。酒红球盖菇子实体在同一时期不同栽培种培养基配方下的菌盖长和菌盖周长的顺序依次为配方4>配方3>配方2>配方1。

表5-15 栽培种培养基质配方对酒红球盖菇菌盖的影响

处理	2018年12月09日		2018年12月12日		2018年12月15日	
	菌盖直径/cm	菌盖周长/cm	菌盖直径/cm	菌盖周长/cm	菌盖直径/cm	菌盖周长/cm
配方1	1.61±0.02abA	4.61±0.48abA	1.82±0.02abA	5.33±0.48abA	2.84±0.03abA	13.94±2.37abA
配方2	3.45±0.03abA	10.72±3.12abA	3.86±0.03abA	12.11±3.23abA	3.92±0.04abA	16.16±1.19abA
配方3	3.84±0.02abA	11.14±3.22abA	4.15±0.06abA	13.83±2.19abA	5.04±0.22abA	24.22±3.34abA
配方4	4.93±0.04aA	15.66±2.31aA	4.96±0.07aA	15.76±4.35aA	6.25±0.31aA	25.84±3.28abA

注:同列小写字母表示a=0.05的显著水平,大写字母表示a=0.01的极显著水平,下同。

3.栽培种培养基配方对酒红球盖菇菌柄的影响。随着酒红球盖菇发育进程的推进,菌柄也在长长、长粗(表5-16)。12月9日的生长状况显示,酒红球盖菇菌柄长和直径配方4最长依次为3.55cm和3.06cm,生长至12月15日时菌柄长和直径依次增至6.03cm和8.52cm,增幅依次为69.85%和178.43%,比同期配方1、配方2及配方3依次极显著缩短了63.53%、25.85%和10.79%。4个配方进步长和直径顺序为配方1<配方2<配方3<配方4。方差结果显示,配方4与配方1的菌柄长与菌柄直径差异极显著。

表5-16 栽培种培养基配方对酒红球盖菇菌柄的影响

处理	2018年12月09日		2018年12月12日		2018年12月15日	
	菌柄长/cm	菌柄直径/cm	菌柄长/cm	菌柄直径/cm	菌柄长/cm	菌柄直径/cm
配方1	1.91±0.02bB	1.82±0.02bB	2.88±0.22bB	3.16±1.12bB	3.76±0.09bB	5.21±1.83bB
配方2	2.40±0.04bAB	2.24±0.05bAB	3.35±0.14bAB	4.23±1.03abAB	4.21±1.25bAB	6.77±1.41bA
配方3	2.92±0.01bA	2.71±0.09abA	4.63±1.03abA	5.09±2.45abA	4.96±1.16bA	7.69±1.18abA

续表

处理	2018年12月09日		2018年12月12日		2018年12月15日	
	菌柄长/cm	菌柄直径/cm	菌柄长/cm	菌柄直径/cm	菌柄长/cm	菌柄直径/cm
配方4	3.55±0.05aA	3.06±1.02aA	5.23±0.85aA	5.90±1.16aA	6.03±0.14aA	8.52±1.23aA

4.栽培种培养基质配方对子实体鲜重的影响。表5-17数据显示，随着酒红球盖菇发育进程的推进，子实体不断长大，重量也随着增加。在同一生长时期，子实体配方4的最重，配方1的最轻，4个配方子实体平均单株鲜重依次为配方4＞配方3＞配方2＞配方1。2018年12月17日酒红球盖菇子实体长到采收标准，且子实体配方4的最大也最重为62.38g，配方1的最小也最轻为38.84g，单株鲜重配方4比配方1极显著增加了60.61%，配方1和配方4之间差异极显著，其他各配方之间差异基本不显著。

表5-17 栽培种培养基质配方对酒红球盖菇鲜重的影响

处理	子实体平均单株鲜重(g)		
	2018年12月09日	2018年12月12日	2018年12月17日
配方1	16.21±3.25bB	29.96±6.323bB	38.84±3.94bA
配方2	17.56±4.56abA	32.04±5.43bAB	49.09±4.48bA
配方3	22.75±4.27abA	44.38±2.85bAB	52.13±8.49abA
配方4	25.96±3.99aA	49.07±6.23aA	62.38±8.85aA

5.栽培种培养基配方对子实体干重的影响。表5-18显示，随着酒红球盖菇发育进程的推进，酒红球盖菇鲜重增加，干重也在增加。在同一生长时期，阴干子实体单株重也是配方4的最重，配方1的最轻，4个配方的子实体平均单株干重依次为配方1＜配方2＜配方3＜配方4。2018年12月17日酒红球盖菇子实体生长至采收标准，且配方1的最小最轻为9.58g，配方4的最大最重为13.78g，配方4比配方1的单株干重极显著增加了43.84%，方差分析显示配方4和配方1之间差异极显著。

表5-18 栽培种培养基质配方对酒红球盖菇干重的影响

处理	子实体平均单株干重(g)		
	2018年12月09日	2018年12月12日	2018年12月15日
配方1	4.64±0.29bB	6.23±1.39cA	9.58±1.12cB
配方2	6.15±1.12aAB	8.75±0.47aA	11.84±0.58bcAB
配方3	6.96±0.58aA	9.12±1.98abA	12.50±1.38abAB
配方4	8.08±1.37aA	10.42±0.61aA	13.78±1.36aA

6.栽培种培养基配方对酒红球盖菇产量的影响。表5-19研究结果显示,配方4每箱采收酒红球盖菇最多为48.53株,单株鲜重、单株干重也都最重,子实体鲜产量、干产量也最高,依次为每箱68.03g、13.57g、6.20kg、0.71kg。而配方1每箱采收酒红球盖菇最少为26.22株,单株鲜重、单株干重也都最轻,子实体子单株鲜重、单株干重、鲜产量、干产量也最低,依次为每箱49.64g、10.29g、3.93kg、0.31kg。单株鲜重、单株干重、鲜产量、干产量和采收数配方4比配方1依次极显著增加了37.05%、31.88%、57.76%、129.03%、和85.09%。方差分析结果表明,配方4和配方1单株鲜重各处理间差异均达极显著水平,配方4和配方1、配方2的单株干重、鲜产量、干产量和采收数间差异也达到了极显著水平。

表5-19 栽培种培养基配方对酒红球盖菇产量的影响

处理	配方1	配方2	配方3	配方4
单株鲜重/(g)	49.64±3.15dD	54.99±2.21cC	64.88±7.05bB	68.03±5.33aA
单株干重/(g)	10.29±2.04cB	11.37±1.02bB	12.63±2.12abAB	13.57±2.45aA
鲜产量/(kg/箱)	3.93±0.63cB	4.75±1.11bB	5.51±1.32abAB	6.20±1.01aA
干产量/(kg/箱)	0.31±0.02cB	0.39±0.15bcAB	0.48±15.15bA	0.71±0.15aA
采收数/(株/箱)	26.22±5.41dBC	32.53±6.82cB	39.46±9.64bB	48.53±8.45aA

注:小写字母表示a=0.05的显著水平,大写字母表示a=0.01的极显著水平,下同。

7.栽培种培养基配方对酒红球盖菇品质的影响。广西箱式种植酒红球盖菇不同栽培种培养基配方对酒红球盖菇品质影响较大(表5-20)。4种培养基质配方的灰分含量和粗纤维含量都是菌盖<菌柄,且

配方1最高,灰分含量和粗纤维含量菌盖依次为4.25%、12.91%,菌柄依次为5.90%、14.27%。配方4最低,灰分含量和粗纤维含量菌盖依次为4.16%、11.93%,菌柄依次为5.54%、13.88%。其顺序为配方1>配方2>配方3>配方4,且配方1和配方4之间差异不显著,而总糖含量、粗蛋白含量和氨基酸总量都是菌盖>菌柄,其顺序为配方1<配方2<配方3<配方4,且配方1菌盖部总糖含量、粗蛋白含量和氨基酸总量均最低依次为43.28%、25.28%和23.97%,菌柄部依次为18.30%、14.75%和6.16%,且各处理间差异不是很明显。

表5-20　栽培种培养基质配方对酒红球盖菇品质的影响

成分	部位	配方1	配方2	配方3	配方4
灰分含量/%	菌盖	4.25±0.03aA	4.22±0.03aA	4.20±0.05aA	4.16±0.06aA
	菌柄	5.90±0.04bA	5.82±0.05abA	5.68±0.05aA	5.54±0.04aA
总糖含量/%	菌盖	43.28±3.26aA	44.45±4.14aA	44.71±5.19aA	45.08±9.22aA
	菌柄	18.30±3.20bA	18.54±2.02abA	19.07±2.56aA	19.13±2.02aA
粗蛋白含量/%	菌盖	25.28±3.13bA	25.81±2.94abA	26.02±3.24aA	26.26±3.11aA
	菌柄	14.75±1.86aA	11.72±2.00aA	11.25±1.22bA	11.23±1.41bA
粗纤维含量/%	菌盖	12.91±1.26aA	12.28±1.01aA	12.13±2.02aA	11.93±1.01aA
	菌柄	14.27±2.07bA	14.17±2.16aA	14.06±1.95aA	13.88±1.82aA
氨基酸总量/%	菌盖	23.97±2.54bA	24.24±3.24aA	24.82±3.06aA	25.24±3.08aA
	菌柄	6.16±0.87bA	6.31±1.14aA	6.69±0.99abA	6.87±1.07aA

(四)讨论与结论

综合上述试验分析,栽培种培养基配料为小麦籽粒93%,牛粪5%,石膏2%小麦籽粒93%和甘蔗渣5%,石膏2%的最佳配方,但由于小麦的成本较高,再加之小麦在制种时的质量标准较高,菌种的污染率也较高,在广西甘蔗渣、作物秸秆、木屑资源都非常丰富,也比较廉价,可以农业实现资源的再循环利用,同时还可以减少焚烧秸秆等造成的环境污染和引发火灾,因此,如果是工厂化栽培,生产条件和仪器设备都比较先进,对菌种的要求标准也高,建议用配方4或配方5,对普通的种植用户,由于是大田种植,可以选原材料来源广泛、便捷的对配方2。

第三节 覆土材料及厚度对酒红球盖菇的影响

一、材料方法

(一)覆土材料对酒红球盖菇生长的影响

1.配方设计。本实验共设计13种不同配方的覆土材料,试验样地在广西民族师范学院校与临夏县天池高原生态农业有限公司校企合作研究基地甘肃省临夏县刁祁村名贵真菌引种栽培试验基地,栽培及分级方法同上"不同培养基质林地栽培"。配方见表5-21。

表5-21　酒红球盖菇覆土材料配方

编号	配方
1	林地土100%
2	旧菌土100%
3	林地土80%,牛粪20%
4	林地土70%,牛粪30%
5	林地土70%,木屑30%
6	林地土50%,木屑50%
7	林地土50%,旧菌土50%
8	林地土50%,旧菌土30%,牛粪20%
9	林地土50%,旧菌土30%,牛粪20%
10	草炭土100%
11	林地土70%,草炭土30%
12	林地土50%,草炭土50%
13	林地土50%,牛粪20%,草炭土30%

2.供试材料及处理。具体情况如下所述。

林地土:取自法桐树下3cm厚的表土。

草炭土:购置。

旧菌土:取自林地种植酒红球盖菇出菇后旋耕的菌糠与土混合。

牛粪:购置发酵好的牛粪。

阔叶木屑:市场购置。

林地土、菌糠土、牛粪:用铁锨取法桐林地3cm表层土,暴晒3天后除去石头和大的土粒等,然后在林地土、菌糠土和牛粪上喷多菌灵和阿维菌素等,使用前7~10天每立方米土用50~75g多菌灵和35~50g除虫菊酯,均匀喷在土上,边拌边喷,搅拌均匀后建堆,用薄膜将土盖严,密封熏蒸48~72小时,然后掀开薄膜,扒开土堆,使残留药物自然挥发后备用。

草炭土:可直接使用。

木屑处理:暴晒3天后备用。

(二)覆土厚度对酒红球盖菇生长的影响

取林地土与草炭土按体积比1:1进行混合,覆土厚度设计为1cm、2cm、3cm、4cm、5cm,每个处理3个重复,每个重复面积2m²,栽培及分级方法同上文"不同培养基质林地栽培"。

(三)数据处理分析

统计不同处理出菇时间和产量并分级(分级标准见以上表5-2),计算经济效益,经济效益按照一级菇按照市场价10元/kg,二级7元/kg,三级4元/kg进行经济效益分析,管理费用按照每天53元/666.7m²,原材料及菌种按照1000元/666.7m²进行计算,平均收益=产量×单价—成本。

二、结果与分析

(一)覆土材料对酒红球盖菇产量及经济效益的影响

表5-22　不同覆土材料处理对酒红球盖菇生长和产量的影响

编号	配方	始现菌丝时间(天)	始现菇蕾时间(天)	始出菇时间(天)	产量(kg/m²)	菇体的质量(大小、细长量、空柄量)
1	林地土100%	18~22	27~29	32	7.17±0.294ab	中、多、多
2	旧菌土100%	18~23	28~34	32~40	7.33±1.176ab	中、多、多
3	林地土80%,牛粪20%	21~25	27~32	32~38	7.29±0.139ab	小、多、多

续表

编号	配方	始现菌丝时间（天）	始现菇蕾时间（天）	始出菇时间（天）	产量（kg/m²）	菇体的质量（大小、细长量、空柄量）
4	林地土70%,牛粪30%	19～21	29～33	32～38	7.31±1.314ab	小、多、多
5	林地土70%,木屑30%	21～25	30～34	37～40	5.78±0.437ab	中、多、多
6	林地土50%,木屑50%	23～27	26～30	32～35	7.22±2.094ab	中、少、多
7	林地土50%,旧菌土50%	27～30	28～34	32～39	6.55±0.155ab	中、多、多
8	林地土50%,旧菌土30%,牛粪20%	28～32	30～36	36～41	5.61±0.447ab	中、多、多
9	林地土50%,旧菌土30%,牛粪20%	19～24	30～34	37～39	5.32±0.944ab	小、多、多
10	草炭土100%	20～24	32～35	41～43	4.42±1.665a	小、少、多
11	林地土70%,草炭土30%	22～27	33～34	37～40	7.79±2.294ab	小、多、多
12	林地土50%,草炭土50%	17～20	31～33	36～39	9.21±2.729b	小、多、多
13	林地土50%,牛粪20%,草炭土30%	21～27	33～35	36～40	8.79±1.015b	中、多、多

表5-23 不同覆土材料处理对酒红球盖菇经济效益的影响

编号	配方	平均收益（元/666.7m²）
1	林地土100%	24250.5
2	旧菌土100%	24630.5
3	林地土80%,牛粪20%	24535.5
4	林地土70%,牛粪30%	24624.5
5	林地土70%,木屑30%	17567.0
6	林地土50%,木屑50%	24307.0
7	林地土50%,旧菌土50%	21159.5
8	林地土50%,旧菌土30%,牛粪20%	16810.5
9	林地土50%,旧菌土30%,牛粪20%	15603.0
10	草炭土100%	11266.0
11	林地土70%,草炭土30%	26511.5
12	林地土50%,草炭土50%	32913.5
13	林地土50%,牛粪20%,草炭土30%	30961.5

表5-22、表5-23、图5-19、图5-20为不同覆土材料对酒红球盖菇生

长、产量和经济效益的影响。由表5-22可以看出以下几点：①覆土后，从菌丝生长速度方面可以看出，处理5的菌丝生长到覆土层的时间再短生长速度最快，其次是处理12和处理20，最慢的是处理8；②菌丝生长至一定程度之后就会扭结形成小菇蕾，不同覆土材料处理中出现小菇蕾最早的是处理1，其次是处理6和处理3；③不同覆土材料处理开始出菇的时间存在较大差异，13个处理中处理1出菇最早，其次是处理6和处理3，最晚的是处理10；④出菇的质量也是参差不齐，其中以小子实体、细长型和空心菌柄居多，出现这种现象的原因可能有以下几种：a培养料的营养条件不足以供其生长 b菌丝生长阶段水分没有的达到生长要求，致使子实体质量较差。其中子实体的大小划分标准为a大是10cm以上；b中是5cm~10cm；小是5cm以下。子实体细长型的多少和空心菌柄多少的划分标准是，多于总量的一半是多，少于总量旳一半是少；⑤在13种不同的处理中均发现了杂菌，杂菌的种类以鬼伞类为主，有些处理中还存在盘菌类的杂菌，出现杂菌的原因很多。一种可能是覆土材料在前期材料处理过程中灭菌不彻底，另一种原因可能是在后期的管理过程中人为造成的。但具体是什么原因造成的还需要进一步实验研究。而且在处理3、4、8、9、13中均发现了害虫，因为这几个处理中均存在一部分的牛粪，初步猜测出现这一现象的原因是牛粪初期的材料处理不够彻底，牛粪中可能还存在虫卵，初步得出结论牛粪不可以采用以上的处理方法进行灭菌处理，具体采用何种方法更合适还需要进一步研究；⑥处理10是100%的草炭土，在所有的处理中，处理10是菌丝生长最慢的，小菇蕾出现的也相对较晚，造成这一现象的原因可能是草炭土中的微量元素含量较少，不足以刺激菌丝扭结形导致出菇时间较晚，但是具体原因是什么还要进一步试验确定。

不同覆土材料的酒红球盖菇产量不同，以处理12为最高，总产量为9.21kg；其次是处理13，总产量是8.79kg；再次是处理11；最低的是处理10，总产量只有4.42kg，处理3、5、7的三个重复的总产量之间差距不大。

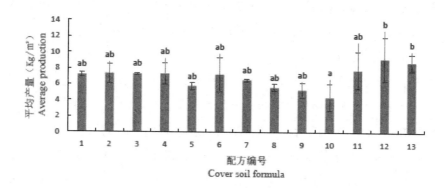

图5-19 不同覆土材料处理对酒红球盖菇产量的影响

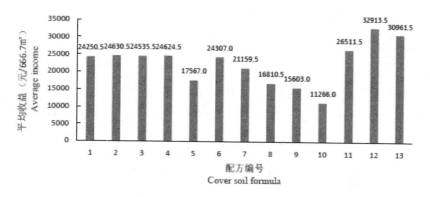

图5-20 不同覆土材料处理对酒红球盖菇经济效益的影响

由表5-23可以看出配方12经济效益最高,为32913.5元/666.7m²,其次是配方13,经济效益为30961.5元/666.7m²。从整体来看配方12林地土50%,草炭土50%,配方易操作且经济效益高,100%草炭土产量和经济效益都最低。

(二)覆土厚度对酒红球盖菇产量及经济效益的影响

表5-24、表5-25、图5-21为不同覆土厚度对酒红球盖菇生长、产量和经济效益的影响,由表5-24、表5-25和图5-21可以看出覆土厚度为3cm的处理定植时间最短,为8天,其次是覆土厚度为4cm的处理,菌丝长满时间及出菇时间最早的是覆土厚度为3cm的处理,出菇最晚的是覆土厚度为1cm的处理。产量方面覆土厚度为3cm的处理总平均产量最

高,为 11.03kg/m²,其次是覆土厚度为 4cm 的处理,其总平均产量为 10.10kg/m²。在菇质方面覆土厚度为 1cm 的处理一级菇平均产量最高为 3.33kg/m²,其次是覆土厚度为 3cm 的处理,其一级菇平均产量为 2.09kg/m²,覆土厚度为 2cm 与 4cm 一级菇产量与 3cm 相差较小,覆土厚度为 1cm 的处理一级菇产量最高其原因是覆土厚度为 1cm 的处理出菇较晚,出菇盛期为降雨后,气温较低,适于出菇;而其他处理出菇早于 1cm,出菇盛期温度较高,造成其一级菇产量低于覆土厚度 1cm 的处理;覆土厚度为 3cm 的处理二级菇平均产量最高为 5.23kg/m²,其次是覆土厚度为 5cm 的处理,二级菇平均产量是 5.19kg/m²,三级菇产量最高的是覆土厚度 4cm 的处理,三级菇平均产量为 4.56kg/m²,其次是覆土厚度为 3cm 的处理,其三级菇平均产量为 3.83kg/m²。综合来看 5 个处理的平均收益,平均收益最高的是覆土厚度为 3cm 的处理,平均收益为 23478.4 元/666.7m²,其次是覆土厚度为 4cm 的处理,第三是覆土厚度为 5cm 的处理,第四是覆土厚度为 1cm 的处理,覆土厚度为 2cm 的处理经济效益最差。

表5-24 不同覆土厚度对酒红球盖菇生长和产量的影响

覆土厚度	定植时间(天)	菌丝长满时间(天)	出菇时间(天)	一级菇平均产量(kg/m²)	二级菇平均产量(kg/m²)	三级菇平均产量(kg/m²)
1cm	10	125	160	3.33±0.141	3.55±0.223	1.07±1.039
2cm	11	107	132	2.08±0.247	3.53±0.181	1.43±0.784
3cm	8	110	142	2.09±0.200	5.23±0.182	3.83±0.182
4cm	9	115	145	2.06±0.076	3.48±0.080	4.56±0.310
5cm	10	119	150	1.82±0.389	5.19±0.120	1.64±0.306

表5-25 不同覆土厚度对酒红球盖菇产量和经济效益的影响

处理	总产量(kg/m²)	出菇天数(天)	成本(元/666.7m²)	平均收益(元/666.7m²)
1cm	7.95±0.425a	160	9480	18267.9
2cm	7.05±0.625a	132	7996	14770.2
3cm	11.03±0.550ab	142	8526	23478.4
4cm	10.10±0.431a	145	8685	19394.5
5cm	8.75±0.805b	150	8950	18528.7

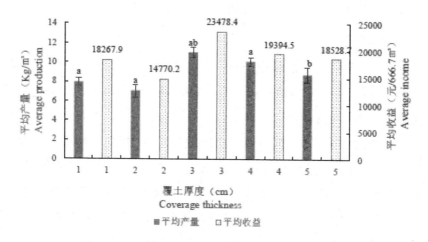

图5-21 不同覆土厚度对酒红球盖菇产量及经济效益的影响

三、讨论覆土对酒红球盖菇林地栽培的影响

林地酒红球盖菇栽培过程中,覆土厚度为2cm的处理,其原基出现最早,其原因是覆土厚度较薄,菌丝容易长上土面,但覆土厚度为1cm的处理,原基出现最晚,其原因是土壤中含有的K+能够辅助酒红球盖菇的菌丝加快进行酶促反应,含有的硫胺素可以促进子实体的形成;能够促进酒红球盖菇的菌丝加快生长,使得土壤中的活化剂和微生物等有益成分分解土壤基质,从而为菌丝的生长提供多种营养元素;覆土的加入可以帮助食用菌由营养生长向生殖生长转换,有利于子实体的原基形成和生长,所以覆土太薄不能更好为酒红球盖菇提供原基形成所需元素。因覆土厚度为1cm的处理出菇较晚,其出菇盛期温度较之前有所降低,所以其一级菇产量较高。

在覆土研究方面,有对酒红球盖菇覆土材料进行研究的,其选用配方较少,设计包括的材料也较少,不能广泛的进行推广应用,因此本试验设计了13个覆土材料配方,为酒红球盖菇栽培提供广泛可应用的配方。在覆土厚度方面,在日光温室中进行栽培,其最佳覆土厚度为3cm,林地与大棚环境条件相差较大,因此本结果不一定适用于林地酒红球盖菇栽培,所以本试验设计了五个处理,进行林地栽培,确定了林地栽培的最适覆土厚度为3cm，与鲍蕊在日光大棚实验结果相似。

四、结论

1.试验研究存在的问题与不足。这个试验大多数设置在不同地点的林地进行，由于不同地点栽培地原料来源及管理水平均有一定差异，同种配方不同地点产量有一定的误差。同时在试验中我们发现，同种木屑颗粒度大小不同，栽培地点小区域气温的差异，影响菌种定值、发菌的快慢，造成出菇期早晚不一，特别是在林地开放性空间受气候影响大，例如设置在农大树木园的试验地点，样地栽培区南侧有建筑遮挡，早春气温与地温较低，出菇晚，到论文撰写时两潮菇还未出完。桑枝木屑混合基质产量统计比实际出菇的数据偏低，北侧出菇较早，到论文撰写时两潮菇已经出完，产量统计为比较完整，杨树混合基质配方的产量和实际出菇数据较为相符。

2.栽培基质对酒红球盖菇产量的影响。酒红球盖菇对栽培基质适应十分广泛，在大部分纯农作物秸秆、稻壳及不同树木的木屑上均能生长良好，每组最佳配方如下：①纯料组中C11（99%木屑）菌丝生长最好；②杨树木屑组中，配方Y5（50%杨木屑、24.5%玉米芯、24.5%稻壳、1%石灰）的菌丝生长最好；③桑枝木屑组中，以配方S1（90%桑木屑、4.5%玉米芯、4.5%玉米秸、1%石灰）菌丝生长最好；④桦树木屑组中，以配方H19（0%桦木屑、4.5%玉米芯、4.5%玉米秸、1%石灰）的菌丝生长最好；⑤苹果木屑组中，以配方P2（70%苹果木屑、14.5%玉米芯、14.5%玉米秸、1%石灰）的菌丝生长最好；⑥桃木屑组中，以配方T4（30%桃木屑、34.5%玉米芯、34.5%玉米秸、1%石灰）的菌丝生长最好；⑦樱桃木屑组中，以配方YT3（50%樱桃木屑、24.5%玉米芯、24.5%玉米秸、1%石灰）的菌丝生长最好；⑧以文冠果组中W4（30%文冠果壳、34.5%玉米芯、34.5%玉米秸、1%石灰）菌丝生长最好。对筛选出的10个菌丝生长最好的配方进行林地栽培，得出高产配方4个：①高产配方一为50%杨木屑、24.5%玉米芯、24.5%稻壳、1%石灰，其前两潮出菇总产量为11.32kg/m²，其经济效益为31036元/666.7m²；②高产配方二为90%桦木屑、4.5%玉米芯、4.5%玉米秸,1%石灰的配方,其产量为11.05kg/m²,其经济效益为28407元/666.7m²;③高产配方三为90%杨树木屑,4.5%玉米芯,4.5%玉米秸秆,1%石灰,其产量为10.64kg/m²,其经济效益为25928元/666.7m²;④高产配方四为99%玉米芯,1%石灰,此配方在纯料组中产量最高,其产量为10.64kg/m²,其经济效益为25928元/666.7m²。

3.影响栽培发菌的三因素正交分析试验。栽培发菌的正交试验得出,酒红球盖菇菌丝在栽培基质含水量70%、接种量3个菌饼、颗粒直径3~5mm时长速最快,其次是含水量65%,接种量3个,颗粒度直径<2mm的处理,其生长速度差距较小。

4.不同栽培基质配方胞外酶的含量。对4个配方的胞外酶含量测定得出酒红球盖菇是草腐菌,但其与普通草腐菌不同,栽培基质中加入木屑后其漆酶含量升高。

5.林地栽培技术研究结果。对林地酒红球盖菇栽培中的栽培模式、栽培时间、林分郁闭度、覆土材料、覆土厚度等技术研究得出,最佳栽培模式是林间小拱棚模式,最佳栽培时间为10月中旬,最佳林分郁闭度0.7左右,最佳覆土材料为林地土:草炭土为1:1,最佳覆土厚度为3~4cm,研究结果首次为林地栽培提供了规范的各项栽培技术参数。

第四节 不同覆土时间对大棚栽培酒红球盖菇的影响

一、材料

1.器材。主要器材有:超净工作台、电子天平、电热炉、恒温培养箱、高压蒸汽灭菌锅、DF205型电热鼓风干燥箱、酒精灯、棉籽壳、麸皮、石膏、蔗糖、甘蔗渣。

2.栽培种来源。酒红球盖菇栽培种是选的生长健壮、无杂菌感染、无虫害的优良栽培种。

二、研究方法

试验于 2018 年 11 月 14 日至 2019 年月 2 日在广西民族师范学院和大棚进行。

1. 栽培料的选取（栽培料按每亩 4 吨计算）。甘蔗渣 1.5 吨、玉米芯 2 吨、石灰粉 0.3 吨。

2. 将栽培料进行倒堆。倒堆灭菌，每隔一天去测各位点的温度，第三天第二次倒堆，直到让栽培料温度均匀达到 70℃ 则可。

3. 大棚消毒。在大棚内用生石灰水对四周与各角落进行彻底消毒，减少杂菌的感染。

4. 播种。试验小区面积为 6m×4m，起垄穴播法，垄长、宽、高依次为 6 米、1.2 米、40cm。每垄播种 3 行，穴距 10 ~ 15cm，垄距 35 ~ 40cm，采用 2 层播种法，第一层：栽培料厚 20cm 厚，梅花形播种，第二层：栽培料厚 10cm 厚。上面盖 5cm 厚的发酵栽培料。

5. 覆土。不同覆土时间采用单因素随机区组试验，覆土时间共设 6 个处理。

处理 1：播种当天覆土（2018 年 11 月 14 日）。

处理 2：第 3 天覆土（2018 年 11 月 17 日）。

处理 3：第 6 天覆土（2018 年 11 月 20 日）。

处理 4：第 9 天覆土（2018 年 11 月 23 日）。

处理 5：第 12 天覆土（2018 年 11 月 26 日）。

处理 6：第 15 天覆土（2018 年 11 月 29 日）。

每个处理重复三次。土壤要求采用疏松透气的小颗粒黑土。

6. 管理。每天按时查看酒红盖菇的生长环境，及时补给水分与保持通风。按时早、晚去观察菌丝生长状况，管理好当每天的温度，湿度与通风情况。

7. 测量指标。观察各区菌丝及子实体生长情况，待出菇时，对每个区域选出 1m×1m 的面积进行每隔 3 天测量子实体生长情况，并做好相关记录，达到采收标准时，全部采收并计算产量。

8.数据分析。采用DPS7.05统计软件将试验数据进行新复极差法分析。

三、结果与分析

1.不同覆土时间对大棚栽培酒红球盖菇菌丝生长及一潮菇、二潮菇现蕾时间的影响。研究结果显示,酒红球盖菇播种后覆土时间对菌丝萌发时间影响较小,菌丝长满培养料表面的时间、一潮菇现蕾时间、二潮菇现蕾时间均随着覆土时间的延迟,呈现"缩短—延长"的变化态势。播种当天覆土的菌丝萌发时间最长为6.33d,第3d覆土次之为5.67d,第6d、第9d、第12d、第15d覆土的处理菌丝萌发时间均为5.33d;播种当天覆土的菌丝长满培养料表面的时间、一潮菇现蕾时间、二潮菇现蕾时间均最长依次为32.67d,40.33d和24.00d,而第12天覆土处理均最短依次为25.00d、33.00d、15.00d,依次比播种当天覆土的依次缩短了23.48%、18.18%、13.88%(表5-26)。

表5-26 不同覆土时间对大棚栽培酒红球盖菇菌丝生长及一潮菇、二潮菇现蕾时间的影响

处理	菌丝萌发时间(d)	菌丝长满培养料表面的时间(d)	一潮菇现蕾时间(d)	二潮菇现蕾时间(d)
播种当天覆土	6.33	32.67	40.33	24.00
第3天覆土	5.67	30.00	39.33	22.33
第6天覆土	5.33	28.67	37.33	19.33
第9天覆土	5.33	27.00	35.67	18.00
第12天覆土	5.33	25.00	33.00	15.00
第15天覆土	5.33	32.00	40.00	20.67

2.不同覆土时间对大棚栽培酒红球盖菇子实体菌盖变化的影响。在2018年12月24日至2018年12月30日生长发育期,酒红球盖菇子实体菌盖的厚度和直径一直在持续增加,但其生长速度呈现出先快后慢动的动态变化(表5-27);随着覆土时间的推迟,菌盖的生长速度呈现出先逐渐增大后减小的动态变化。截至12月30日时,第12天覆土处理的酒红球盖菇的菌盖最厚为45.52mm,菌盖直径也最长为78.25mm。播种

当天覆土处理的菌盖最薄为39.05mm,菌盖厚度和菌盖直径比生长最快的第12天覆土处理依次减少了16.57%和13.10%,且两处理间差异达极显著水平。

表5-27　不同覆土时间对酒红球盖菇菌盖变化的影响

处理	2018年12月24日		2018年12月27日		2018年12月30日	
	菌盖厚度（mm）	菌盖直径（mm）	菌盖厚度（mm）	菌盖直径（mm）	菌盖厚度（mm）	菌盖直径（mm）
播种当天覆土	22.06±2.68bA	30.20±3.04abAB	30.25±4.44bA	49.52±5.48bA	39.05±7.30bA	72.80±7.66bB
第3天覆土	22.36±3.38bA	31.92±3.24abA	31.88±4.70abA	51.22±6.45bA	39.51±7.72abA	74.13±7.56bB
第6天覆土	22.87±3.71abA	32.72±3.63abA	32.20±4.61abA	52.18±7.77abA	40.24±8.75abA	75.44±7.13bB
第9天覆土	23.12±3.38abA	33.73±3.84aA	33.21±4.57abA	55.31±7.45abA	41.46±7.21abA	78.76±8.16abA
第12天覆土	28.28±3.61aA	38.94±2.76aA	37.745±5.12aA	59.23±7.05aA	45.52±5.36aA	82.34±9.43aA
第15天覆土	25.67±3.34aA	36.07±2.91aA	34.85±3.72aA	56.43±6.48abA	42.33±5.64aA	79.30±9.24aA

注:小写字母表示a=0.05的显著水平,大写字母表示a=0.01的极显著水平,下同。

3.不同覆土时间对大棚栽培酒红球盖菇菌柄变化的影响。在2018年12月24日至2018年12月30日生长发育期,酒红球盖菇子实体菌柄的直径和长度一直在持续增加,生长速度呈现持续加速生长的动态变化(表5-28);随着覆土时间的推迟,菌柄的生长速度也是呈现出先逐渐增大后减小的动态变化。截止12月30日时,第12天覆土处理的酒红球盖菇的菌柄直径最长为52.03mm,菌柄也最长为105.13mm。播种当天覆土处理的菌柄直径最小为22.67mm,菌柄也最短为51.57mm,菌柄直径和菌柄长度比生长最快的第12天覆土处理依次减小了54.75%和48.31%,且两处理间差异达极显著水平。

表5-28 不同覆土时间对酒红球盖菇菌柄变化的影响

处理	2018年12月24日		2018年12月27日		2018年12月30日	
	菌柄直径（mm）	菌柄长度（mm）	菌柄直径（mm）	菌柄长度（mm）	菌柄直径（mm）	菌柄长度（mm）
播种当天覆土	22.67±3.08aA	51.57±6.22abA	37.30±6.76aA	70.72±9.13aA	50.10±8.02abA	99.76±9.27aA
第3天覆土	26.16±3.52abA	51.74±6.46aA	38.48±5.26abA	72.54±9.55aA	51.05±9.26aA	101.56±10.06aA
第6天覆土	26.37±4.13abA	52.76±6.00aA	38.79±6.57abA	75.06±8.75aA	50.41±8.76abA	100.05±9.55aA
第9天覆土	28.21±3.08aA	53.12±7.33aA	39.23±5.05aA	76.77±8.93aA	51.68±5.31aA	103.47±8.25aA
第12天覆土	28.48±4.13aA	54.00±6.02aC	40.84±6.41aA	77.51±9.14aA	52.03±6.24aA	105.13±10.47aA
第15天覆土	25.40±5.69bA	49.40±5.74bA	36.81±4.50bA	72.14±8.21aA	48.11±6.80bA	97.06±9.01bA

4.不同覆土时间对大棚栽培酒红球盖菇单株鲜重的影响。在2018年12月24日至2018年12月30日生长发育期,酒红球盖菇子实体的单株鲜重在持续增加,增加速度呈现先快速后慢速的动态变化(表5-29);随着覆土时间的推迟,子实体的单株鲜重增加速度也是呈现出先逐渐增大后降低的动态变化。截止12月30日时,第12天覆土处理的酒红球盖菇的子实体的单株鲜重最重为136.74g,比增加最慢的第15d覆土处理的极显著增加了11.52%,且第12天覆土处理处了与播种当天覆土处理差异显著外,与其他各处理间差异均达到极显著水平。

表5-29 不同覆土时间对酒红球盖菇单株鲜重的影响

处理	酒红球盖菇单株鲜重/g		
	2018年12月24日	2018年12月27日	2018年12月30日
播种当天覆土	41.11±3.71cC	103.75±9.60cB	123.25±11.27bcBC
第3天覆土	44.36±4.39bB	110.99±10.81bA	128.49±10.24bBC
第6天覆土	45.74±2.40bB	114.24±8.75abA	129.90±10.94bAB
第9天覆土	45.36±3.40bAB	115.86±11.50abA	134.86±9.60aA
第12天覆土	47.49±3.85aA	116.74±9.30aA	136.74±11.17aA

续表

处理	酒红球盖菇单株鲜重/g		
	2018年12月24日	2018年12月27日	2018年12月30日
第15天覆土	40.74±3.29cC	104.61±7.92cB	122.61±9.71cC

5.不同覆土时间对大棚栽培酒红球盖菇单株干重的影响。在2018年12月24日~2018年12月30日生长发育期,酒红球盖菇子实体的单株干重同单株鲜重相对应也是在持续增加,增加速度呈现先快后慢的动态变化(表5-30);随着覆土时间的推迟,子实体的单株干重增加速度也是呈现出先逐渐增大后降低的动态变化。截至12月30日时,第12天覆土处理的酒红球盖菇的子实体的单株干重最重为29.10g,比增加最慢的第15d覆土处理的25.58g极显著增加了13.76%,且第12天覆土处理除了与第9d覆土处理差异不显著外,与其他各处理间差异均达到极显著水平。

表5-30 不同覆土时间对酒红球盖菇单株干重的影响

处理	酒红球盖菇单株干重/g		
	2018年12月24日	2018年12月27日	2018年12月30日
播种当天覆土	9.71±3.18bB	22.55±3.86cB	25.80±3.39cBC
第3天覆土	10.46±2.19bA	23.16±2.28bA	26.17±2.38cBC
第6天覆土	11.47±2.36abA	23.70±3.18bA	27.71±2.42bB
第9天覆土	12.28±3.11aA	24.71±2.47bA	28.51±3.43aA
第12天覆土	13.84±3.09aA	26.15±3.31aA	29.10±2.47aA
第15天覆土	9.41±1.30bB	22.05±2.18cB	25.58±2.25cC

6.不同覆土时间对大棚栽培酒红球盖菇产量的影响。表5-31研究结果表明,6个覆土处理中第12天覆土处理的酒红球盖菇单株鲜重、单株干重、小区鲜产量、干产量及折合产量均是最高的。折合鲜产量、干产量依次为1564.67kg/667m²、610.86kg/667m²,第15d覆土的处理小区单株鲜重、单株干重、小区鲜产量、干产量及折合产量均最低,其折合鲜产量、干产量依次为1184.48kg/667m²、322.11kg/667m²,比最高的第12天覆土处理依次极降低了24.30%、47.27%。方差分析显示,第12天覆土处理

与第15d覆土处理及播种当天覆土处理间差异极显著。

表5-31 不同覆土时间对酒红球盖菇产量的影响

测试项目	播种当天覆土	第3天覆土	第6天覆土	第9天覆土	第12天覆土	第15天覆土
单株鲜重/g	127.88±10.01bAB	123.25±9.14bcBC	126.38±63.33bBC	134.63±9.90aA	132.75±8.86aA	120.50±7.94cC
单株干重/g	24.62±2.11bB	23.71±2.64cBC	24.08±3.34cBC	26.40±4.02aA	26.01±2.76aA	23.67±2.92cC
小区鲜产量/（kg/24m²）	44.95±5.02cB	47.09±4.84bcAB	50.29±4.74bA	53.47±5.11abA	56.30±5.05aA	42.62±4.84cB
折合鲜产量/（kg/667m²）	1249.24±67.74cB	1308.71±72.35bcB	1397.64±63.33bB	1486.02±90.90abAB	1564.67±87.74aA	1184.48±68.91dB
小区干产量/（kg/24m²）	11.66±2.14dC	13.05±2.53cBC	16.13±3.03bB	19.06±4.12bAB	21.98±4.93aA	11.59±4.16eD
折合干产量/（kg/667m²）	324.05±25.23dC	362.68±33.48dBC	448.28±31.08cB	529.71±26.22bB	610.86±34.36aA	322.11±20.08dC

7.不同覆土时间对大棚栽培酒红球盖菇品质的影响。表5-32的研究结果显示,随着覆土时间的延后,酒红球盖菇子实体的粗蛋白含量、粗脂肪含量、多糖含量变化为先增加后减小,灰分和纤维素含量先减少后增加。不同覆土时间对酒红球盖菇品质的影响不是很显著。粗蛋白含量、粗脂肪含量、多糖含量第12天覆土处理的最高分别为25.25%、2.21%、7.85%,第15天覆土处理的最低分别为22.02%、0.86%、7.05%,其顺序依次为第12天覆土＞第9天覆土＞第6天覆土＞第3天覆土＞播种当天覆土＞第15天覆土,配方4与CK之间差异极显著;而灰分含量和粗纤维含量最高的是播种当天覆土,分别是14.00%、8.13%,含量最低的是第12天覆土,分别是12.70%、7.56%,其顺序依次为播种当天覆土＞第3天覆土＞第6天覆土＞第9天覆土＞第15天覆土＞第12天覆土,蛋白含量、粗脂肪含量、多糖含量、灰分和粗纤维含量影响酒红球盖菇品质的主要指标,蛋白含量、粗脂肪含量、多糖含量越高,灰分和粗纤维含量越低子实体品质越好。因此,综合酒红球盖菇的5种营养成分高低,

播种后第12天覆土能极显著提高子实体的品质。

表5-32　不同覆土时间对酒红球盖菇品质的影响

测试项目	播种当天覆土	第3天覆土	第6天覆土	第9天覆土	第12天覆土	第15天覆土
粗蛋白/%	22.70±2.21bB	23.07±1.28aAB	24.42±1.55aA	24.71±1.18aAB	25.25±2.34aA	22.02±1.26bB
粗脂肪/%	0.89±0.34abAB	1.85±0.28aa	1.65±0.32abAB	2.11±0.35aA	2.21±0.37aA	0.86±0.09bB
灰分/%	14.00±2.28aA	13.54±1.73abA	13.14±1.38abA	12.99±2.90bA	12.70±3.95bA	12.74±2.03bA
粗纤维/%	8.13±0.61aA	8.11±0.74aA	8.10±0.64aA	7.67±0.69bAB	7.56±0.52bcB	7.90±0.50abAB
多糖/%	7.18±0.24cBC	7.24±0.26bcB	7.51±0.36bAB	7.56±0.37bAB	7.85±0.84aA	7.05±0.26cC

四、讨论与结论

试验中发现,所有处理第一潮酒红盖菇的总产量是最高的,主要原因可能是,第一茬酒红盖菇的菌丝相对于后两茬的菌丝要苗壮,栽培料的营养充分,栽培料也比较疏松有利于菌丝的呼吸,利于菌丝的成长,第一潮出菇在2020年1月初,环境温度、湿度比较适宜,覆在栽培料上的细粉黑土也比较疏松,有利于菌丝的呼吸。第二潮酒红盖菇的总产量低于第一潮,主要原因可能是,第一潮酒红盖菇的菌丝生长过程中消耗了一部分栽培料的营养,没有第一茬出菇时栽培料丰富,栽培料疏松度不够,对菌丝的成长起到一定限制作用,菌丝有一些生长过久不太新鲜。覆在栽培料上的细粉黑土疏松度下降,不利于菌丝的呼吸。第二潮出菇时间在2019年2月底,气温有些反常,在出菇初期,气温较高,但空气湿度下降,环境条件对酒红盖菇的生长有一定抑制作用。

所有处理第三潮酒红盖菇的总产量是最高低,主要原因可能是,第三潮酒红盖菇的菌丝出现老化现象,栽培料的营养被前两茬出菇大量消耗,栽培料因为长期的通风浇水变得扎实不够疏松,不利于菌丝的成长与出菇,覆在栽培料上的细粉黑土也比较扎实硬化,不利于菌丝的呼吸。第三潮出菇时间在3月中旬,气温与湿度都不太适宜酒红盖菇的生长,棚内32℃高温持续时间较长,但空气湿度低于65%,因此产量最低。总之,不同覆土时间对大棚栽培酒红球盖菇菌丝生长、一潮菇、二潮菇现蕾时间、子实体菌盖生长、菌柄生长、单株鲜重、单株干重、产量及品质的影响较显著。第12天覆土处理的菌丝萌发时间最短,第一潮菇和第二潮菇现蕾的时间最早,菌盖最后、最大、菌柄最长、最粗,单株子实体鲜重、干重、小区产量最高,子实体蛋白含量、粗脂肪含量、多糖含量最高、灰分和粗纤维含量最低,品质也最好。说明,播种后覆土过早和过迟都会影响酒红球盖菇的产量和品质。覆土过早,由于透气性较差,会延迟菌种菌丝在培养料中的萌发,造成前期培养料中营养成分的消耗增加,菌丝萌发越迟,菌丝的活力越低,所以其生长发育期就会延长,因此,产量和品质可能就会降低;覆土时间过迟,造成培养料的水分散失较大,同时,长出培养料外的气生菌丝容易失水和失活,菌丝扭结形成原基的活性降低,因此也会显著影响栽培酒红球盖菇的产量和品质。综合得出,在广西冬季大棚种植酒红盖菇时,选择播种后第12d覆土其产量和品质最高。该结果为广西大棚高效种植酒红盖菇提供了理论依据。

第五节 浸种剂对酒红球盖菇生长及土壤因子的影响

一、材料与方法

1.器材。主要器材有:超净工作台、电子天平、电热炉、恒温培养箱、高压蒸汽灭菌锅、DF205型电热鼓风干燥箱、酒精灯、棉籽壳、麸皮、石膏、蔗糖、甘蔗渣。

2.栽培种来源。酒红球盖菇栽培种是广西民族师范学院广西真菌资源研究所选育出的生长健壮、无杂菌感染,无虫害的优良栽培种。

3.研究方法。试验地点在天等县向都镇乐久村。试验时间2019年11月14日至2019年3月15日。

(1)栽培料的选取(栽培料按每亩4吨计算):玉米秸秆1.5吨、稻草2吨、石灰粉0.3吨。

(2)将栽培料进行倒堆:(倒堆灭菌),每隔一天去测各位点的温度,第三天第二次倒堆,直到让栽培料温度均匀达到70℃则可。

(3)播种:试验小区面积为6m×4m,起垄穴播法,垄长、宽、高依次为6米、1.2米、40cm。每垄播种3行,穴距10~15cm,垄距35~40cm,采用2层播种法,第一层为栽培料厚20cm厚,梅花形播种,第二层为栽培料厚10cm厚。上面盖5cm厚的发酵栽培料。

(4)试验设计:不同浸种剂配方共设6个处理。

配方1:菇大壮。

配方2:菌诺宝利。

配方3:菇力源肽。

配方4:菇大壮+菇力源肽。

配方5:菇大壮+菇力源肽+菌诺宝利。

配方6:CK(不浸种)。

每个配方3个重复。其中菌诺宝利用量为5.2g/kg,菇力源肽用量为2.0g/kg,菇大壮用量为675g/kg,每个处理重复三次。播种后第12d覆土,栽培时第一层栽培料为稻草,第二层为玉米秸秆,覆盖材料为稻草。将栽培料用2%的石灰水浸泡5天后沥干水分,播种前将菌袋脱去,将菇大壮、菌诺宝利、菇力源肽、菇大壮+菇力源肽、菇大壮+菇力源肽+菌诺宝利5个配方按药剂用量配成0.5%的溶液;把菌棒在5000mL的营养液中浸泡2分钟,取出,掰成鸡蛋大小的小块进行穴播种植,所用栽培料为玉米秸秆,覆盖材料为稻草,12月28日出菇。

(5)管理:每天按时查看酒红盖菇的生长环境,及时补给水分与保持通风。按时早、晚去观察菌丝生长状况,管理好当每天的温度,湿度与通风情况。

(6)测量指标:观察各区菌丝及子实体生长情况,待出菇时,对每个区域选出1m×1m的面积进行每隔3天测量子实体生长情况,并做好相关记录,达到采收标准时,全部采收并计算产量。

4.数据分析。采用DPS7.05统计软件将试验数据进行新复极差法分析。

二、结果与分析

1.浸种剂浸种对酒红球盖菇一潮菇、二潮菇现蕾时间的影响。将栽培种用不同配方的营养液浸种处理的酒红球盖菇一潮菇、二潮菇现蕾时间均比CK短,其顺序依次为:菇大壮+菇力源肽+菌诺宝利<菇大壮+菇力源肽<菇力源肽<菌诺宝利<菇大壮<CK,且以菇大壮+菇力源肽+菌诺宝利配方的一潮菇、二潮菇小菇出现的时间最短分别为35天和16天,比CK分别缩短了7天和8天,菇大壮+菇力源肽配方的一潮菇、二潮菇小菇出现的时间较短分别为36天和14天,也比CK分别缩短了6天和6天,(图5-22)。

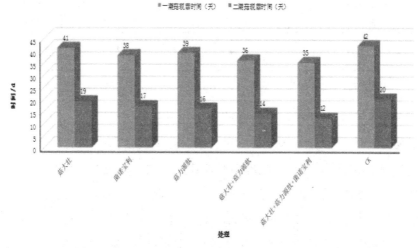

图5-22 浸种剂浸种对酒红球盖菇一潮菇、二潮菇现蕾时间的影响

2.浸种剂浸种对酒红球盖菇菌帽变化的影响。在2019年1月5日至2019年1月11日生长发育期,酒红球盖菇子实体菌盖的厚度和直径一直在持续增加,但其生长速度呈现出先快后慢动的动态变化(表5-

33）浸种处理的菌盖均比CK处理的大而厚；截至1月11日时，菇大壮+菇力源肽+菌诺宝利浸种处理的酒红球盖菇的菌盖最厚为43.13mm，菌盖直径也最长为79.95mm。CK处理的菌盖最薄为38.66mm，直径最小为72.31mm，其菌盖厚度和菌盖直径比生长最快的菇大壮+菇力源肽+菌诺宝利浸种处理次减少了10.36%和9.56%，且两处理间差异达显著水平。

表5-33　浸种剂浸种对酒红球盖菇第一潮菇菌帽变化的影响

处理	2020年1月5日		2020年1月8日		2020年1月11日	
	菌帽厚度（mm）	菌帽直径（mm）	菌帽厚度（mm）	菌帽直径（mm）	菌帽厚度（mm）	菌帽直径（mm）
菇大壮	22.73±3.59abA	31.53±3.45abA	31.49±2.71abA	50.83±4.66bA	41.07±5.42abA	73.74±7.57bB
菌诺宝利	21.87±3.59bA	32.33±3.84abA	31.81±3.94abA	51.79±5.98abA	39.12±5.93abA	75.05±7.35bB
菇力源肽	22.78±3.62abA	33.34±2.05aA	32.82±2.78abA	55.92±5.76abA	39.84±6.97abA	78.37±8.37abA
菇大壮+菇力源肽	25.89±2.72aA	35.68+4.02aA	34.46±4.93aA	56.04±5.69abA	41.84±4.85aA	78.91±7.45aA
菇大壮+菇力源肽+菌诺宝利	25.28±2.45aA	36.55±3.87aA	35.35±4.23aA	56.94±6.06aA	43.13±6.47aA	79.95±7.64aA
CK	21.67±1.99bA	29.81±1.25abAB	29.86±2.65bA	49.03±5.69bA	38.66±5.51bA	72.31±6.97bB

注：小写字母表示a=0.05的显著水平，大写字母表示a=0.01的极显著水平，下同。

　　3.浸种剂浸种对酒红球盖菇菌柄变化的影响。在2018年1月5日至2018年1月11日生长发育期，酒红球盖菇子实体菌柄的直径和长度一直在持续增加，生长速度呈现持续加速生长的动态变化（表5-34）；随着覆土时间的推迟，菌柄的生长速度也是呈现出先逐渐增大后减小的动态变化。截止1月11日时，菇大壮+菇力源肽+菌诺宝利处理的酒红球盖菇的菌柄直径最长为53.14mm，菌柄也最长为106.24mm。CK处理的菌柄直径最小为46.22mm，菌柄也最短为95.17mm，菌柄直径和菌柄长度比生长最快的菇大壮+菇力源肽+菌诺宝利处理依次减小了13.53%和10.42%，且两处理间差异达显著水平。6个处理菌柄直径和菌柄长度的顺序依次为菇大壮+菇力源肽+菌诺宝利＞菇大壮+菇力源肽＞菇力源肽＞菌诺宝利＞菇大壮＞CK，说明不同浸种剂浸种处理后能刺激酒红球盖菇子实体的快速生长。

表5-34 浸种剂浸种对酒红球盖菇菌柄变化的影响

处理	2020年1月5日		2020年1月8日		2020年1月11日	
	菌柄直径（mm）	菌柄长度（mm）	菌柄直径（mm）	菌柄长度（mm）	菌柄直径（mm）	菌柄长度（mm）
菇大壮	25.27±5.23abA	50.68±6.53abA	37.59±6.47abA	73.83±7.14aA	49.20±7.03abA	98.87±8.18abA
菌诺宝利	25.48±5.20abA	50.85±5.52aA	37.8±7.60abA	74.17±7.88aA	49.52±7.27abA	99.16±8.36abA
菇力源肽	26.78±5.15aA	51.87±6.00aA	38.30±5.84aA	74.65±7.62aA	50.16±8.33aA	100.67±8.12abA
菇大壮+菇力源肽	28.32±5.29aA	53.32±6.14aA	39.34±6.06aA	76.88±8.14aA	51.59±8.22aA	103.58±8.16aA
菇大壮+菇力源肽+菌诺宝利	30.59±5.04aA	55.11±6.23aA	41.95±6.42aA	78.62±8.35aA	53.14±8.25aA	106.24±8.18aA
CK	23.51±3.10bA	47.51±4.25bA	34.92±4.01bA	70.25±6.22abA	46.22±6.51bA	95.17±8.02bA

4.浸种剂浸种对酒红球盖菇单株鲜重变化的影响。由表5-35可以看出，在同一生长时期，用浸种剂处理的酒红球盖菇单株单株鲜重都高于CK，且均为菇大壮+菇力源肽+菌诺宝利处理的最重，CK最轻，6个浸种剂配方的酒红球盖菇子实体单株鲜重依次为：菇大壮+菇力源肽+菌诺宝利＞菇大壮+菇力源肽＞菇力源肽＞菌诺宝利＞菇大壮＞CK。2020年1月11日酒红球盖菇达到采收的标准，6个浸种剂配方处理的酒红球盖菇子实体单株鲜重都达到最重，且菇大壮+菇力源肽+菌诺宝利处理的单株鲜重最重为136.49g，CK的最轻为122.57g，且此处理与CK、菇大壮处理、菌诺宝利处理及菇力源肽处理间差异极显著。

表5-35　浸种剂浸种对酒红球盖菇单株鲜重变化的影响

处理	酒红球盖菇单株鲜重/g		
	2020年1月5日	2020年1月8日	2020年1月11日
菇大壮	42.65±5.60cC	105.90±10.49cB	125.40±10.16bcBC
菌诺宝利	44.40±3.28bB	111.02±11.81bA	128.52±2.13bBC
菇力源肽	45.39±4.39bAB	112.01±12.64abA	130.74±10.83bAB
菇大壮+菇力源肽	45.53±419bB	115.52±13.39abA	134.60±11.49aA
菇大壮+菇力源肽+菌诺宝利	47.25±5.74aA	116.50±9.19aA	136.49±12.06aA
CK	40.31±6.18cC	104.38±13.81cB	122.57±1.60cC

5.不同拌种剂拌种对酒红球盖菇单株干重变化的影响。由表5-36可以看出,从2018年3月19日至2018年3月27日的生长期内,酒红球盖菇子实体随发育进程的推进,生长速度呈现出先快后慢的变化态势;在同一生长时期,子实体的干重均表现出配方4最重,CK最轻,6个处理的酒红球盖菇子实体平均单株干重依次为:配方4>配方5>配方1>配方3>配方2>CK。2018年3月27日酒红球盖菇达到采收的标准,6个配方处理的酒红球盖菇子实体平均干重都达到最大,且配方4的最重为26.40g,比最轻的CK重11.53%,且2个配方间差异极显著,配方4和配方5间差异不显著,配方2和配方3间差异不显著。

表5-36　拌种剂拌种对酒红球盖菇干重变化的影响

处理	酒红球盖菇单株干重/g		
	2018年3月19日	2018年3月23日	2018年3月27日
菇大壮	11.51±0.77bB	25.35±1.95cB	28.60±1.48cBC
菌诺宝利	13.46±0.80aA	26.70±1.29bA	29.71±1.52bB
菇力源肽	13.64±0.58aA	26.34±1.19bA	29.17±2.29cBC
菇大壮+菇力源肽	13.65±0.67aA	27.51±1.38aA	31.01±2.56aA
菇大壮+菇力源肽+菌诺宝利	13.84±0.98aA	26.97±1.42abA	31.49±2.34aA
CK	8.79±0.81bB	22.23±1.39cB	25.76±1.49cC

6.不同拌种剂拌种对酒红球盖菇产量的影响。表5-37研究结果表

明,6个配方处理中配方4的酒红球盖菇小区的单株鲜质量、单株干质量、小区鲜产量均是最高的,依次为134.63g、26.40g、45.36kg/12m²,CK的小区单株鲜质量、小区干质量均最轻,产量等均比配方4低。配方4与CK折合鲜产量和干产量差异均达极显著水平,说明甘南高原日光温室栽培酒红球盖菇时,播种前对酒红球盖菇栽培种进行拌种处理能极显著提高其产量,即使用最常规的拌种剂菇大壮拌种时也能使酒红球盖菇鲜产比不拌种极显著提高4.73%,尤其当菇大壮+菇力源肽作为拌种剂拌种时,鲜产比不拌种极显著提高5.36%。本结果为解决当前酒红球盖菇人工栽培中产量低和不稳定问题提供了理论基础。从生物学效率来看,配方4的生物学效率是最高的,达到75.60%,而CK的生物学效率最低,为70.85%,较配方4降低了4.75个百分点。

表5-37　不同拌种剂拌种对酒红球盖菇产量的影响

测试项目	菇大壮	菌诺宝利	菇力源肽	菇大壮+菇力源肽	菇大壮+菇力源肽+菌诺宝利	CK
单株鲜重（g）	127.88bAB	123.25bcBC	126.38bBC	134.63aA	132.75aA	120.50cC
单株干重（g）	24.62bB	23.71cBC	24.08cBC	26.40aA	26.01aA	23.67cC
小区鲜产量（kg/12m²）	45.07	42.82	44.98	45.36	45.19	42.51
小区干产量（kg/12²）	8.83	8.44	8.82	8.94	8.86	8.37
生物学效（%）	75.12	71.37	74.97	75.60	75.32	70.85

7.不同拌种剂拌种对酒红球盖菇品质的影响。表5-38的结果显示,不同拌种剂对栽培种进行拌种后,对酒红球盖菇品质的影响表现为:配方4的粗蛋白含量、粗脂肪含量、多糖含量是最高的,分别为26.54%、2.32%、6.97%,而粗蛋白含量、粗脂肪含量、多糖含量最低的是CK,分别为24.82%、0.98%、6.17%,其顺序依次为配方4>配方5>配方1>配方3>配方2>CK,配方4与CK之间差异极显著;而灰分含量和粗

纤维含量最高的是CK,分别是13.82%、7.33%,而含量最低的是配方4,分别是11.86%、6.68%,其顺序依次为CK＞配方2＞配方3＞配方1＞配方5＞配方4,由于灰分和粗纤维含量高,造成其品质下降。综合酒红球盖菇的5种营养成分高低,不同拌种剂处理对酒红球盖菇品质影响依次为配方4＞配方5＞配方1＞配方3＞配方2＞CK。

表5-38　不同拌种剂拌种对酒红球盖菇品质的影响

测试项目	菇大壮	菌诺宝利	菇力源肽	菇大壮+菇力源肽	菇大壮+菇力源肽+菌诺宝利	CK
粗蛋白/%	26.14±0.17abAB	25.19±0.19aAB	25.83±0.09aAB	26.54±0.46aA	26.37±0.25aA	24.82±0.12bB
粗脂肪/%	2.09±0.19aA	1.01±0.25abAB	1.76±0.23abAB	2.32±0.28aA	2.23±0.26aA	0.98±0.19bB
灰分/%	12.26±1.38bA	13.12±0.08abA	12.64±0.74abA	11.86±1.13bA	12.10±0.90bA	13.82±0.95aA
粗纤维/%	7.02±0.20abcAB	7.25±0.11abAB	7.22±0.34aA	6.68±0.12cB	6.79±0.19bcAB	7.33±0.04aA
多糖/%	6.63±0.08bAB	6.30±0.05cD	6.36±0.08cCD	6.97±0.16aA	6.68±0.19bBC	6.17±0.09cD

三、结论与讨论

在球盖菇栽培过程中,用浸种剂浸种,是高产栽培的基础,如果用单一或超量补充某一种营养元素,无疑会造成酒红球盖菇繁殖功能失去平衡,不出菇、出菇少或出菇迟钝以及杂菌感染的现象。本研究中通过用在5000mL的不同浸种剂菇大壮、菌诺宝利、菇力源肽、菇大壮+菇力源肽、菇大壮+菇力源肽+菌诺宝利营养液中浸泡2分钟后,均能提高菌丝的萌发时间、第一潮菇、第二潮菇的现雷时间,同时加快了子实体的生长,因此提高了栽培产量和品质,尤其添加了菌诺宝利+菇力源肽的配方,菌丝生长速度最快,子实体生长更快,产量也最高,因为微菌诺宝利为全水溶功能性酶肥,能有效提高有酒红球盖菇生长所需的微量元素,能促进酒红球盖菇菌丝充分吸收养分而健壮生长;菇力源肽为纯有机物质,在酒红球盖菇的栽培生产中添其活性多功能性小肽为酒红球盖菇丝吸收后,能刺激菌丝产生多种酶,刺激培养料加速分解,提高营养转换率,同时强壮菌丝,菇力源肽能促进菌丝萌发早,生长快;增菇酶能够激活酒红球盖菇菌丝自身的抗菌活性,抑制并且消灭杂菌。

综上所述,添加了菌诺保力、菇力源肽、增菇酶和菇大壮植物激素的配方均比CK极显著增加了菌丝萌发及生长速度,尤其诺宝利+菇力源肽配方,在栽培种无性生长阶段中,均比CK极显著提高了产量和品质。因此,添加的菌诺宝利+菇力源肽的配方广西等热带地区栽培酒红球盖菇的最佳浸种剂,这一研究结果将为生态高效栽培酒红球盖菇提供了理论依据。

第六节 农作方式对酒红球盖菇生长的影响

一、材料与方法

1.器材。主要器材有:超净工作台、电子天平、电热炉、恒温培养箱、高压蒸汽灭菌锅、DF205型电热鼓风干燥箱、酒精灯、棉籽壳、麸皮、石膏、蔗糖、木屑、甘蔗渣、玉米秸秆粉、稻草粉。

2.栽培种来源。酒红球盖栽培种是选出的生长健壮、无杂菌感染、无虫害的优良原种。

3.研究方法。试验于2017年10月28日至2019年月4月28、2018年10月28日至2019年月4月28、2019年10月28日至2020年月4月28日连续3年时间在广西民族师范学院理科楼广西真菌遗传育种实验室及崇左市江州区南街道渠显村广西民族师范学院实习实训基地进行,农作方式共设4个处理。

处理1:连作2茬。

处理2:连作3茬。

处理3:轮作1茬。

处理4:正茬(CK)。

每个处理重复3次。栽培种采用17cm×34cm聚丙烯塑料袋,每袋装1kg干料,松紧度为上紧下松,高压灭菌2h,冷却至室温时接种。所有处理栽培料均为一层为甘蔗叶,第二层为狗牙根草,表面覆盖甘蔗叶铺放模式在柑橘林下栽培酒红球盖菇、

4.测定指标与方法。观察各区菌丝及子实体生长情况,待出菇时,对每个区域选出1m×1m的面积进行每隔3天测量子实体生长情况,并做好相关记录,达到采收标准时,全部采收并计算产量。

5.数据分析。采用DPS7.05统计软件将试验数据进行新复极差法分析。

二、结果与分析

1.农作方式对酒红球盖菇无性生长的影响。广西地区柑橘林下栽培酒红球盖菇时,酒红球盖菇轮作与间作比正茬(CK)均能显著缩短无性生长的时间(表5-39)。具体表现在轮作1茬栽培酒红球盖菇时其菌丝开始吃料时间、菌丝吃料1/2时间、菌丝吃料完全时间、气生菌丝长处土面时间、子实体形成时间、生长发育结束时期均显著缩短。其中轮作1茬栽培酒红球盖菇时,其菌丝需要3.67d就开始吃料,第13.00d后菌丝吃料约栽培基质的1/2,在第24.67d时菌丝已完全吃料,第32.33d时气生菌丝已经开始长出土面,第43.00d时酒红球盖菇子实体开始出现,生长周期缩短至110.33d,比正茬(CK)明显缩短11.34d。连作3茬在菌丝开始吃料时间、菌丝吃料1/2时间、菌丝吃料完全时间、气生菌丝长处土面时间、子实体形成时间、生长发育结束时期分别为3.67d、14.33d、26.33d、33.67d、44.67d和113.33d,虽然迟于处理3,但比处理4依次提前了1.33d、3.00d、2.00d、4.00d、4.00d和8.34d。

表5-39　农作方式对酒红球盖菇无性生长的影响

测定指标	连作2茬	连作3茬	轮作1茬	正茬(CK)
菌丝吃料开始时间(d)	4.33±0.58aA	3.67±0.58aA	3.67±0.58abA	5.00±1.00aA

测定指标	连作2茬	连作3茬	轮作1茬	正茬(CK)
菌丝吃料1/2时间(d)	16.67±1.53aA	14.33±2.08abA	13.00±1.00bA	17.33±1.53aA
菌丝吃料完全时间(d)	27.67±1.53aA	26.33±2.08aA	24.67±1.53abA	28.33±3.51aA
气生菌丝长处土面时间(d)	34.67±1.15aA	33.67±1.53aA	32.33±1.53abA	37.67±2.08aA
子实体形成时间(d)	47.00±2.65abA	44.67±3.06abA	43.00±3.00bA	48.67±1.53aA
生长发育结束时间(d)	115.67±3.06abAB	113.33±4.73bcAB	110.33±5.51cB	121.67±3.51aA

2.农作方式对酒红球盖菇有性生长的影响。表5-40研究结果显示,广西地区箱式栽培酒红球盖菇在试验所设的4个处理中,在其生长初期、生长盛期和生长末期酒红球盖菇菌帽长、菌帽直径、菌柄长、菌柄直径、单株鲜重等有性生长指标大小的顺序均为轮作1茬＞连作3茬＞连作2茬＞正茬(CK),生长盛期＞生长初期＞生长末期,且生长盛期为酒红球盖菇的快速生长期,而生长初期和生长末期为酒红球盖菇的慢速生长期。酒红球盖菇进入生长盛期时,处理3的酒红球盖菇菌帽厚度、菌帽直径、菌柄长、菌柄直径和单株鲜重依次为42.41cm、73.35cm、102.24cm、50.22cm 和 134.12g/株 , 比 CK 依次增加了 10.96%、7.54%、4.16%、7.95% 和 4.23%。

表5-40 农作方式对酒红球盖菇有性生长的影响

时期	测定指标	连作2茬	连作3茬	轮作1茬	正茬(CK)
生长初期	菌帽厚度/mm	37.42±6.83aA	38.63±5.37aA	39.46±6.54aA	34.65±5.13bA
	菌帽直径/mm	63.13±8.24bA	65.25±8.51aA	67.21±8.32aA	60.73±8.78bB
	菌柄直径/mm	46.18±6.68abA	46.59±7.37abA	48.22±8.37aA	43.22±7.91bA
	菌柄长度/mm	97.68±7.33abA	99.11±8.13aA	100.33±8.95aA	97.51±6.85abA
	单株鲜重/g	122.13±4.64abA	125.38±4.74aA	126.38±4.13aA	121.75±4.25abA

续表

时期	测定指标	连作2茬	连作3茬	轮作1茬	正茬（CK）
生长盛期	菌帽厚度/mm	39.73±6.20abA	40.20±5.61aA	42.41±5.37aA	38.22±7.87abA
	菌帽直径/mm	70.42±8.04aA	72.37±8.71aA	73.35±8.25aA	68.21±8.53abA
	菌柄直径/mm	48.20±8.13abA	49.59±9.35aA	50.22±9.35aA	46.52±8.87bA
	菌柄长度/mm	99.17±9.52abA	101.58±9.36aA	102.24±9.78aA	98.16±9.66abA
	单株鲜重/g	129.11±4.19abA	132.49±5.49aA	134.12±4.06aA	128.68±4.83abA
生长末期	菌帽厚度/mm	34.58±5.35abA	37.14±5.73aA	37.65±6.13aA	32.76±5.73bA
	菌帽直径/mm	62.67±9.27abA	64.04±8.47aA	65.42±8.36aA	60.35±7.69bB
	菌柄直径/mm	44.48±6.24abA	45.32±6.19aA	46.32±6.19aA	42.51±6.85bA
	菌柄长度/mm	95.59±6.24abA	96.27±6.54abA	98.46±7.26aA	95.78±6.19abA
	单株鲜重/g	120.50±4.60aA	121.63±4.29aA	123.27±5.16aA	118.28±3.81bA

3.农作方式对酒红球盖菇产量的影响。表5-41的研究结果显示，酒红球盖菇不同农作方式对广西地区栽培酒红球盖菇的产量构成因素影响显著。表现在单株鲜重、单株干重、小区个数、折合鲜产量、折合干产量的顺序均为：轮作1茬＞连作3茬＞连作2茬＞正茬（CK），其中轮作1茬的单株鲜重、单株干重、小区个数、折合鲜产量和折合干产量依次为127.92g、23.19g、354.46株，CK依次为122.90g、21.52g、324.62株，比处理3依次显著降低4.08%、7.76%、9.19%、21.31%和25.59%，说明栽培酒红球盖菇时，轮作1茬栽培酒红球盖菇能显著提高菌丝扭结率，因而出现轮作1茬产量较高的结果。

表5-41 农作方式对酒红球盖菇产量的影响

测试项目	连作2茬	连作3茬	轮作1茬	正茬(CK)
单株鲜重/g	123.91±4.57abA	126.50±5.52aA	127.92±5.59aA	122.90±5.30abA
单株干重/g	21.58±1.61abA	21.99±0.41abA	23.19±0.74aA	21.52±1.17abA
小区个数/株	338.79±13.50abAB	344.08±19.86aAB	354.46±15.39aA	324.62±13.80bB
小区鲜产量/(g/12m²)	43854.86±3107.83abA	45819.00±4430.17abA	48710.85±2050.31aA	40155.60±3443.98bA
小区干产量/(g/12m²)	7642.15±809.12abA	7954.72±503.36abA	8831.16±319.67aA	7031.65±682.34bA

4.农作方式对酒红球盖菇品质的影响。表5-42研究结果表明,栽培酒红球盖菇时子实体灰分含量和粗纤维含量顺序依次为轮作1茬<连作2茬<连作1茬<正茬(CK),且仅CK的含量是最高的,分别为13.78%、7.24%,轮作1茬(处理3)酒红球盖菇子实体的灰分含量和粗纤维含量分别为11.86%、6.38%,比CK显著降低了16.19%、13.48%。而多糖含量、粗蛋白含量和粗脂肪含量顺序依次为轮作1茬>连作3茬>连作2茬>正茬(CK),且轮作1茬的酒红球盖菇其多糖含量、粗蛋白含量、粗脂肪含量依次分别为:6.95%、26.46%、2.34%,CK栽培的酒红球盖菇其多糖含量、粗蛋白含量、粗脂肪含量依次分别为:6.17%、26.04%、2.02%,比轮作1茬的显著降低12.64%、1.61%、15.84%。连续栽培酒红球盖菇的总糖含量、粗蛋白含量和粗脂肪含量出现降低的原因可能是箱内微生态小环境保湿性能差,喷水后湿度太大,一天不喷水就会迅速变干,尤其在子实体生长阶段,水分多容易烂菇、开伞、菌柄徒长,水分少则萎缩、开裂而造成的酒红球盖菇品质较低。

表5-42 农作方式对酒红球盖菇品质的影响

测试项目	连作2茬	连作3茬	轮作1茬	正茬(CK)
粗蛋白/%	26.14±0.17abAB	26.39±0.36aA	26.46±0.44aA	26.04±0.09abAB
粗脂肪/%	2.12±0.29aA	2.26±0.24aA	2.34±0.27aA	2.02±0.20abA
灰分/%	13.42±0.38abA	13.20±0.74abA	11.86±1.13bA	13.78±0.83aA

测试项目	连作2茬	连作3茬	轮作1茬	正茬(CK)
粗纤维/%	7.12±0.37aA	6.85±0.11abAB	6.38±0.10bB	7.24±0.34aA
多糖/%	6.44±0.23abA	6.63±0.18abA	6.95±0.26aA	6.17±0.09bA

三、讨论与分析

本试验研究结果表明,酒红球盖菇不同农作方式能够缩短酒红球盖菇无性生长的时间,且在酒红球盖菇生长初期、生长盛期和生长末期,其菌帽厚度、菌帽直径、菌柄长、菌柄直径、单株鲜重等有性生长指标大小的顺序均为:连作1茬＞连作3茬＞连作2茬＞正茬(CK);多糖含量、粗蛋白含量和粗脂肪含量其顺序为:连作1茬＞连作3茬＞连作2茬＞正茬(CK);不同作物的不同连作方式对酒红球盖菇的栽培肯定会产生不同程度的影响,本试验研究中的箱式栽培酒红球盖菇时,每栽培一次酒红球盖菇就放一次栽培基质,且该栽培基质在腐朽后可以起到改良土壤的作用,因为酒红球盖菇属于草腐真菌类,不同于植物类,不但不会产生自毒作用,而且能分解土壤中的枯枝及残根败叶、杂草、动物排泄物等有机物,可通过多种途径促进土壤养分循环,菌丝生长发育时自身要进行基料的分解,并从基料中获取营养物质,生长结束后,分解后的基料具有改良土壤的作用,在养分充足时越接近适宜其生存的区系环境,其无性生长和有性生长就越健康迅速,这一结果正好解释了酒红球盖菇在野生生境中只会连续在某一地点年年重复发生的自然规律。

综上所述,在本试验研究中发现使用不同连作方式栽培酒红球盖菇时,发现连作1茬栽培酒红球盖菇不但不会产生不良效果,而且还会加快酒红球盖菇的无性生殖和有性生殖生长,显著的缩短了酒红球盖菇的生长周期,且显著提高了产量与品质。本试验研究打破了人们认为必须要套作、轮作栽培的认识误区,为酒红球盖菇的商业化栽培提供了新的思路,这为酒红球盖菇今后的连作、轮作研究提供了理论依据。

第七节 不同开伞程度对酒红球盖菇的影响

一、实验材料、试剂及仪器

试验于2019年11月至2020年3月在凭祥市两岸红农业旅游有限公司智能大棚进行。实验主要研究不同采收时期对酒红球盖菇品质的影响,因此根据酒红球盖菇的开伞程度采摘未开伞、开伞一半和完全开伞三种酒红球盖菇样品若干。

1.材料的处理方式。将用于实验的酒红球盖菇鲜品阴干后用研钵研成粉末,过筛,标记,冷藏备用。

2.测定蛋白质所用试剂及仪器。测定蛋白质所用试剂及仪器主要有以下几种。

主要试剂有:考马斯亮蓝G-250、90%乙醇、无水乙醇、85%磷酸、牛血清白蛋白(BSA)标准液(0.1mg/mL)、蒸馏水等。

主要仪器有:电子天平、称量纸、烧杯(500mL、100mL各两个)、漏斗、滤纸、容量瓶(1000mL)、试管、试管架、研钵、离心管、离心机、移液枪、分光光度计、比色杯等。

3.测定脂肪所用试剂和仪器。测定脂肪所用试剂和仪器主要有以下几种。

主要试剂有:石油醚(沸程30~60℃)

主要仪器有:索氏提取器、电热恒温鼓风干燥箱、电热恒温水浴锅、电热套、脂肪烧瓶、回流冷凝管、球形冷凝管、牛角管、三角瓶等。

4.测定灰分所用仪器。主要仪器有:研钵、分析天平、高温电炉(能自动恒温)、干燥器(干燥剂使用变色硅胶)、瓷坩埚、坩埚钳等。

5.测定粗纤维所用药品和仪器。测定粗纤维所用药品和仪器主要有以下几种。

主要药品有:盐酸、氢氧化钠、95%乙醇、无水乙醚、蒸馏水等。

主要仪器有：电子分析天平、三角瓶、抽滤瓶、布氏漏斗、电热鼓风干燥箱、干燥器、电炉、循环水式真空泵等。

二、试验方法

（一）粗蛋白的测定

1.蛋白试剂考马斯亮蓝 G-250 的配制。用电子天平称取 100mg 考马斯亮蓝 G-250，先溶于 50mL90% 的乙醇当中，再加入 85% 的磷酸 100mL，最后用蒸馏水定容到 1000mL，过滤。避光保存，常温下可保存一个月。

2.标准曲线的制作。取 6 只 10mL 干净的试管，标记 0～5 号，按表 5-43 加入试剂，摇晃均匀，放置 5 分钟后将在 595nm 处测定吸光度值，以蛋白质浓度为横坐标，吸光度值为纵坐标绘制标准曲线，图 5-23。

表5-43　BSA标准溶液与其对应吸光度值

管号	0	1	2	3	4	5
BSA 标准液（mL）	0	0.1	0.2	0.4	0.6	0.8
蒸馏水（mL）	1.0	0.9	0.8	0.6	0.4	0.2
考马斯亮蓝染液（mL）	5.0					
吸光度	0	0.165	0.269	0.462	0.657	0.826

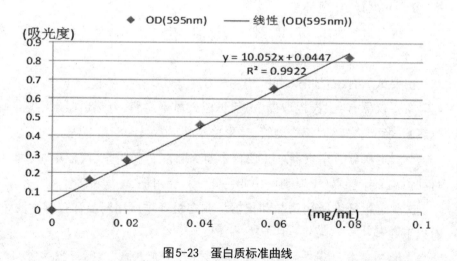

图5-23　蛋白质标准曲线

3.样品液的制备及测定。用分析天平分别称取未开伞、开伞一半和完全开伞的酒红球盖菇样品0.1g各三份,准确称量,精确到0.0001g。将样品置于研钵中,准确加入20mL蒸馏水,研磨成匀浆,让匀浆液在研钵中浸提10分钟,不断搅拌使蛋白质充分溶解在水中。再将部分浸提液转移至10mL的离心管中,10000转/分钟离心10分钟,将上清液倒入事先准备好的干净试管中,取1mL稀释10倍,做好标记,备用。

测样品液时,先取1mL稀释后的上清液,再加入5mL考马斯亮蓝染液,充分混匀,室温下放置5分钟后倒入比色杯中,在595nm处测定吸光度值并准确记录。

（二）粗脂肪的测定

用索氏抽提法测定粗脂肪,先将索氏提取器的各部分充分的清洗干净,将脂肪烧瓶在烘箱内干燥至恒重,准确记录其质量。用分析天平分别称取未开伞、开伞一半和完全开伞的酒红球盖菇样品5g各三份,准确称量,精确至0.0001g,将样品装入滤纸筒内,再将滤纸筒放入索氏提取器的抽提筒内,连接以干燥的脂肪烧瓶,加入石油醚至瓶内容积2/3处,通入冷凝水,打开电热套开始加热,温度以提取液每6~8min回流一次为标准,抽提8h。抽提结束后,取下脂肪烧瓶回收石油醚,待瓶内石油醚仅剩1~2mL时,放入水浴锅中将剩余石油醚赶尽,再将烧瓶置于干燥器内冷却到室温,称重,反复干燥至恒重。

（三）灰分的测定

灰分的测定采用灼烧法直接灰化。将洗净的坩埚放置于500℃~600℃的高温电炉上灼烧15分钟左右,用坩埚钳将其取下,置于干燥器中,完全冷却后称重,重复以上操作至少一次,直至测量恒重为止。再用分析天平分别称取未开伞、开伞一半和完全开伞的酒红球盖菇样品1g各三份,准确称量,精确至0.0001g,放入之前准备好的坩埚内,将坩埚放在高温电炉上,在通风橱内以525℃的温度灰化2小时,结束后用坩埚钳将其取下放入干燥器内,等完全冷却后取出称重,重复以上操作再次灼烧直至恒重,记录其质量。

（四）粗纤维的测定

用分析天平分别称取未开伞、开伞一半和完全开伞的酒红球盖菇样品4g各三份，准确称量，精确到0.0001g。将纱布折叠成大小为15cm×15cm八层的方块，将准备好的纱布放入干燥箱干燥，干燥后称重至恒重，准确记录其质量。把称取好的样品放入纱布中，用纱布包裹，再用绳子将纱布包扎严实，将其放入三角瓶中，在三角瓶中加入200mL煮沸的1.25%盐酸，连接好回流冷凝管，继续加热微沸30分钟，结束后捞出用沸水洗涤至洗液不呈酸性。再次放入三角瓶中，加入200mL煮沸的氢氧化钠溶液，继续加热微沸30分钟，结束后捞出用沸水洗涤至洗液不呈碱性，再依次用95%的乙醇和无水乙醚洗涤1～2次。将洗涤过后的纱布进行抽滤，之后放入烘箱中烘干。烘干后再放入干燥箱内冷却至室温，称重至恒重，记录其质量。

三、结果与分析

1.不同开伞程度对酒红球盖菇蛋白质含量的影响。由回归方程 $y=10.052x+0.0447$ 可以算出未开伞的酒红球盖菇蛋白质含量是19.66%，开伞一半的酒红球盖菇蛋白质含量是18.72%，完全开伞的酒红球盖菇蛋白质含量是18.35%。未开伞的酒红球盖菇蛋白质含量最高，开伞一半的次之，完全开伞的含量最低。如表5-44，图5-24。

表5-44 不同开伞程度对酒红球盖菇蛋白质含量的影响

开伞程度	质量（g）	吸光度	吸光度平均值	蛋白质含量（%）
未开伞	0.1000	1.033	1.033±0.0153aA	19.66
	0.1000	1.017		
	0.1000	1.046		
开伞一半	0.1000	0.988	0.986±0.0058bB	18.72
	0.1000	0.993		
	0.1000	0.979		
完全开伞	0.1000	0.971	0.967±0.0058cC	18.35
	0.1000	0.973		
	0.1000	0.962		

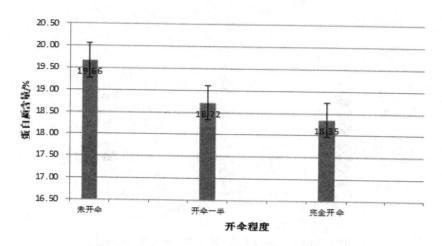

图5-24　不同开伞程度酒红球盖菇蛋白质含量比较

2. 不同开伞程度对酒红球盖菇粗脂肪含量的影响。根据表5-45和图5-25的计算结果显示，未开伞的酒红球盖菇粗脂肪含量是3.66%，开伞一半的酒红球盖菇粗脂肪含量是3.34%，完全开伞的酒红球盖菇粗脂肪含量是2.68%。从粗脂肪含量来看，未开伞的酒红球盖菇优于开伞一半的酒红球盖菇优于完全开伞的酒红球盖菇。

表5-45　不同开伞程度对酒红球盖菇粗脂肪含量的影响

开伞程度	质量（g）	圆底烧瓶质量（g）	提取后圆底烧瓶质量（g）	粗脂肪质量（g）	粗脂肪含量（%）	平均值（%）
未开伞	5.0000	166.9922	167.1746	0.1824	3.6480	3.66±0.1106aA
	5.0000	155.6109	155.7887	0.1778	3.5560	
	5.0000	148.7213	148.9102	0.1889	3.7780	
开伞一半	5.0000	140.3479	140.5121	0.1642	3.2840	3.34±0.0600bB
	5.0000	143.1105	143.2776	0.1671	3.3420	
	5.0000	152.1267	152.2969	0.1702	3.4040	
完全开伞	5.0000	143.1105	143.2427	0.1322	2.6440	2.68±0.0529cC
	5.0000	155.6109	155.7480	0.1371	2.7420	
	5.0000	143.1105	143.2434	0.1329	2.6580	

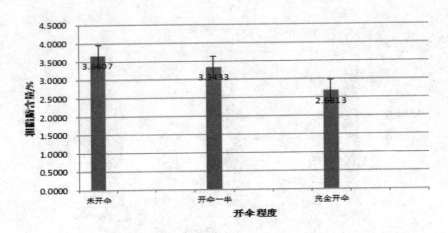

图5-25　不同开伞程度酒红球盖菇粗脂肪含量比较

3.不同开伞程度对酒红球盖菇灰分含量的影响。灰分的含量是衡量酒红球盖菇品质的一个非常重要的指标,含量越低,说明品质越好。表5-46和图5-26研究结果表明,未开伞的酒红球盖菇灰分含量为10.20%,开伞一半的酒红球盖菇灰分含量为10.59%,完全开伞的酒红球盖菇灰分含量为11.56%。未开伞的酒红球盖菇灰分含量最低,完全开伞的酒红球盖菇灰分含量最高。

表5-46　不同开伞程度对酒红球盖菇灰分含量的影响

开伞程度	样品质量	坩埚质量（g）	灼烧后质量(g)	灰分质量(g)	灰分含量(%)	平均值(%)
未开伞	1.0000	20.6534	20.7557	0.1023	10.23	10.20±0.0306aA
	1.0000	22.6071	22.7088	0.1017	10.17	
	1.0000	23.6376	23.7397	0.1021	10.21	
开伞一半	1.0000	22.5249	22.6304	0.1055	10.55	10.59±0.0451bB
	1.0000	23.6306	23.7365	0.1059	10.59	
	1.0000	19.3223	19.4287	0.1064	10.64	
完全开伞	1.0000	23.6901	23.8064	0.1163	11.63	11.56±0.0702cC
	1.0000	22.9500	23.0649	0.1149	11.49	
	1.0000	19.3338	19.4495	0.1157	11.57	

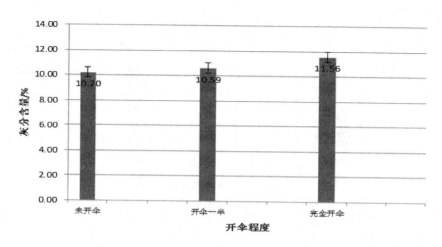

图5-26 不同开伞程度酒红球盖菇灰分含量比较

4.不同开伞程度对酒红球盖菇粗纤维含量的影响。粗纤维的含量同样也是衡量酒红球盖菇品质的一项重要指标,含量越低,酒红球盖菇的品质越好。根据表5-47和图5-27的计算结果表明,未开伞的酒红球盖菇粗纤维含量是8.55%,开伞一半的酒红球盖菇粗纤维含量是8.69%,完全开伞的酒红球盖菇粗纤维含量是9.64%。未开伞的酒红球盖菇粗纤维含量最低,品质最好,完全开伞的酒红球盖菇粗纤维含量最高,品质最差。

表5-47 不同开伞程度对酒红球盖菇粗纤维含量的影响

开伞程度	样品质量(g)	纱布质量(g)	提取后纱布质量(g)	粗纤维质量(g)	粗纤维含量(%)	平均值(%)
未开伞	4.0000	7.0528	7.3950	0.3422	8.5550	8.55±0.0950aA
	4.0000	12.0441	12.3826	0.3385	8.4625	
	4.0000	11.2939	11.6398	0.3459	8.6475	
开伞一半	4.0000	7.5280	7.8749	0.3469	8.6725	8.69±0.0173bB
	4.0000	11.0200	11.3678	0.3478	8.6950	
	4.0000	7.7325	8.0806	0.3481	8.7025	
完全开伞	4.0000	7.8753	8.2625	0.3872	9.6800	9.64±0.0872bB
	4.0000	11.1835	11.5717	0.3882	9.7050	
	4.0000	7.9683	8.3497	0.3814	9.5350	

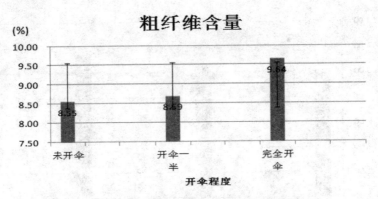

图5-27　不同开伞程度酒红球盖菇粗纤维含量比较

四、结论

　　酒红球盖菇是一种具有丰富营养且口感鲜美的优质珍稀食用菌。本实验采用考马斯亮蓝 G-250法、索氏抽提法、灼烧法、酸碱水解法分别对三种不同处理的酒红球盖菇蛋白质、脂肪、灰分、粗纤维四种主要成分的含量进行测定和比较。研究结果表明,未开伞的酒红球盖菇蛋白质和脂肪含量最高,灰分和粗纤维含量最低;开伞一半的酒红球盖菇四种主要成分的含量均位于中间;完全开伞的酒红球盖菇蛋白质和脂肪含量最低,灰分和粗纤维的含量最高。综上所述,未开伞的酒红球盖菇品质最好,开伞一半的酒红球盖菇次之,完全开伞的酒红球盖菇品质最差。同时说明酒红球盖菇未开伞时是最佳的采收时期。

第六章 酒红球盖菇生态高效栽培技术

  酒红球盖菇可在室内或室外栽培,其产量无明显差异。室内栽培时,可以建造各类菇房,或利用闲置的蘑菇房、香菇房等进行栽培,采用生料或发酵料进行层架式、地床式或箱式栽培等,以层架式栽培为主。但与商业化栽培的双孢蘑菇相比,室内栽培的,由于菌丝生长缓慢,从播种到出菇一般需50~70天,生产周期较长,成本相对较高,不太适合集约化栽培。而室外栽培,既具有省工、省时、操作简便等优点,又可集约化栽培,是酒红球盖菇较理想的栽培模式。因此,在国外如波兰、德国、美国等,大多采用室外阳畦粗放式栽培。我国目前也大多以室外栽培为主,采用生料或发酵料,进行大田阳畦式、大棚畦床式或层架式栽培,以及与林、果、粮、菜等实行间作套种。除采用生料或发酵料栽培外,酒红球盖菇也可采用塑料袋栽或瓶栽的方式,但不太常见。多年来,国内食用菌界的广大科技人员和菇农,在酒红球盖菇的栽培技术方面,勇于探索和创新,形成了众多的优质高产栽培模式,粗略算来,也有30多种。

第一节 室外生料高产栽培法

一、室外生料高产栽培法

(一)栽培时间

酒红球盖菇出菇的温度范围广,4℃~30℃均可出菇,而且菌丝生长适温范围也很大,只要在气温8℃以上、30℃以下均可播种。在自然条件下,可分春秋两季进行栽培。具体的栽培时间,要根据其对生长条件特别是对温度的要求来确定。总的原则是,要选择当地气候适宜的时间,进行制种、投料、播种。一般播种后40~50天才开始出菇,故应计划好播种时间。常规来说,黄河两岸、京津以南的地区,春栽时以4月下旬,温度稳定在8℃以上时播种;秋种以9月上中旬,温度在30℃以下时播种为宜。到5月中下旬和10月中下旬出菇时,气温在15℃~26℃,正适宜子实体形成和生长发育,有利正常出菇。长江中下游沿岸及其以南地区,种植时间可分别提前或推迟1个月左右,即春播可于3月中下旬播种,秋种可于10月上中旬栽培。夏季气温不超过32℃的高海拔地区,一年四季均可栽培。京津以北和西部地区,如无保护设施,一年只能栽培一季,较适宜的栽培季节,可在6~7月份播种,8~10月份收获。

(二)选场做畦

室外栽培时,一般以冬闲田、菜园地、林果园、农作物行间、房前屋后的空闲地,塑料大(中、小)棚等地作栽培场。此法不需要特殊设备,制作简便,且易管理,栽培成本低,经济效益好。应选用接近水源、排灌方便、土壤肥沃、避风向阳、交通方便的场地为佳,切忌使用地势低洼和过于阴湿的场地。保护场地的遮阳率在70%~80%即可。畦床栽培是国内目前较通用的栽培方式。场地选好后,首先处理好环境卫生,铲除杂草,平整地面;或者将土地耕翻晾晒,使土壤熟化疏松,然后再用无公害农药杀虫灭菌。如有白蚂蚁和蚯蚓的园地,在翻耕前,可将每亩1.5公斤的"益舒宝"与10公斤茶麸粉翻入土中,以消除隐患。

场地清理好以后,就可开始做畦。畦床的大小可因地制宜,原则上要利于行走、操作。一般整成垄形的小畦,畦面呈龟背形,中间略高,两侧稍低。畦高10~15厘米,宽90~100厘米,长度不限。畦与畦之间间隔40~50厘米,也可作为浸水沟,满足空气湿度。为了增加空间利用率,也可在畦床上再搭一两层床架,第一层距地面60~80厘米,一、二层之间的层距50~60厘米。为创造酒红球盖菇的半遮光的生态环境,可在畦床的顶部加一层塑料遮阳网,或者利用蔓生的蔬菜适当遮光。也可以采用小棚的方式,覆盖芦苇、秸秆、草帘之类,尽量造成一个保温、保湿、光照适度的出菇环境。畦床做成之后、未铺料播种之前,应在畦床表面用乐果等无公害农药喷洒以杀灭虫害,然后撒石灰粉消毒。

(三)原料处理

酒红球盖菇的生长粗放,营养条件独特。它可利用各种农作物秸秆,如稻草、小麦秸、大麦秸、豆秸、玉米秸、玉米芯等,以及亚麻秆、亚麻屑、杂木屑等来进行栽培,并且在不加有机肥和化肥的情况下,也能够正常生长和出菇。或只用少量轻质碳酸钙作缓冲剂即可,生产中按1%左右加入,也可不加。稻草是栽培酒红球盖菇的好原料。早稻草和晚稻草均可选用。晚季稻草生育期比较长,质地较密实、粗硬,用其作栽培原料,产菇期较长,产量也较高。秸秆质量的优劣,对酒红球盖菇的产量有直接影响,以当年新鲜者为最好。贮存较长时间的秸秆,不宜用来栽培。

生料栽培常用的配方很多,现介绍以下几种。

配方1:稻草100%。

配方2:稻草40%,砻糠40%,杂木屑20%。

配方3:麦秸100%。

配方4:麦秸50%,高粱秆(带叶)50%。

配方5:大豆秸50%,玉米秸50%。

配方6:甘蔗渣或稻草80%,阔叶树木屑20%。

培养料要求新鲜、干燥、不发霉、不腐烂。稻草、麦秸等农作物秸秆要提前碾压,并铡成10~20厘米长的短节,甘蔗渣、木屑的颗粒不要太粗。甘蔗渣、木屑直接加水拌料即可,而稻草、麦秸等农作物秸秆,则必须提前浸泡,以让其吸足水分。方法是把净水引入水池(水沟)或在河水中,将稻草等直接放在水中并不断脚踩。吸水时间因料而异,早稻草需要30个小时,而晚稻草则需要2天,小麦秸、玉米秸等还要延长浸水时间。务必使料吸足水变柔软后再用。若采用水池浸草,要求每天需换水一两次。稻草浸完水后,让其自然渗水12~24小时,使其含水量达70%~75%。即料:水=1:(1.9~2.5)。含水量和料水比的互算关系见表6-1。测定方法是,取一小把稻草,用中等力度双手反向拧水,若水滴断线式的溢出,表明含水量基本适度;如果滴水不断线,表明含水量过高;若拧紧后无水滴渗出,则表明含水量过低。水分不合格者,应再调水以求适度。除采用浸泡方式外,也可将秸秆堆成堆,每天淋水两三次,连续淋水5~7天,使含水量达70%~75%。

秸秆经过浸水、渗水,含水量达标后,在大多数的情况下,即可直接上床铺料并播种。但是,如果在白天气温高于23℃的高温天气下,为防止铺料后草堆发酵而温度升高,进而影响菌丝的生长,才需进行短时间的预堆发酵处理。通常是在秋季栽培时,须先经过一次预堆发酵,时间3~5天,中间翻堆一两次。翻堆散热后,使料的含水量达70%~75%,即可上床铺料。

表6-1 培养料加水量表

要求达到的含水量(%)	每100公斤干料应加入水(升)	料水比(料:水)	要求达到的含水量(%)	每100公斤干料应加入水(升)	料水比(料:水)
50.0	74.0	1:0.74	58.0	107.1	1:1.07
50.5	75.8	1:0.76	58.5	109.6	1:1.10
51.0	77.6	1:0.78	59.0	112.2	1:1.12
51.5	79.4	1:0.79	59.5	114.8	1:1.15
52.0	81.3	1:0.81	60.0	117.5	1:1.18
52.5	83.2	1:0.83	60.5	120.3	1:1.20
53.0	85.1	1:0.85	61.0	123.1	1:1.23
53.5	87.1	1:0.87	61.5	126.0	1:1.26
54.0	89.1	1:0.89	62.0	128.9	1:1.29
54.5	91.2	1:0.91	65.2	132	1:1.32
55.0	93.3	1:0.93	63.0	135.1	1:1.35
55.5	95.5	1:0.93	63.5	138.4	1:1.38
56.0	97.7	1:0.96	64.0	141.7	1:1.42

续表

要求达到的含水量(%)	每100公斤干料应加入水(升)	料水比(料:水)	要求达到的含水量(%)	每100公斤干料应加入水(升)	料水比(料:水)
56.5	100.0	1∶1.00	64.5	145.1	1∶1.45
57.0	102.3	1∶1.02	65.0	148.6	1∶1.49
57.5	104.7	1∶1.05	65.5	152.2	1∶1.52

注:①风干培养料含结合水按13%计;②每100公斤干料应加水量(升)=(含水量-培养料结合水)÷(1-含水量)×100%。

(四)铺料播种

铺料之前,若畦床表面土壤过于干燥,应适当喷水使之湿润,以防止培养料失水对于发菌不利。铺料方法一般有两种:一是整畦铺满,即从畦床的这一头,一直铺到畦床的另一头;二是铺成小方形,可按1~1.4米长一段铺料,堆成底面积约1平方米、高25~30厘米、底宽上窄的梯形料堆,堆底与堆底之间间隔约20厘米。小方形铺料,有利于菌床通风散热,促进菌丝生长,减少污染;出菇期又有利于菌床保湿,增加出菇的"边际效应"。畦床式铺料,畦上第一层铺料8~10厘米厚,然后播入50%的菌种;第二层料厚10~12厘米,再播剩下的菌种;第三层铺料厚3~5厘米,用于覆盖菌种。每播一层种,均要用铁锹或木板轻轻将草料与菌种压平压实,以利菌种萌发定植。若播种时气温较高,可用木棒在料面上每隔30~40厘米打1个直径约6厘米大的洞穴,直到料底,以利散热。谷(麦)粒菌种可撒播;粪草菌种、木屑菌种,可掰成蚕豆粒大小穴播;棉籽壳菌种,可撒播也可穴播。穴播时,可采用梅花型点播,每层播种时,穴与穴间隔(15~20)厘米×(15~20)厘米。每平方米用干料20~30公斤,铺料厚20~30厘米。菌种用量,撒播时,一般每平方米用菌种两三瓶(每瓶容量750毫升);穴播时,每平方米用菌种三四瓶。

小方形铺料,也是采用三层铺料二层播种的方法,其播种方法和播种量类似于整畦播种,只是每播一层种,上层铺料要比下层铺料周边均缩进3厘米左右,即底较大而上层向内缩进,以便于覆土。

用纯稻草栽培时,也可将稻草扎成整齐的稻草束后浸水上床,草头在外,草尾在内,呈鱼鳞式排放在畦床上,菌种压在草头之下。有些地方则仿照草菇小草把堆料的栽培法,每个草把用干草5~7公斤,排放草把时逐层内缩,底宽上小,菌种压在草把之下。每个草堆底面积约1平方米,堆高约25厘米。这种方法可加大出菇面积。

铺料播种后,随即在料面上加盖旧麻袋、无纺布、草帘、旧报纸等覆盖物,保温、保湿、防雨,以利发菌。其中以旧麻袋片的保湿效果最好,也便于操作。若使用旧麻袋片,一般只用单层即可。大面积生产时,多用秸秆或草帘覆盖,并要经常保持覆盖物的湿润。也可用地膜覆盖,但是每天必须要多次掀动薄膜来通风。在高温干燥天气,也可在播种后,立即在料面上覆盖一层厚约1厘米的腐殖土,这样保湿效果也很好。

因为酒红球盖菇新生菌丝生活力较弱,为确保菌种萌发定植,所以在播种时一定要使用适龄菌种,老化菌种绝不可用。同时,还要掌握好播种时的料温,上床时的料温宜偏高一些,通常以27℃~30℃为宜,最高不超过34℃,最低不宜低于24℃。

(五)发菌管理

播种结束后,便进入发菌管理阶段。温度、湿度的调控是发菌能否成功的关键环节。酒红球盖菇在菌丝生长阶段,有其适宜的温度、湿度指标,即堆温在22℃~28℃,培养料的含水量70%~75%,空气相对湿度85%~90%。为此,在播种后,应根据实际情况,采取相应的调控措施,以创造有利的环境,促进菌丝的恢复和生长。

铺料播种前,培养料一定要吸足水分,这是保证菌床维持足够湿度的关键。在菌丝生长的前期,即播种后的20天之内,一般是不喷水或少喷水。即使喷水,也不直接喷水于菇床上。平时补水,只是喷洒在覆盖物上,使覆盖物经常呈湿润状态,而不使多余的水流入料内。为了防止畦床或草堆被雨淋,需备有塑料薄膜,特别是在播种后的20天里,要谨防因下雨,雨水渗入,造成畦床或堆内湿度过大。若此期间遇到雨天,需把薄膜覆盖在覆盖物之上,待雨过后,即可掀去薄膜。同时,要注意排除菇床四周的积水。

当经过20天之后,菌床上菌丝量已明显增多,有时菌丝已伸入培养料的1/2以上,此时可以适当补水。实际上,这时菌床已经过了20多天的水分蒸发,菌床表面会出现干燥、发白的现象。虽然在空气湿度调到85%～95%的情况下,水分散失慢一些,但毕竟还是要散失的。所以,此时料面失水是正常的现象,理应适时适度给予菌床补水。喷水要轻喷,少量多次,四周侧面可多喷,中间床面应少喷。保湿条件好的,可隔1～2天喷1次,以免因喷水量过多,造成菌丝衰退。

发菌期间的料温,是影响菌丝生长的关键因素。一般要求料温维持在20℃～30℃,最好控制在25℃左右。根据发酵原理,高含水量和料层踏实、紧密,以及保持18℃～25℃的较低温度环境,是不使料温升高的主要条件。在正常的情况下,播种后1～2天,料温会稍有上升,但不应超过30℃。故应于每天早、中、晚定时观测温度变化。如果低于20℃,宜在夜间加厚草被,或在白天覆盖塑料薄膜。如果一旦高于30℃,应立即掀开上半部草料散热,喷水,待料温降低后,再重新整理好,最好再重新补种一部分菌种。料温升高的原因,主要是料吸水不足,或吸水不匀,或堆料疏松,或气温太高,故应及时采取对应措施。为了控制料温,也可在料面上用木棒打洞散热,洞口直径6厘米左右,洞深度15～20厘米,洞与洞间隔20～30厘米。如果洞口小而浅,有可能适得其反,引起失水升温。另外,为了避免料温过于升高,安排好栽培季节和选择相应的遮阳措施,也是十分重要的。

(六)适时覆土

在气温正常的条件下,播种后3～5天,菌丝即开始萌发、定植吃料。30～35天,菌丝吃透料2/3时,便可进行覆土。覆土可提供培养料以必需的微生物群体,既可抑制杂菌侵染,又可保温、保湿,并能起到增肥、惊菌、促进菌丝生长和扭结出菇的作用,有利获得高产。实践证明,覆土与酒红球盖菇的产量有密切的关系。一般情况下,尽管培养基中菌丝长得很好,如不覆土也难以形成子实体,或需经过相当长的时间后,才会出现少量子实体。但覆盖适宜的土层后,因满足了子实体生长的多种生长因子,子实体便可很快形成。但是,覆土的时间,还应结合不同季节、不同气候条件区别对待。如果气候较干燥,可适当提前覆土;或采用二次覆土,即播种后及时覆土1厘米左右,待基本吃透料后再覆第二次。覆土总厚度3~5厘米。

覆土材料的选择,以结构疏松、通气性好、持水力高、有一定团粒结构(土粒直径1~2厘米)、偏酸性(pH值5.5~6.5)的土壤为好,如田园土、菜园土、塘泥土、河泥土、发酵土、混合土、泥炭土、草地土等。黏土和持水力差的沙壤土,均不宜作为覆土材料。在采用田园土、菜园土时,宜选用离地面20厘米以下的土壤。覆土材料在使用前,一般需经过消毒处理。常用的消毒方法有:暴晒消毒法、蒸汽消毒法、甲醛消毒法等。

暴晒消毒法:将制粒后的覆土材料,铺于清洁、干燥、坚硬的地面上,最好是水泥地面,经阳光暴晒3~5天,每天翻动一两次,可基本达到消毒效果。若用透明塑料薄膜严密覆盖土粒进行暴晒,在烈日下,膜内温度可达50℃以上,效果更好。这种消毒法,既简便节约,又安全有效。

蒸汽消毒法:将晒干的土粒置于密闭的环境内(如密闭的菇房等),利用制种灭菌设备或加温设备,通入60℃~65℃的热蒸汽,保持3~4小时;或通入70℃~75℃的热蒸汽,保持1~2小时。蒸汽消毒后,再让土壤冷却24小时左右,散去土粒表面的水分。

甲醛消毒法:每立方米土粒用40%的甲醛(福尔马林)500毫升,兑水5~10升,均匀喷洒在土粒上,然后做堆并盖上薄膜。或者将土粒做堆,堆顶中再做一凹坑,坑内置一容器,将适量的高锰酸钾倒进容器,并注入1~2倍量的清水溶解,然后加入福尔马林(每立方米土粒用高锰酸钾250克,福尔马林500毫升),随即盖上薄膜,使甲醛在膜内汽化。无论是喷洒消毒还是汽化消毒,施药后,土堆都必须迅速用较厚的塑料薄膜覆盖,薄膜四周要用湿泥糊实、压严,密闭熏蒸24~48小时。然后揭去薄膜,扒开土堆并翻动土粒,过3~5天,待土粒上残留的甲醛气味消失后,才可覆盖菌床,否则会产生药害,影响土层菌丝的正常生长,推迟出菇。

　　根据无公害生产的要求,土壤的消毒要尽量采用暴晒消毒或蒸汽消毒,少用或不用甲醛消毒,以免带来药害。

　　采用以上方法对土壤消毒时,通常结合喷洒适量的无公害杀虫剂,以兼治土壤中的害虫、害螨。常用的药剂有80%的敌敌畏800～1000倍液,或菇净(原名菇虫净)1000倍液等。一般每立方米土粒喷洒上述浓度的药剂1～3升即可。若栽培面积较小,或土壤较干净,也可以不喷杀虫剂。消过毒的土壤,应立即使用为宜。若要放置,一般不超过5天。放置时,应放在经严格消毒的房间里,不要让蝇虫及畜禽靠近,以防二次感染。

　　采用蒸汽消毒的土壤,在土壤冷却后,稍散去土粒表面的水分,即可覆用。对于采用暴晒消毒或甲醛消毒的土壤,在覆用之前,可先调成半湿,其含水量应掌握在握之成团,抛之则散,外观潮润,中间无白心为度,这时的含水量一般在18%～24%之间。也可直接用干土,覆好后再调至适宜的含水量。

　　另据广西职业技术学院(广西南宁)韦文添等报道,他们采用油梨园土、茶园土、蔗田土、草地土四种不同的覆土材料栽培酒红球盖菇。其中草地土取自荒坡草地,铲去杂草及杂物后挖取;其余土壤均由相应的作物耕作层,去掉表层2～3厘米后取得。pH值自然。试验结果表明,酒红球盖菇在四种覆土材料上均能生长发育,但以覆盖油梨园土生长速度最快,产量最高,转潮最快,其次是茶园土,再次是蔗田土,草地土为最差。

　　覆土的方法,与双孢蘑菇类似。将处理好的土壤铺在床面上,厚度3～5厘米。每平方米的菌床约需0.05立方米的土壤。覆完后,立即调节土壤湿度,要求土壤的持水率达35%～40%。这样的覆土层,其含水量为适宜。正常情况下,覆土后3～4天,菌丝可爬上覆土层中。这期间,要保持空气湿度在85%～90%。待菌丝爬上土面后,再掀膜降湿,使菌丝倒伏,促使土层中原基形成。覆土后的主要工作,是调节好土层湿度和环境温度。为防止内湿外干,最好使上层的覆盖物经常保持潮湿。覆土后,要注意菌床内部的含水量不宜过高,否则会造成菌丝衰退。因此,喷水量要根据场地的干湿程度、天气的情况灵活掌握。只要菌床内含水量适宜,有时也可间隔 1 ~ 2 天不喷水,甚至是更长时间。

(七)出菇管理

一般情况下,覆土后 15 ~ 20 天,就可出菇。出菇阶段的管理,主要是调节湿度和通风换气,以及使温度相对稳定,不要温差过大。出菇后,适宜的相对湿度为 90% ~ 95%。为了保持适宜的空气湿度,畦间水沟要经常灌水,畦床上面可以覆盖湿润的草帘、麻袋片,并不断喷雾状水以保持其湿润。覆土层的湿度,要经常保持 35% ~ 40% 的含水量。若发现土层干燥、发白、缺水,应揭草帘及时喷水,但不得使水流入料层。除做好保湿工作外,还应注意加强通风换气,每天结合喷水和掀去覆盖物的同时,让其接受适度光照。通气的好坏,与菇的产量和质量直接相关。采用塑料大棚栽培的,应增加通风次数和通风时间,并与温度、湿度相互协调。菇棚内空气好,则菇柄短,菇体大,产量高。

酒红球盖菇出菇的适宜温度为 12℃ ~ 25℃,当温度低于 4℃ 和超过 30℃ 时,均不能形成子实体。视不同的季节,酒红球盖菇的出菇期表现差异较大,其中 10 ~ 12 月、3 ~ 4 月温度适宜,出菇快而整齐,其出菇时间也相应缩短;而到了深秋或冬季播种,整个生长期明显延长,其出菇期也会相应延长。为调节适宜的出菇温度,在出菇期间,可通过调节光照时间、喷水时间、场地的通风程度等,使环境温度处于较理想的范围。长菇期间,若遇到霜冻,一要注意加厚草被,盖好小菇蕾;二是要少喷水或不喷水,防止它直接受冻害。只要盖好草被,再加上地温的保护,其菇蕾可安全度过。但是如果让菇蕾直接裸露在外面,气温又低于 0℃,菇蕾受干冷风,特别是西北风袭击,则可造成冻害。若采用保护棚栽培,即使是连续低温,一般均不会造成冻害。在深秋或冬季建堆播种时,菌丝生长显得很缓慢,但霜冻、低温对菌丝来说,并不产生冻害,它可以安全过冬。

另外,在出菇期,又增添了采菇工序,再加上喷水、通气、光照,常常将覆盖物揭来覆去,故宜轻拿轻放。架起覆盖物的竹片等,也应固定牢靠,以防碰伤菇体。

子实体从露出白点到成熟,一般需5~10天。酒红球盖菇比一般食用菌个头大,一般食用菌朵重约10克,而酒红球盖菇朵重60~2500克,菇盖直径5~25厘米。应根据市场需求,及时采收鲜销或加工。

采收后,菌床上留下的洞穴,要用新覆土材料及时填平、润湿。清除留在菌床上的残菇,以免腐烂后招引虫害而危害健康的菇。如前管理,经过10~12天,又开始出第二潮菇。整个生育期可采收三四潮菇,菇潮间隔10~20天。鲜菇单产,每平方米可达6~10公斤或更高。

(八)常见问题

现将酒红球盖菇室外生料栽培中常遇到的问题、产生的原因及解决的对策介绍如下。

1.播种后菌丝发育慢,长时间不现蕾,不出菇,收获期短,严量低。

原因:一是菌种质量不高,菌丝生活力低;二是自然温度低,播种后较长时间料温低于20℃,菌丝生长缓慢或停止;三是培养料不符合要求,浸泡时间不够或含水量太低或太高。

解决对策:一是播种前检查菌种质量,选用生命力强、菌丝发育好的菌种;二是料温低于20℃时,料面早、晚盖草帘,增厚覆盖物,在草帘上覆盖薄膜,接收阳光,提高地温和料温;三是选用未发霉、干燥的秸秆;四是浸料前进行翻晒,稻草浸泡36小时以上,其他秸秆浸泡48小时以上,浸泡后捞起沥干,使含水量保持在75%左右。

2.菌丝老化,长出的菌丝发黄,料中菌丝分布不均,闻起来没有菌丝特有的清香味,导致不出菇或出菇少,产量低。

原因:一是强光照射;二是料温过高,通气不良。

解决对策:一是菇床可选择有遮阳的果园隙地,利用果树遮挡强光,防止阳光直射菇床;二是用稻田做菇床时,要用拱竹片加盖塑料薄膜,薄膜上盖草帘遮阳;三是播种后遇高温天气时,用木棒在料面打孔,即每隔30厘米见方打一个直径6厘米左右的洞穴,直到料底,促使散热,或在料面覆盖湿麻袋片保湿,亦可均匀、少量地喷水雾降温;四是白天打开菇床两头的端膜,保持空气流通。

3.现蕾出菇后,菇床中间没有菇,或只有稀疏的几个菇,产量低。

原因:一是菇床中间积水,菌丝受损;二是铺料不匀,菇床中间铺料厚度不够;三是菇床中间覆土薄,肥力低,菌丝少。

解决对策:一是整理菇床时,做成中间龟背状、畦边地势低的菇床,四周开沟沥水,防止积水;二是分层铺料时,第一层应铺8~10厘米厚,第二层应铺10~12厘米厚,第三层应铺3~5厘米厚,保证每平方米用干料约25公斤,铺排要均匀、压实;三是覆土要选用富含腐殖质、土质疏松的壤土;四是覆土应在播种后30天左右,即菌丝接近长满料层时进行,覆土厚度3~5厘米,避免中间薄、四周厚的现象。

4.菇蕾在发育过程中易开伞,子实体小,纤维化程度高,品质降低。

原因:一是出菇时温度过高,菇棚干燥;二是覆土薄,菇畦(棚)自我调节能力差。

解决对策:一是加强出菇期间的管理,重点是保湿,保持覆盖物和土层呈湿润状态,晴天细雾勤喷,畦面空气湿度控制在90%~95%,温度控制在14℃~25℃;二是保证覆土厚度,以提高菇畦(棚)的自我调节能力。

5.病虫侵害,详见第七章病虫害防治。

二、室外发酵料高产栽培法

(一)栽培季节及场地

参照以上"室外生料高产栽培法"的相关内容。

(二)培养料的准备

酒红球盖菇属草腐性真菌,其栽培所需培养料与蘑菇、草菇、平菇等基本相同,因此,所有农作物秸秆及农林副产品下脚料,如稻草、麦秸、玉米秸(芯)、高粱秆(壳)、棉秆、阔叶树木屑、棉籽壳、豆秸、花生藤

(壳)、油菜籽秆(壳、渣)、甘蔗渣、稻谷壳、酒糟、废棉及禾本科的部分野草等,均可作为栽培酒红球盖菇的培养料。

对培养料的要求,主要是新鲜,颜色、气味正常,无霉变。使用的农作物秸秆,在收获前,最好不要喷施剧毒性农药,以免有害物质残留其中,影响菌丝发育和产品质量。不论选用何种原料,使用前,都要先在阳光下暴晒1~3天,借助阳光中的紫外线,杀死料中的部分病菌和虫卵,以减少栽培中的病虫害。

栽培酒红球盖菇的培养料,虽然可以采用纯稻草或纯麦秸等单一草料作基质,但经试验,其产量还是不及多成分的粪草混合培养基高。因为多成分的混合料,营养比较齐全,基质较为疏松,持水性和通气性良好,菌丝发育粗壮,因此有利于高产。为了提高产量和经济效益,在栽培酒红球盖菇时,提倡采用多成分的混合培养基。

1.培养料配方。下面介绍一些混合培养基配方及配制方法,供各地菇农因地制宜、就地取材加以选用。

配方1:稻草70%,干牛粪10%,麦麸8%,玉米粉4%,过磷酸钙1%,草木灰4%,石膏粉1%,石灰粉2%。

配方2:稻草62%,干牛粪10%,麦麸或米糠8%,玉米粉5%,过磷酸钙3%,碳酸钙1%,草木灰6%,石膏粉2%,石灰粉3%。

配方3:稻草54%,干牛、马粪40%,饼肥2.8%,尿素0.2%,过磷酸钙1.2%,石膏粉1.5%,石灰粉0.3%。

配方4:稻麦草75%,干畜粪15%,菜籽饼2.4%,米糠2%,尿素0.2%,硫酸铵1%,复微石膏2%,石灰粉2.4%。

配方5:稻草或麦草19.25%,新鲜马粪80%,过磷酸钙0.25%,石膏粉0.5%。

配方6:麦草75%,干牛粪3%,棉籽壳14%,麦麸3.2%,复合肥0.4%,明矾0.4%,草木灰2%,石灰粉2%。

配方7:麦草65%,干牛粪10%,麦麸10%,玉米粉5%,过磷酸钙2%,草木灰3%,石膏粉2%,石灰粉3%。

配方8：麦草41%，玉米芯28%，麦麸8%，玉米粉5.5%，复合肥0.5%，石灰粉3.5%，肥土13.5%。

配方9：玉米芯59%，花生壳30%，玉米粉5%，过磷酸钙1.8%，草木灰2.4%，石灰粉1.8%。

配方10：玉米芯50%，棉籽壳30%，秸秆16%，尿素0.2%，过磷酸钙0.4%，过氧化钙0.3%，硫酸镁0.1%，草木灰2%，石膏粉1%。

配方11：玉米秸（芯）65%，干牛粪10%，麦麸10%，过磷酸钙5%，草木灰5%，石膏粉2%，石灰粉3%。

配方12：玉米秸或高粱秸（碾压切段）50%，玉米秸粉或高粱秸粉39%，麦麸或米糠10%，过磷酸钙1%。

配方13：豆秸50%，木屑25%，蔗糖1%，米糠12%，玉米粉5%，鸡粪5%，石膏粉1%，石灰粉1%。

配方14：蚕豆秸（碾碎）67%，棉籽壳28%，过磷酸钙1%，石膏粉1%，石灰粉3%。

配方15：高粱壳95%，玉米粉1.8%，尿素0.2%，过磷酸钙1%，石膏粉1%，石灰粉1%。

配方16：高粱壳50%，高粱壳粉40%，麦麸或米糠9%，过磷酸钙1%。

配方17：油菜籽壳（渣）69%，棉籽壳28%，石膏粉2%，碳酸钙或石灰粉1%。（油菜籽壳使用前，要用1%的石灰水浸泡24小时，然后拌入其他料堆制发酵。下同。）

配方18：油菜籽壳60%，棉籽壳37%，石膏粉2%，石灰粉或碳酸钙1%。

配方19：油菜籽壳50%，棉籽壳20%，阔叶树木屑20%，玉米粉5%，过磷酸钙2%，石膏粉1%，石灰粉2%。

配方20：花生秧（晒干铡碎）90%，麦麸8%，石灰粉2%。

配方21：花生壳80%，棉籽壳18%，石灰粉2%

配方22：棉籽壳80%，干牛粪6%，过磷酸钙2%，碳酸钙1%，草木灰6%，石膏粉2%，石灰粉3%。

配方23：棉籽壳55%，稻草20%，麦秸20%，过磷酸钙1%，草木灰3%，石膏粉1%。

配方24：甘蔗渣70%，稻草25%，麦麸4.9%，尿素0.1%。

配方25：酒糟糠85%，麦麸10%，过磷酸钙1%，石灰粉4%。（鲜酒糟中含有乙醇、活性酵母菌，并强烈偏酸，对酒红球盖菇等菌类菌丝生长不利，使用前要暴晒2～3天，使乙醇挥发掉；拌料时洒入4%的石灰水以中和其中的酸，并可杀死酵母菌和其他杂菌）

配方26：刺梨渣78%，稻草20%，过磷酸钙1%，石膏粉1%。

配方27：木糖渣60%，棉籽壳28%，麦麸5%，尿素0.2%，过磷酸钙1.8%，石膏粉1%，石灰粉4%。（木糖渣是玉米芯提炼木糖醇后余下的残渣，营养较丰富。但其含有刺激性气体，并且有机酸偏重，影响菌丝生长。使用前要暴晒1～3天，使有害气体挥发干净；拌料时加入4%的石灰以中和酸性）

配方28：糠醛渣42%，棉籽壳42%，麦麸10%，过磷酸钙1%，石膏粉1%，石灰粉4%。（糠醛渣是玉米芯、棉籽壳、葵花子壳、花生壳、高粱壳、甘蔗渣等加工提取糠醛后的残渣，含有丰富的营养物质，但酸度较高，使用时，要加4%左右的石灰中和）。

配方29：亚麻秆（壳）46%，棉籽壳46%，麦麸6%，蔗糖1%，石膏粉1%。（亚麻是东北、西北、华北等高寒地区的重要经济作物，其下脚料茎秆及壳含有丰富养料）。

配方30：烟草秸秆85%，麦麸10%，白糖1%，复合肥1%，石膏粉1%，石灰粉2%。（烟草秸秆即加工烤烟时的下脚料）。

配方31：香蕉茎叶53%，干牛粪6%，棉籽壳33%，麦麸3.6%，碳酸钙1%，石灰粉3.4%。

配方32：牧草82%，羊粪15%，麦麸2%，钙镁磷肥1%。

配方33：杂木屑39%，玉米芯39%，麦麸20%，蔗糖1%，石灰粉1%。

配方34：水葫芦粉碎渣86%，米糠10%，蔗糖1%，尿素0.2%，石膏粉1%，石灰粉1.8%。

以上各配方,建堆之初,料的含水量为70%~75%,pH值7.5~8;发酵后,料的含水量为65%左右,pH值7.2~7.5。

2.培养料的处理。栽培酒红球盖菇的培养料资源广泛,成分质地较为复杂,有些原料木质素含量高,如阔叶树木屑等;有些原料纤维素、半纤维素含量较高,如棉秆、豆秸、玉米秸等;有些原料表面覆有一层蜡质,如稻草、麦秸等。这些成分如不通过软化处理和使其降解,就很难被菌丝吸收利用。因此,配料前,需要对这些原料进行预处理。其处理方法分以下几点:①切段或粉碎。对玉米秸、高粱秆、棉秆、豆秸、亚麻秆、烟草秸秆等质地较硬、较长的原料,要切成3~5厘米长的段,或暴晒后碾压,或用粉碎机碎成渣(粉)后备用;②浸泡。对稻草、麦秸等表面有蜡质层的原料,要用2%~3%的浓石灰水进行浸泡脱蜡,使其软化,然后用清水漂洗沥尽余水备用;③碾压或粉碎。对花生壳、板栗壳、亚麻壳等硬壳类原料,通过暴晒后,用石磙或手扶拖拉机在晒场上碾压,或用粉碎机粉碎后备用;④晒干打碎。对牛、马、羊、猪、鸡、鸭等畜禽粪便,要晒干、打碎后备用;⑤辅料类,如尿素、磷肥、食糖、石膏、石灰等,在拌料时,要先用适量水溶化后,再喷洒于料内。

3.培养料的堆制发酵。培养料的堆制发酵方式,主要有一次发酵法、二次发酵法、增温剂发酵法、酵菌素发酵法等。

所谓一次发酵法,即是在室外场地一次性完成培养料的堆制发酵,又叫常规发酵或前发酵。它是我国传统的粪草料培养基堆制发酵法。此法所需设备简单,保温条件和发酵技术也较易掌握,使用较普遍。采用此法时,应抓好以下五点重要步骤。

(1)堆料前的准备:主要有以下两点。

第一是选好场地。要选避风向阳、距栽培场地较近(也可直接在栽培场地上堆制发酵)、水源方便、排水畅通、地势较高、保证下大雨不遭水淹的地作堆料场。

第二是预湿培养料。即在建堆前,先将部分晒干贮藏的草料或粪料浇水湿润,以免建堆时浇水不足,草料发酵不匀;或浇水过多,粪肥易随水流失。预湿培养料,还能激活和培养出一些有益微生物,消除部分臭气及病虫害,并有利建堆后堆温均衡上升。

(2)建堆要求:主要有以下6点要求。

第一,料堆最好呈南北走向。这可防止因阳光照射不均,风向吹力不同,造成料堆两侧温差过大、干湿不均。

第二,建堆时,若有菜籽饼等含氮有机肥、部分含氮化肥(如尿素等)、石膏粉等辅料,要经拌和后,分层撒在料堆中间的几层,不能撒在顶部和外缘,以免挥发流失过多。

第三,混合草料要将茎秆较硬的铺放在料堆的中下层,以利加速腐熟。

第四,如果主料预湿不够,建堆时要酌情浇清水或粪水,浇水应从第三、四层开始,边堆料边分层浇水,越往上层浇水量越多,直到料堆建好四周有水溢出,但不流出为宜。

第五,掌握料堆的大小。料堆一般宽2~2.5米,长度根据场地和堆料数量而定。料堆高度,则因各地气温和主料质地等不同而略有差异,长江流域一带,一般堆高在1.8米左右;福建、广东、广西一带,堆高可在1.5~1.8米;黄河两岸等北方地区,堆高可在1.8~2米。料堆过高,会因压力大造成堆料紧实,透气性差,发酵不良;料堆过低,既难以保温保湿,也不利于发酵。

第六,料堆覆盖。为防止料堆遭受风吹、日晒和雨淋,建堆后,必须用稻草帘或无纺布或塑料薄膜等覆盖料堆,以利保温保湿正常发酵。

(3)翻堆:翻堆可检验和调节粪草料的含水量、pH值,并适时加入辅料;也可改善料堆各部位温湿度及通气条件,促进有益微生物的繁殖;还可排除料堆发酵时产生的废气,有利草料发酵均匀。翻堆的次数,依培养料腐熟速度而定。腐熟速度快,翻堆次数少;反之,则翻堆次数就多。一次性发酵,受自然条件影响很大,通常需要翻堆3~5次。翻堆的时间,主要由料堆内的温度来决定。

下面我们来介绍一下4次翻堆的必备条件:①一般建堆后第二天,

料温便开始上升,2~3天后,料温可达70℃~75℃。6天左右堆温下降,此时即可进行第一次翻堆。翻堆的要求,要将料堆外层部位的粪草料和内层及底层部位的粪草料互换位置,并将结块的粪草料抖散和匀,然后重新堆制。翻堆时,若草料偏干,可补适量清水,料内养分不足的可浇粪水。并将辅料边翻边加进去。重建的料堆适当缩短长度,但高、宽不变;②第一次翻堆后1~2天,堆温便迅速上升,5天左右,堆温升至60℃以上,不久又开始下降。此时应进行第二次翻堆,翻堆方法同上。管理的重点是调节水分。原则上不宜浇水,若需局部补水,也切忌浇水过重。若水分太大,会使中下层部分的粪草发黑、发黏,影响发酵质量。水分适度的标准是,用手紧握培养料,指缝间能滴下3~5滴水即可。此次翻堆时,要将所剩的含氮化肥及石膏粉全部分层撒入,并在料堆上每隔80~100厘米埋设1根直径10~15厘米的长度适中的空心圆管(钢管、塑料管、竹管等均可)。料堆好后,把圆管旋转后轻轻抽出,料堆内便形成若干个与外面相通的进气孔,从而有利于培养料的腐熟均匀。也可以待料堆好后,用直径5~10厘米的锥形木棒,在料堆上间隔30~50厘米打些直至堆底的透气孔,同样有助于通风透气,提高发酵质量。重建料堆的高度不变,宽度收缩约20厘米,长度随之改变;③第三次翻堆,一般在第二次翻堆后的第五天进行。此次翻堆,应将过磷酸钙余料全部撒入,堆料含水量以手捏一把培养料,指缝间有两三滴水滴下为宜。翻拌粪草要尽量抖松,防止产生厌氧发酵。若料偏湿,可边翻料边撒适量石灰粉;若料偏干,可随翻随喷适量石灰水,使料堆呈微碱性。翻堆后,要注意防雨,切忌雨淋。重建的料堆,高度不变,宽可再收缩20厘米左右,长度随之改变;④第四次翻堆,一般在第三次翻堆后的第四天进行。此次翻堆,要进一步把草料抖松,不能拍压,以利提高料堆的通气性,促进发酵。翻堆时,要注意调整pH值和水分。水分适度的标准是,手捏培养料,指缝间有水溢出而不滴下为宜。此次翻堆后,培养料已接近发酵成熟,若料偏湿或偏酸,要翻开晾晒,让其散发多余水分,并加入少量石灰粉;若料偏酸偏干,可用pH值8.5左右的石灰水调节;

若氨气过重,可结合调节含水量,用适量过磷酸钙溶液喷洒中和,或将过磷酸钙粉均匀拌入料内。重建料堆的堆宽,可再收缩10~20厘米,高度不变,长度随之改变。建堆后2~3天,即可拆堆。

(4)处理好"白化"现象:在粪草料堆制发酵过程中,往往在料堆中产生一些白色丝状霉层或粉末状灰白色斑块,俗称"白化"现象。这是料堆内放线菌活动旺盛、堆湿较高、含水量偏低的特征。可通过翻堆,适当洒水补湿、降温,并将白色斑块打碎或抖散,均匀拌入料内,以改善放线菌的分布。若料内"白化"层比例太大,"白化"部位的培养料松散易碎,则称为"烧堆"。烧堆不仅徒耗养分,还说明严重缺水,必须及时散堆降温,并加清水(或粪水补养)调湿后再重新建堆发酵。

(5)发酵好的标准:发酵好的标准腐熟度一般以六七成为宜。料过生,其原料大部分尚未被微生物分解转化好,难以被酒红球盖菇的菌丝吸收利用,播种后菌丝生长缓慢,出菇迟,且发菌期间易产生高温而烧料、烧菌及引发病虫害。料腐熟过度,养分消耗多,则菌丝生长稀疏,结菇少,产量低。

堆料是否腐熟适度,可参考以下标准:①一看。料堆体积大大缩小,只有建堆时体积的60%左右,料的颜色已由青黄色或金黄色变成黄褐色至棕褐色,或有少许"白化"现象;②二闻。腐熟适度的料,闻不到氨气味、臭味及酸味等刺激性异味,略有甜面包味或稍有霉味;③三捏。发酵好的料,捏得拢,抖得散,手感质地松软,无黏滑的感觉;④四拉。腐熟适度的料,草料原形尚在,用手轻拉可断,但不烂成碎段;⑤五测。有条件的,可检测一些正常指标,如pH值在7.2~7.5,含水量约为65%,含氮量在1.50%左右,最后一次翻堆后2~3天,堆温仍可维持在55℃左右,料内氨气浓度低于10微升/升等。

酒红球盖菇培养料的处理,也可根据季节灵活掌握。夏秋季节栽培时,因气温较高,易滋生杂菌,宜于进行堆制发酵,以减少病虫危害。同时,发酵后还可避免在菌床上烧料、烧菌。而在冬春季节栽培时,因气温较低,生料不易遭受杂菌感染,培养料可以不进行发酵处理,而直接采用生料栽培(见前述生料栽培法)。这样有助于料温升高,能更好地满足菌丝生长对温度的要求,有利于菌丝的生长发育。

二次发酵法是指分两次完成培养料堆制发酵。二次发酵的第一阶段也称前发酵阶段,其培养料的堆制方法与一次发酵方法基本相同,但堆制时间较短,一般只有12天左右,翻堆2~3次。二次发酵的第二阶段也称后发酵阶段,或称"巴氏消毒"阶段,这一阶段是通过人工控温措施(即采用蒸汽)对培养料进行升温发酵,发酵时间4~5天。经降温翻堆即可铺料播种。此种发酵方式通常用于酒红球盖菇培养料,酒红球盖菇工厂化栽培时也可采用,这里不作详细介绍。

增温剂发酵法即采用增温剂对培养料进行堆制发酵的一种较为新型的发酵方法。此方法具有省工、节能、增产、综合效益高等优点。增温发酵剂是由上海市农业科学院食用菌研究所研制的一种嗜热微生物制剂,为咖啡色粉状物。用量为111平方米栽培面积的培养料使用1千克。根据操作程序和发酵场所的不同,可分床式发酵法、堆式发酵法和二次发酵法等方式。下面主要介绍堆式发酵法。

增温剂堆式发酵法的操作程序如下。将增温剂拌入料内,充分拌匀后加水调至含水量为60%左右,然后堆成小堆,用塑料薄膜覆盖好,闷堆发酵12小时后打成粉状,再均匀混拌到预堆软化的大堆草料内(大堆料软化7天后翻堆一次),然后重新建堆。建堆时培养料要充分抖松,不能站在堆上操作,避免踩实料堆影响其透气状况。料堆高1.5米,宽2米,长度不限。料堆建好后打通气孔,用薄膜覆盖,堆顶留一条宽20厘米左右的通气带不盖膜(下雨时临时覆盖),料堆脚下也不要把膜压实,以利通气。盖好薄膜后,上用稍厚的小整捆稻草(或麦草)排列覆盖,以维持堆温稳定。建堆后2~3天,堆温可升至65℃以上,而后缓慢下降,并在50℃左右维持3~4天。发酵10天左右,料色转深,料内长有大量白色嗜热放线菌与腐殖霉菌,草稍松软,无臭味、异味时,即完成发酵。

(三)播种及要求

发酵好的草料,要散堆、散热,并让其挥发掉有害气体。当料温降至30℃以下时,即可铺料或堆料播种。

栽培场地的选择,可参照前述生料栽培法。畦床的制作及播种要求,也与前述生料栽培法相同。播种时,一般采用分层播种法,即铺一层料播一层菌种。播种方法可穴播也可撒播,谷粒菌种以撒播为宜。一般铺料三层,播种两层。整个铺料厚度以20~25厘米最为宜,每平方米床面铺干料25~30公斤。播种量为5%~10%,谷粒菌种每平方米料面播种1000~1500克。播种后压实,覆膜或盖草帘等,以利保温、保湿、发菌。

（四）发菌期的管理

播种后的发菌期,在管理上要注意抓好以下几个方面。

1.调控好温度。播种后3~5天,料温可升高到30℃以上。此时要注意检查料温,如已达到30℃以上,便应翻开料床或料堆上的覆盖物,并适当喷水,以利降温,将温度控制在22℃~28℃,最高不得超过30℃,以防高温"烧菌"。但料温也不得低于20℃,温度过低不利于菌丝萌发生长。如遇低温,应加强保温措施,夜晚加厚覆盖物。

2.调节好堆料水分。播种后20天内,一般料内不会缺水,喷水时不要喷在料堆或菌床上,只要保持覆盖物湿润即可。室外栽培时,为防止料堆被雨淋,需备薄膜覆盖,谨防遇雨淋而增加料内湿度,影响菌丝生长。播种20天后,当菌丝占据培养料1/2以上时,若发现堆料表面出现干燥现象,即草料发白时,应适当喷水。菇床四周和料堆外侧应多喷,中间部位少喷或不喷。若遇阴雨天,则不必喷水。

3.覆土。覆土时间,播种后30天左右,当菌丝长至料层的2/3,或穴播的两个接种穴菌丝已快接近时,即可覆土。此外,覆土时间还要根据季节和不同气候条件,灵活掌握和区别对待。如早春季节,常遇多雨,可待菌丝接近长透料层时覆土,以防覆土过早,雨水淋湿覆土后影响菌丝生长。若在秋季气候较干燥时,为了保住基层水分,可适当提早覆土。或采用二次覆土法,即在播种后随即少量覆一次土,待菌丝基本接近长透料层时,再覆一次土。覆土材料以偏酸性(pH值5.5~6.5)、疏松、较肥沃的菜园土、花园土、树林田野土、果园中空隙地的土等壤土为宜。这类土壤较易保温、保湿，持水性和通气性均较好。不论什么土，使用前都要预先挖起，整成直径为 1~2 厘米的土粒，经暴晒和灭菌杀虫后方可使用。覆土厚度以 3~5 厘米为宜。覆土要均匀地盖满菌床或料堆。覆土后，较干的菌床要适当喷水，喷水的雾点以细为宜，以达到湿润覆土层而不进入料内为佳，此时覆土的含水量可达 35%~40%。为防止内湿外干，最好采用喷湿覆盖物的办法，以防料内含水量过高，造成通气不良引起菌丝衰退。喷水还要根据天气情况灵活掌握，天气干燥时适当多喷，否则少喷或不喷。

（五）出菇期的管理

出菇期间的管理，主要是保持土壤湿润，调节好空气湿度和通风换气。覆土后 15~20 天，菌丝即可爬上土层，这时要喷 1 次出菇重水。每平方米料面喷水 200~300 毫升，使料内含水量保持在 70%~75%。此时，还要将菌床边的排水沟灌满水，或定期向菌床四周的空地喷水，使空气湿度保持在 90%~95%，并加强通风，揭膜降温，迫使菌丝倒伏。3~5 天后，菌丝就会集中大量扭结，并形成子实体原基，或有白色小菇蕾出现。此后，继续加强水分管理和通风换气。每天通风两三次，每次 1 小时左右，使空气新鲜，通气良好，以利菇柄短，菇体结实，产量高。若在林果园中栽培时，其场地空气流通新鲜，可不必通风。当菇蕾长至菌盖直径达 2 厘米时，可减少喷水或喷轻水，以免造成菇体畸形，而影响商品价值。出菇期间，还要注意温度的调节。若遇低温、霜冻天气：一要加厚覆盖物，保护好小菇蕾不受冻害；二要少喷或不喷水，防止菇蕾直接受冻害。

采收第一潮菇后，对菌床喷一次重水，以补充培养基的含水量，使基质含水量保持在 75% 左右，再覆膜养菌。经 15~20 天，又可采收第二潮菇。一般可采 3 潮菇。

第二节 床式高产栽培法

酒红球盖菇可在室外栽培，也可在室内栽培，只是室内栽培因生产周期较长，成本相对较高，不太适合集约化栽培，故不如室外栽培普遍。但有条件的采用室内栽培，同样可以获得较大的经济收益。室内栽培时，可利用各种地上式菇房、地下式菇房、半地下式菇房等。栽培方式，则可采用层架式床栽或地面畦栽，床架式栽培可充分利用室内空间。室内地面畦栽时，应在地面先铺上一层3～5厘米厚的腐殖土，把畦整成高20～30厘米、宽约100厘米、长度不限的龟背形畦床，畦与畦之间留一约40厘米宽的人行道。播种前，应将畦床土壤喷湿后再铺料。铺料播种的具体方法，请参阅前面铺料播种内容。

一、棚内畦床式高产栽培法

塑料大棚能保温、保湿、遮阳、防雨、防雪、防风，对栽培菇类或其他蔬菜类可起到良好的保护作用，使菇类能在一个安全适宜的环境条件下正常生长。利用塑料大棚单独栽培酒红球盖菇，或将酒红球盖菇与其他蔬菜间作套种，可避免不良气候的影响，能科学地安排出菇时间，提高经济效益；可以不受季节限制，只要注意调节好温度，一年四季均可栽培。若实行菇菜套种，在同一棚内，既种蔬菜，又套种酒红球盖菇等菌类，可优势互补，共生共荣，从而可获得菇菜双丰收。大棚既可以新建，也可以利用已有的蔬菜大棚等。若利用已有的大棚，则可节省大量的开支，降低种菇的成本，更加有利。此模式较适宜建有蔬菜大棚的大中城市郊区菜农使用。现将其栽培技术要点介绍如下。

1.生产季节。春夏种植，一般播种期以2月下旬或3月上中旬为宜，5～7月份出菇；秋冬种植，宜在10月下旬或11月中旬播种，出菇高峰期正值元旦春节之际，菇市行情一般较好，可获得较高的经济效益。如销售渠道畅通，也可一年四季种植。

2.大棚选建。如采用现有的大棚,应选用避风向阳、排灌方便、构造合理、棚架牢固、坐北向南的大棚。其规格应以南北宽约8米、东西长约25米为宜,也可因地制宜。

3.堆料发酵。大棚内栽培酒红球盖菇,既可用生料栽培,也可用发酵料栽培,有条件的最好采用发酵料栽培。原料配制的具体方法,可参照本章前面两节中的有关内容。建堆发酵既可在棚内进行,也可在棚外进行。一般气温高时在棚外发酵,气温低时可在棚内发酵。棚外发酵场地,最好选在准备种菇的大棚附近,以利就近进料播种,省工节时。若能利用培养料备料及发酵过程中的棚内时空差,在棚内空地栽培生育期较短(30天左右可收获)的蔬菜,则既可调节棚内空气,又可收获一季蔬菜。

4.做畦播种。种前,要先在棚内做畦。首先,在棚内沿棚边四周挖一宽约25厘米、深约25厘米的排灌沟,以便供水、控温、调湿。单独栽培酒红球盖菇时,可在棚内横向做畦,即畦长方向与棚长方向垂直。做畦前,先顺棚长的方向,在棚中间留一条宽约50厘米的人行道,以利操作。然后即可开始做畦。畦面呈龟背形,中间稍高,两侧略低。畦宽约100厘米,高约10厘米,长至排灌沟边。畦与畦之间间隔30~40厘米,作为人行道。若采取菇菜间作方式,可在棚中间走道的两边,横向做高低畦,高畦宽约50厘米,高约20厘米,长至排灌沟边,作栽培蔬菜用;低畦宽约100厘米,高约10厘米,长至沟边,作栽培酒红球盖菇用。两畦间留一条30~40厘米宽的人行道,以便操作。单独栽培酒红球盖菇时,畦床做成之后、未铺料播种之前,应在畦床表面用无公害农药喷洒以杀灭虫害,再撒石灰粉消毒。然后就可铺料播种或建堆播种,其方法同前。实行菇菜混栽时,栽培蔬菜的畦要下底肥,底肥最好用饼肥和腐熟好的有机肥。忌施未腐熟的有机肥,以防其在腐烂分解过程中,释放出有害气体,污染棚内空气,对菇菜产生危害。使用化肥时,要及时覆土。棚内种植的蔬菜,以矮秆型的品种为宜,如辣椒、茄子、苋菜、菠菜、萝卜、葱、姜、蒜等均可,其种植技术同常规,酒红球盖菇的播种方法同上。

5.要点。菌及出菇管理的要点,除了注意调节适宜的温度、湿度外,主要是调节好空气。因棚内空气流通欠佳,在发菌和出菇期间,由于培养料的分解和菌体在生长过程中的呼吸代谢作用,常会造成棚内缺氧和有害气体增加。冬季气温低时,若在棚内烧煤(柴)升温,就会产生一氧化碳和亚硫酸气体。当这些气体达到一定浓度,就会对酒红球盖菇子实体的形成、产量和品质产生不良影响。因此要特别注意加强通风换气,以保证棚内有足够的新鲜空气,供菌丝生长和子实体发育的需要。其方法是:冬天升温时,不要直接在棚内进行,炉灶应设在棚外,通过管道或地沟,将热气送进棚内;在菌丝生长期间,每1～2天打开门窗或棚中的通风换气孔,通气30分钟左右;子实体形成期,每天如上通风换气2次,每次20～30分钟。

湿度问题:菌丝生长期间,因培养料含有足够的水分,加之棚内不易散失水分,一般不须调湿。子实体形成和菇体生长期,由于培养基失去了不少水分,菇体在生长过程中又需要一定水分,因此必须调节好湿度,保证空气湿度在85%～90%。其方法是:一是向棚内空中和菇床上适当喷水;二是通过排灌沟加深水量,以提高空气湿度。

此外,夏季在棚内栽培酒红球盖菇时,要注意防高温。超过35℃的高温,对发菌和子实体形成及生长均有不利影响,要通风降温和利用排灌沟灌深水降温及揭开大棚四周的塑料薄膜降温,以确保正常发菌和出菇。

二、室内床架式高产栽培法

关于室内床架式高产栽培法,现将其栽培技术要点介绍如下。

1.播种。房要求清洁、干燥、通风,能保温、保湿,旧菇房四壁应用石灰粉刷。搭菇架的材料应干燥,切勿用生湿料。一般搭建4～6层床架,架宽80～130厘米,层距60厘米左右。每层菌床的四周可围起一道20～30厘米高的挡板,以更利于铺料播种。床架之间留一宽60～80厘米的人行道。培养料进房前,可用1%的甲醛加0.2%的敌敌畏药液,喷洒菇房内壁和菇架,并密封门窗24小时。铺料、播种方法:先在床上铺3～5

厘米厚的腐殖土,再在其上铺料播种。可采取三层料、两层菌种的播法,即先铺一层料,厚8~10厘米,播一层菌种(撒播、穴播均可);再铺一层料,厚10~15厘米,再播一层菌种,最后在其上覆盖厚约5厘米的草料。播完种后,用木板轻轻压实培养料,使料与菌丝紧密接触,以利菌丝萌发生长。料的总厚度为20~25厘米。播种量:棉籽壳、木屑菌种每平方米3~4瓶,谷粒种减半。两层播种量各占50%。

2.管理。菌期的管理,主要是调整温、湿度,使其保持在菌丝生长较适宜的范围内。温度最好控制在24℃~28℃,湿度应控制在85%~90%,使覆盖物能经常保持潮湿。播种后,用报纸覆盖料面,气温低时应覆膜保温。温度高时,应采取通风降温措施,在床面每隔30~40厘米,用直径3~5厘米的木棍打洞,深达料底,必要时可喷井水降温。这段时间,一般不用喷水,若料太干,可用喷雾器向报纸及菇房空间喷水。喷水时,不要让水分流入料内,以防菌丝受水渍而腐烂。若料太湿,可掀开报纸、薄膜,并加强通风。当菌丝基本长透料时,即可覆土。从播种至覆土约需35天。覆土材料宜选取肥沃而疏松的干塘泥、树林表层腐殖土或稻田土等。土壤覆用前应消毒,具体消毒方法如前所述。将土壤平铺在料面上,厚2~4厘米。覆土后,必须调湿覆土层。可用喷雾器轻喷调湿,每天2次,调至土层含水量为35%~40%。2~3天后,菌丝已搭上土层。此阶段主要是保湿,使覆盖物下的泥土不见白,促菌丝由营养生长转入生殖生长。

3.管理。红球盖菇出菇适温为12℃~25℃,空气湿度应保持在90%~95%。此阶段的管理,主要是调控水分、温度和通气量,以及适当的光照,其中喷水管理尤其重要。喷水要把握如下几点:一是少量多次,水滴宜细;二是菇多多喷、菇少少喷,覆土干多喷、覆土湿少喷;三是要防止水量过多而渗入培养料内;四是喷水后要通风换气,待菇体表面没有水珠后,再关闭门窗。

第三节 林果园立体式与空闲田阳畦高产栽培法

一、林果园立体高产栽培法

林果园立体栽培模式,即在树林或果园中的空隙地栽培酒红球盖菇,让其上长林果下长菇。此模式最适宜在平原地区的林果园中推广栽培。山区林果园内,只要排灌方便,移用客土覆盖,亦可种植。此种栽培模式有以下优点:①可利用林果树的树冠枝叶为酒红球盖菇自然遮阳,不需另外花费材料搭建荫棚。既省工时,又可节约开支,且遮阳、降温、保湿效果好;②可提前播种。夏末秋初,气温仍然较高,露地阳畦栽培时,播种条件一般不太适宜。但在林果园中种植,则可播种,播种期可比阳畦露地栽培提前30天左右,因此出菇较早,可提前上市,菇价好,经济效益高;③林果园中空气新鲜,空间相对湿度较大,且具有花花阳光,昼夜温差大,病虫害少,很适合酒红球盖菇生长,因此生物转化率较高;④不占用良田,不与农作物争地,一地可当几地用,既收林果,又收菇,经济效益比单种林果要高出5~10倍;⑤可抑制林果园中杂草丛生,减轻林果的病虫害,可促进生态良性循环。又因常用稻草或麦秸等对园中空地(即菌床料面)进行覆盖,可保水、保温,防止水土流失;种菇后的废菌料又是优质有机肥,可就地下田,提高土壤肥力,降低生产成本,有利林果等高产增收。在林果园中立体栽培酒红球盖菇,主要是注意以下技术要点。

1.安排好季节。在林果园中立体栽培酒红球盖菇的季节安排,要以当地气候条件和林果园中是否有一定枝叶来遮阳为原则。一般可以安排在春、秋两季进行。春季于3月份制种,4月份栽培,5~6月份采菇;秋季于8月份制种,9月份栽培,10~11月份采菇。也可在国庆节前后播种,此时气温适宜,菌丝生长快,出菇好,且出菇高峰期正值元旦、春节,菇价好,可获得较高经济效益。一般以选择秋季栽培为佳,因为秋季气温较适宜,原料资源丰富,价格更便宜,再加上秋季雨水较少,有利于林果园立体栽培。

2.培养料制备。培养料可选用纯稻草、麦秸、玉米秸(芯)等单一原料,也可选用稻草、麦秸、牛粪等混合料。选用纯稻草或麦秸作培养料时,要选用干燥、新鲜、无霉变的原料。如自种自收的草料,在收割时,就要及时捆成把,于烈日下暴晒至足干,贮存在干燥场所备用。播种前,将草料在1%~2%的石灰水中浸泡1~2天,捞起沥去余水即可。若采用混合料,则需堆制发酵,其方法如前所述。

也可采用废菌料(又叫菌糠或菌渣)为主料,经短期堆制后使用。选料时,应选用以棉籽壳、杂木屑为原料的袋栽金针菇、银耳、茶树菇、珍珠菇、黑木耳、杏鲍菇、白灵菇等食用菌的废袋为宜。另外,接种后污染杂菌的报废菌袋也可。将这些废袋收集起来,割开袋膜,打散废料,经阳光暴晒至干,然后采用下列配方堆料发酵。

配方1:菌糠60%,棉籽壳13%,杂木屑15%,谷壳8%,石膏粉2%,石灰粉2%。

配方2:菌糠55%,干稻草18%,豆秸粉10%,棉籽壳10%,过磷酸钙3%,草木灰4%。

配方3:菌糠50%,玉米芯22%,棉籽壳15%,牛粪粉10%,碳酸钙1%,石灰粉2%。

堆制方法:选择向阳高地堆料,建堆前,先把棉籽壳、稻草、玉米芯(加工成颗粒状)等干料预湿浸泡2~3小时,捞起预堆1天。然后把晒干的菌糠拌入,加清水拌匀。建堆时,地面先用砖头垫一层,并放置木棍。然后铺上一层湿稻草,将上述配方的各料反复拌匀后一层层堆放。料堆宽度控制在1.3~1.5米,堆高1.4~1.6米。建堆后,将木棍拔掉,使料中有个通气口,最外料层再撒上石灰粉,注意罩膜防雨。当料温升到65℃以上时,继续发酵24小时。发酵2天后应翻堆1次,整个发酵期7~10天,翻堆2次即可。发酵料要求达到疏松、均匀,无霉、无臭、无氨气,含水量掌握在65%左右,pH值6~6.5为适。

3.场地整理。酒红球盖菇适宜半阴湿的生长环境,栽培场地要选用成年林地或成年果园作栽培场,如柑橘、板栗、苹果、梨、桃、枣、葡萄园地及经济林山地等。场地应通风向阳,树冠荫闭度70%~80%,地势较高,便于排灌,交通较方便。切忌选用低洼和过于阴湿的环境。荫蔽度过大,会影响产量和质量。栽培场地选定后,即可将果园行间空地整成菌床,一般以自然行间空地大小为准,行中间留一条30厘米左右宽的人行道,靠林果树两边整成龟背形菌床,床高约20厘米,宽约100厘米,长度视场地而定。注意畦旁要稍向两边倾斜,以利于排水。上料前2天,在床面及四周撒二薄层生石灰粉进行消毒。

4.铺料播种。铺料播种或堆料播种的方法,同前述生料栽培法,采用分层播种法。铺料厚度以25厘米左右为宜,不得超过30厘米,但也不要少于20厘米。每平方米用干料20~30公斤。高温季节栽培时,播种后,可在畦床(堆)的两侧,每隔30~40厘米打一直径4~6厘米、深15~20厘米直达料底(或直通堆中心)的通气孔,以利通气散热,防止高温"烧菌",且可促进菌丝生长。播种后,即可将果园间泥土打碎,覆盖于畦床(堆)上,厚度为3~4厘米。畦床(堆)的表层,覆盖农作物秸秆草4~6厘米厚,不必再用其他东西遮盖,以充分利用林果树遮阳和林果园间地温、地湿的自然条件。在菌床上覆盖含有腐殖质的疏松土壤,有利于提早出菇和提高产量。平原地区林果园的土壤较肥沃,可直接采用;山区林果园覆土时,若土质欠佳,可采用"移客土"的办法加以调节。

5.发菌培养。菌丝生长的前期,一般不喷水或少喷水。菇床表面有时出现干燥、发白,可在菇床四周的侧面喷水,中间部位应少喷或不喷;如果菇床上的湿度已达到要求,就不要喷水。正常情况下,播种后1~2天,料温会随之上升。要求将料温最好控制在25℃左右,以促使菌丝长势快且健壮。为了防止料温出现异常现象,播种后,要于每天早晨和下午定时观测料温变化。若发现异常现象,应及时采取措施。料温在20℃以下时,宜在早晨及夜间加厚盖草,并在床上覆盖塑料薄膜,待早上日出时再掀开薄膜;料温偏高时,应针对造成料温升高的原因,采取相应的对策,如在畦床旁打通气孔,可降低料温。

6.出菇管理。出菇管理重点把好"四关":①保湿。播种后1个月左右,菌丝基本上发满床,并爬上床面。这期间,管理上既不要使料内过湿,也不要让料内干燥,做到适量喷水。如气候干燥,应喷水于床面,让水渗透床内菌丝。特别是进入原基生长阶段,需喷一次催菇水,一般每平方米喷水量为200~300毫升,以使菌丝集中大量扭结;②控温。菌丝扭结后,再过3~5天,当出现大量小菇时,应注意气温变化,床面控制最适温度在12℃~23℃,料温保持在26℃~28℃。若气候闷热,气温偏高,会造成小菇死亡。可采取畦沟灌水、空间喷洒雾化水等措施降温;③限光。出菇期,若有部分果林间光线过强时,应在菇床旁扦插树枝遮阳,防止光线直射菇体,导致菇柄龟裂,降低菇品质量;④采收。从播种至采收一般45~60天。从菇蕾发生至成熟所需时间,因不同温度相差较大,一般需5~10天。采收第一批菇后,清理好菌床,浇一次水,覆膜养菌,过15~20天,又可采收第二批菇。一般可采3批菇,生物学效率可达85%~100%。

二、空闲田阳畦高产栽培法

所谓空闲田阳畦栽培模式,即利用轮休或收割早中稻等作物后,不接着种植其他作物的冬闲田和山坡荒地作栽培场地,采用做畦、覆膜等方式种植酒红球盖菇。此模式具有可充分利用土地,可进行规模化生产,有利生态良性循环等优点。适宜鲜菇市场较大、位于城郊附近的种粮户和耕地较多、常有空闲田的平原湖区及有加工条件的地区推广栽培。其栽培技术要点如下。

1.选场整畦。阳畦栽培的冬闲田,以选中稻收割后不及时复种其他作物的田块作栽培场地为宜。中稻一般在10月中下旬收割,此时正是秋冬季节种植酒红球盖菇的有利时期。中稻收割后,及时选用地势较高、排灌方便、交通便利、易于管理的田块作栽培场地,起板耕整,或不翻耕,只铲除稻茬杂草,做畦后,即可铺料播种。在丘陵地区,可利用荒坡野地作栽培场。不论选用什么地方作栽培场,均要铲除地表及四周的杂草后,整地做畦,畦高15~20厘米,畦面宽120~150厘米。冬闲田四周,要挖好20~30厘米深的排灌沟,用乐果等杀虫药剂对畦面及四周喷洒,以杀虫灭菌。铺料播种前,最好先用石灰粉撒于畦面进行消毒。对丘陵地区坡度较大的荒地,可做成阶梯式的畦床。整个栽培场地四周,挖一圈深约30厘的排水沟,以防大雨冲垮畦床。

2.配料播种。培养料的配制及铺料播种,可参照前面"林果园立体栽培"中的有关内容进行。由于阳畦栽培无自然物遮盖,易散失水分,因此,在配制培养料时,可使料的含水量适当提高5%左右。

3.发菌管理。阳畦栽培,由于菌床处在无自然物遮阳的条件下,易遭日晒和散失水分,因此,发菌期必须加强对光照、温度、湿度等方面的严格控管,以保证正常发菌。其控管措施,主要是抓好以下两个方面:①搭建简易菇棚。可利用较端直的树枝或毛竹、稻草、麦秸、玉米秸等,扎成高80~100厘米、长150~200厘米的棚地块,再在畦床中间或两边钉些木桩,用铁丝或竹竿扎成"人"字形棚架,然后将扎好的棚块,面对面地搭于棚架上即可。也可用稻、麦草等编成草帘,直接盖于畦床上遮阳保湿,出菇时揭去草帘,拱膜出菇。冬季气温低于10℃时草帘下另加薄膜覆盖保温,以利菌丝生长;②对菌床进行覆土。覆土材料的选择处理及覆土方法,可参照前述几种栽培法,不同的只是覆土时间可适当提前,一般可在播种后15~20天,菌种块已萌发并向四周"吃料"时进行。也可采用二次覆土法,即播种后随即在菌床上覆一层2厘米左右厚的薄土,过25~30天,待菌丝长满料后,再覆一层2厘米左右厚的土。可起到饵温、保湿的作用,有利于菌丝的生长。

4.育菇管理。播种后25~30天,当菌丝长满培养料后,及时揭去菌床上的覆盖物。未搭建菇棚的,可用树枝或竹竿(片)及薄膜架起小拱棚,以利顺利出菇。冬季气温低,出菇时,晴天可适当拆除棚块或拱膜等覆盖物,以增加光照和提高菌床温度;夜间还原覆盖物,以利保温。出菇前,对覆土喷一次出菇重水,以促使菌丝倒伏扭结,形成原基。子实体形成期,要注意保湿。天气干燥时,平原地区的栽培场地,可进行

285

沟灌,以增加空气湿度;丘陵山区荒坡地,可对菌床四周及覆盖物进行喷水,但切忌将水喷于菇蕾上,以免造成菇蕾渍水致死或出畸形菇。总之,出菇期间的空气湿度,要保持在90%~95%为宜。

第四节 套种高产栽培法

一、玉米地套种高产栽培法

玉米属高秆作物,在生长的中后期,由于秆高叶长,其间荫蔽度较大,且有花花阳光,并有一定空气湿度和昼夜温差,很适合酒红球盖菇生长。在玉米行间套种酒红球盖菇,是一种新型的立体种植模式,其经济效益十分可观,值得大力推广。每667平方米玉米地,可套种的空地约150平方米,每平方米可投干料20~25公斤,可产鲜菇15~20公斤,每公斤鲜菇国内售价5~7元,可创产值75~140元,除去成本开支约20元,每平方米可获纯收入60~80元。套种667平方米玉米地的酒红球盖菇,可获利9000~12000元。其套种技术要点如下。

1.品种搭配。酒红球盖菇应选适应性广、抗逆性强、生物学效率高、适于大田栽培的中高温型品种,玉米则宜选用高秆、抗倒伏、株型紧凑或中间型、高产优质、生育期长、抗病虫能力强的优良品种,如中单2号、烟单15号、掖单13号、陕农1号、亚新2号等。玉米新品种更新换代较快,故要选用最新的优良品种为宜。

2.田块选择。套种酒红球盖菇,要选择土质肥沃、地势平坦、排水良好的玉米田,中性土壤最好,偏沙或偏碱也可。为减少雨水对土壤的冲刷作用,可将大块地改为40~60米见方的小地块,各地块之间留有约1米宽的操作行,以便管理。田块选定后,施足底肥,深耕细耙,使田面平整,并应在翻耕时,撒施一定量的无公害药剂,以消灭地下害虫。

3.玉米种植。玉米地套种酒红球盖菇,其套种布局不止一种,总之

- 286 -

要以能充分利用田块,而又便于管理为设计原则。现介绍一种较常见的套种方式:每一套种单元,垄宽约2米,每垄靠边种2行玉米,行距约35厘米,株距约25厘米。在两排双行的玉米植株中间,是酒红球盖菇的套种带,可安排两行各宽约30厘米、高20厘米的栽培畦,两畦之间留一约30厘米宽的人行道。在两垄之间,留一条宽30~40厘米、深25厘米左右的排水沟。春播玉米一般于4月上旬播种,出苗后间1次苗,追1次提苗肥,中耕松土1次。在玉米拔节期,结合中耕除草每亩追施碳铵50公斤或尿素15~20公斤。幼穗分化期,追施1次穗肥,亩施硝酸铵7~10公斤,以促进幼穗分化,并可增加穗长、粒重。玉米因茎粗、高大、叶茂,需水量大,幼穗分化和籽粒灌浆期均怕干旱,此时如遇天旱,要及时提水灌溉。套种酒红球盖菇后,最好进行沟灌,以免菌床渍水,影响出菇。玉米如出现花叶(白条蚊等),说明有蝽虫危害,要喷雾杀螟松(杀螟硫磷)。667平方米面积,用50%的杀螟松乳油100~150克,兑水50~60公斤喷雾,可收到良好的防治效果。

4.酒红球盖菇套种。在春播或夏播的玉米地里,均可套种酒红球盖菇。春播玉米地,一般可于5月底套种酒红球盖菇,此时玉米已长高100厘米左右,叶片正值繁茂旺盛之际,玉米行间已有荫蔽之处,温、湿度也很合适。夏播玉米地,可于8月初套种酒红球盖菇,此时高温季节已过,气候开始转凉,日平均气温在25℃左右,适合酒红球盖菇菌丝及子实体生长发育。套种酒红球盖菇,首先要配制好培养料。其培养料的配制方法,按前面几节介绍的进行。其次是播种和管理,播种方法亦如上述模式中的有关要求。管理重点是:春播菇要防低温。播种后要覆膜保温,遇5℃以下低温时,要加厚覆盖物,以利菌丝生长或子实体形成。夏播菇要防高温"烧菌"。当温度高于35℃时,要及时揭膜通风降温,或进行沟灌,以降低床温及四周气温,确保菌丝和子实体正常生长。酒红球盖菇从播种到出菇需40~50天,每批菇潮间隔10~20天。一般可采收3潮菇。整个生产周期90~100天。

另外,高粱地、甘蔗地、棉花地等,也可参照玉米地套种方式,根据具体情况,略作变通,套种酒红球盖菇等菌类。

二、油菜田套种高产栽培法

在油菜田里套种酒红球盖菇,是高效农业的又一种优化模式。长江流域及以南地区,在冬栽的油菜田里,一般都预留有棉花行或西瓜行。西瓜预留行宽一般都在2米左右,空地面积大,很适合套种酒红球盖菇等菇类。每667平方米油菜地,可用预留行面积约150平方米,其套种酒红球盖菇的效益,与玉米地套种类似。现将有关套种技术介绍如下。

1.套种时间。长江中下游及以南区域,一般以3月中下旬铺料播种为宜。此时的气温大多稳定在12℃以上,加上生料播种后,培养料有一个发酵升温期,料温可达25℃~30℃,有利于菌丝萌发生长。4月底或5月初即可出菇,5月底或6月初采菇结束,油菜也可成熟收割,不影响下茬作物种植。且采完菇后的废菌料,可就地下田作基肥,可提高地力,有利下茬作物高产。

2.整理菇床。播种前,将油菜田的预留行整成畦床,若预留行宽2米,即可在畦中间留一个30~35厘米宽的人行道,两边各整成约70厘米宽的畦床,余下的两边各开一条排水沟,将挖出的土均匀铺于畦床上。在畦床面上撒些石灰粉或喷一次多菌灵,消毒灭菌待用。

3.播种要求。油菜田里套种酒红球盖菇,属春季栽培。因气温较低,可直接用生料在畦床上铺料或堆料播种,不必采用发酵料。栽培料可用稻草、麦秸、棉籽壳和干牛粪等混合草料。播种时,将配制好的栽培料铺或堆于畦床上,一层料一层菌种(穴播或撒播),共铺料播种三层,整个厚约25厘米。其上覆盖一层3~5厘米厚的腐殖质细土。再覆严薄膜,保温保湿发菌。

4.管理措施。发菌前期,主要是注意温度变化。播种后10天,于天晴时揭膜通风一次,以利增氧促进发菌。如遇10℃以下的低温,需加盖稻草或草帘等保温。当菌丝长满培养基并爬上覆土层后,每天揭膜通风一两次,并对土层适量喷水,促进菌丝倒伏扭结出菇。原基形成后,应将菇床的覆膜用竹竿等拱起,以利空气流通和散射光进入,让其子实体正常生长发育。此时应注意调节好空气湿度,要保证相对湿度在90%～95%。如天气干旱,每天需喷水2次。

三、棚架蔬菜下套栽培模式

在藤本蔬菜(如四季豆、黄瓜、丝瓜、苦瓜等)架下套种酒红球盖菇,是蔬菜立体栽培的一种新型高产高效优化模式。此种模式可利用蔬菜的棚架材料及蔬菜的藤叶为酒红球盖菇创造荫、湿等优越条件,达到节省开支、降低成本、提高经济效益的目的。其栽培技术要点如下。

(一)种好藤本蔬菜

套种酒红球盖菇的藤本蔬菜,春季以四季豆、黄瓜等为宜,夏季以丝瓜、苦瓜等为好。蔬菜应选用高产优良品种。现介绍一下有关优良高产新品种以供选用。

1.豆角类。有激光豆角和特选三尺绿。

(1)激光豆角:长80厘米以上,最长可达1.3米。肉厚细嫩,不易老化,产量高,每667平方米产量可达3000千克以上。春、夏、秋三季均可播种,从播种到结荚只需50～60天。

(2)特选三尺绿:荚长120厘米,是一般豇豆长度的2倍,是目前最长的品种。特粗,最大直径达1.8厘米,每667平方米产量可达3500～4000千克,播种后55～60天即可采收。适应性广,抗寒耐热,全国各地均可栽培。3～7月份均可播种。

2.黄瓜类。有特选1号和密刺王。

(1)特选1号:适应性广,耐寒抗热,能在14～38℃的温度下正常生长,并开花结果。全国大部分地区可在3～8月份随时播种。抗病性强,对黄瓜三大病害均有很强的抗性。春夏栽培一般每667平方米产量5000千克以上。瓜呈短棒型,色泽翠绿有光泽,刺瘤少,品质佳。

(2)密刺王:耐低温,适合早春栽培。瓜型优美,产量高,每667平方米可达7500～8000千克,最高可达15000千克。瓜色深绿,刺较密,肉质细嫩,甜脆可口。该品种抗病力特强,整个生产过程不需防病治病,被称为"无公害黄瓜"。

3.苦瓜类。有长丰王和长白苦瓜。

(1)长丰王:台湾品种,是目前果形最大、产量最高的苦瓜品种。单瓜重0.5～1.5千克,绿皮绿肉,苦味轻且稍带甜味。该品种抗热耐寒,抗病性强,适应性广,产量高,每667平方米可达5000千克以上。

(2)长白苦瓜:瓜长圆筒形,果皮白色微绿,瓜长50～80厘米,肉厚0.9～1.1厘米,单瓜重1～2千克。每667平方米产12000千克。肉质脆嫩,清凉微苦。该品种以"粗长"闻名全国,各地均可栽培。

4.丝瓜类。有翡翠特长丝瓜和金丝瓜。

(1)翡翠特长丝瓜:瓜长50～70厘米,瓜形长,瓜色翠绿,肉质细嫩,煮熟后不变色,色艳味美。单果重0.5～1.0千克,产量极高。抗高温、耐潮湿、抗病力强、适应性广,各地均可栽培。

(2)金丝瓜:原产印度,明朝曾作为贡品。对土肥要求不严,适应性广,全国各地均可栽培。特耐贮藏,春瓜可保存3个月,秋瓜可保存半年。肉质脆嫩,含有18种氨基酸和多种矿物质,既可鲜炒作汤,也可加工成罐头食品,属于珍稀蔬菜新品种。

蔬菜的种植技术按常规方法进行。只是搭架有一定要求,因为棚架下要套种酒红球盖菇,其棚架既要能让蔬菜爬架和正常生长,又要考虑到套菇的操作方便及有利菇类的生长发育。为有利于生产,棚架蔬菜下套菇,可先投料播种菇类,然后在菌床上搭建"人"字形蔬菜棚架,即先在已整好的蔬菜畦面(要求宽120厘米以上,中间留25厘米人行道)两边铺料播种酒红球盖菇,覆膜后让其发菌。随即在菌床两边播种豆瓜类蔬菜,让其出苗生长,当苗高15厘米左右时,即进行搭架,让其爬架生长。棚架材料要求稍长一点,使棚架略高于一般棚(要求架高2米左右,以利操作),这样的棚架既可让上述蔬菜新品种挂果稳固,也有利菇类生长对通风透光的要求,达到菜菇双丰收。

(二)套种好酒红球盖菇

首先要安排好播种季节,播种季节基本上与上述各类蔬菜同步进行。春播时可在3月底或4月初,夏播时应在5月底至6月初。其次是配制培养料,培养料的配制可参照前述各种栽培模式进行。投料播种,既可在畦面上建成1平方米的小堆(堆高25厘米左右)分层播种,也可将培养料平铺于畦面上分层播种。播种方法:固体菌种最好穴播,穴距10~15厘米;麦(谷)粒种可撒播。先铺一层料,再播一层种,一般铺料3层,播种2层,每层料5~8厘米,整个料层高一般不超过30厘米。播种量为干料重的10%~15%。播完种后,最好在其上面覆盖2~3厘米厚的一层沙壤土,再覆膜保温保湿以利发菌。发菌期间不需特殊管理,播种后3~5天,检查一下发菌情况,如发菌不正常,菌丝已萎缩,或有部分料面未发菌,应及时补种。如发现局部有霉菌感染,应控制其感染部分,或用浓石灰水喷洒,可抑制其扩散蔓延。春播菇要防低温侵袭,当有大风寒潮出现时,应加厚覆盖物(用稻草、旧麻袋或草帘等),以防受冻影响菌丝生长。夏播菇要防高温"烧菌",当气温达35℃以上时,应及时揭膜通风降温,其余管理同常规。采菇及采菇后的管理亦按前述各模式进行。

四、保护棚栽培模式

所谓保护棚,顾名思义,就是能保温、保湿、遮阳、防雨、防雪、防风,对栽培菇类(或其他蔬菜类)起保护作用,使菇类能在一个安全适宜的环境条件下正常生长的塑料大棚。保护棚可以利用已有的蔬菜大棚单独种菇或与蔬菜套种,让其共生共荣。没有蔬菜大棚的地方,可仿照蔬菜大棚重新建造。保护棚根据占地面积,可分大棚、中棚和小棚;根据建棚使用材料,又可分竹木式、竹木钢筋混合式、无柱钢架式和无柱管架式四种。建什么样的棚可根据生产规模和财力多少自行确定。

(一)保护棚栽培模式的优点

1.可避免不良气候的影响。保护棚栽培酒红球盖菇,可避免冬季气温过低和春季雨水过多对发菌和出菇不利的影响,达到好管理、发菌好、出菇快、稳产高产的目的。

2.能科学地调节出菇期,提高经济效益。当各种菇类处于出菇高峰期,菇市行情不佳时,可适当控制或推迟出菇期;当菇类和蔬菜处于淡季时,可加强科学管理,使其早出菇、快出菇、出好菇,以满足市场需求,做到"人无我有",从而获得较高经济效益。

3.可以不受季节限制,一年四节均可栽培。此模式最适宜我国北方和建有蔬菜大棚的大中城市郊区菜农使用。

(二)保护棚及其建造

保护棚的建造,可根据材料来源、生产规模和财力大小来确定建什么样的保护棚。根据棚架结构所用材料来看,竹木式造价最低,每667平方米投资约1000元,但使用年限较短,一般只能使用3~5年。无柱管架式造价最高,每667平方米投资需万元左右,但适于机械化操作,牢固度高,使用年限也较长,最长可达20~25年。竹木钢筋混合式造价居中,每667平方米投资约1800~2000元,使用年限为7~10年。我国东南沿海一带,因常有台风袭击,以建造无柱管架式或竹木钢筋混合式结构的保护棚为宜,因牢固强度较高,可抵抗较大风力,以免遭受台风之害。其他地区建造竹木式或竹木钢筋混合式保护棚即可:根据目前我国农村或菇农的经济状况,现将竹木式和竹木钢筋混合式两种大棚的建造方法介绍如下,供各地参考选用。

1.竹木式塑料大棚的建造。此结构主要包括立柱、拉杆、拱杆、压杆、棚门立柱横木和塑料薄膜等。

(1)立柱:用5~8厘米的木杆或竹竿制成。每排立杆4~6根,东西方向主柱距离为2米,南北方向立杆距离为2~3米。如建12米宽、40米长的大棚,每根拱杆下应有6根立柱,其中2根中柱高各为2米,两根腰柱高1.7米,均为直立,两根边柱高1.3米,稍斜立,以增强牢固性。全部立杆埋入地下40厘米,下奠柱基石。立杆的作用是承担棚架和薄膜重量及风雪负荷。其承受风雪的负荷量要能抵御当地最大风雪所造成的压力,一般要能承受8级大风,风速约20米/秒,风荷载为26.9千克/平方米,雪荷载22.5千克/平方米(以积雪30厘米厚为准)。能达到上述负荷值,才能保证安全生产。建棚时必须加以重视。

（2）拉杆：是横向连接立柱、小枝柱和承担拱杆及压杆的横梁。拉杆对大棚骨架整体起加固作用。其横向承压较大，一般要用6～8厘米粗的木杆或竹竿制成。拉杆固定在立杆顶端下方20厘米处，形成悬梁，上接小支柱。

（3）拱杆：是支撑塑料薄膜的骨架，起固定棚形的作用，用4～5厘米粗的竹竿或毛竹板片制成。横向固定在立柱顶端或小支架上，形成弧形棚面，两侧下端埋入地下30厘米。

（4）压杆：固定薄膜防风吹跑。大棚覆膜后，在两条拱杆中间用竹竿压紧，将压杆用铁丝穿过薄膜拉紧固定在拉杆上。覆盖薄膜时，最好在大棚中间最高点处和两肩处设2～3处换气孔口，换气口处薄膜重叠15～20厘米，换气时拉开，不换气时拉合即可。覆膜采用"四大块三条缝"扣膜法，即将薄膜（0.1毫米长寿膜）焊接成6米宽的顶膜两块，并收两头焊成直径5厘米粗的穿绳筒；焊2米宽的侧膜两块，一头焊筒穿绳。薄膜长度为棚长加两个棚头高度。扣膜时先扣两侧膜再扣顶膜，顶膜应压在侧膜上，并重叠25厘米左右，以便降雨时顺利下水。

（5）棚门：在大棚两头或一头安装棚门，以使进出操作方便和流通空气。安装棚门时，先将门框固定在中柱间的过木上，过木为2.5米长的木杆，按门高（2米左右）固定在中柱上下门楣的位置，再在其中安装门板即可。如要建造竹木式中棚，只要按上述大棚建造要求比例缩小其长、宽即可。竹木结构大棚易于建造，可就地取材，投资小、见效快，易于推广使用。但由于竹木易腐朽，使用寿命只有3～5年，其结构不够坚固，抗风雪能力差；立杆多、荫蔽大，操作不便，不适宜机械化作业。

2.竹木钢筋混合式大棚竹。木钢筋混合式大棚，即是用水泥柱、钢筋梁、竹木拱加塑料薄膜覆盖的一种大棚。它由竹木结构式大棚发展而来，所以在建造方法上与竹木结构式大棚很相似。该棚比竹木大棚坚固，抗风雪能力强，棚面弧度角略大于竹木大棚，进光量大，升温快，通风条件好，覆盖面积大。棚宽12～16米，长40～45米，南北向，棚高2.2～2.5米，棚两侧弧度角肩部250左右，顶部100°～150°，底角弧度大于60°。此结构的主要部件及其规格和作用如下。

（1）主柱：全部为内含钢筋的水泥预制柱。柱体断面为10厘米×5厘米，顶端制成凹形，以便承担拱杆。每排横向立杆6根，呈对称排列；两对中柱距离2米，中柱至腰柱2.2米，腰柱至边柱2.2米，边柱至棚边0.6米，总宽12米，中柱高2.6米，腰柱高2.2米，边柱高1.7米，均埋入土中0.4米。南北向每3米一排立柱。

（2）钢筋梁：为单片花梁，是纵向连接立柱、支撑拱杆、加固棚体骨架的主要横梁。单片花梁顶部用直径8毫米圆钢、下部及中间小拉杆用直径6毫米圆钢焊成，梁宽20厘米。小拉杆焊成直角三角形，梁上部每隔1米焊接1个用8毫米圆钢弯成的马鞍形拱杆支架，高15厘米。

（3）拱杆：用直径5厘米的鸭蛋竹制成。

（4）压膜杆、棚门及薄膜覆盖方法均与竹木结构大棚相同。

（三）保护棚栽培模式的主要技术措施

1. 培养基的配制。这里不做详细介绍，具体参照上文的"林果园栽培模式"，但建堆发酵可在大棚内进行，以利于铺料播种，可省工节时。

2. 生产季节安排。春夏种植，一般播种期以2月下旬或3月上中旬为宜，5~7月份出菇；秋冬种植，宜在10月下旬或11月中旬播种，出菇高峰期正值元旦春节之际，菇市行情较好，可获得较高的经济效益。在保护棚内栽培酒红球盖菇，只要销售渠道畅通，一年四季均可种植。

3. 铺料播种。这里不做详细介绍，具体参照上文的"林果园立体栽培"模式播种要求进行。

4. 最好实行菇菜套种。尤其可利用培养基建堆发酵过程中的棚内时空差，在空地栽培生育期较短（30天左右可收获）的蔬菜，可调节棚内空气，达到菇菜双丰收。

5. 调节棚内有害气体，确保菇类正常生长。大棚内由于较密闭，容易产生有害气体，如培养料的分解、菇体的呼吸代谢、使用农药化肥等，常易产生氨气和硝酸铵等气体；二氧化碳浓度也会升高。冬季气温低时，若在棚内烧煤柴升温，就会产生一氧化碳和亚硫酸等气体。当这些气体达到一定浓度,就会对菇类子实体的形成、产量和品质产生不良影响。因此必须注意控制这些气体的产生并及时加以排放。其方法有:不要施用未腐熟的有机肥,使用化肥时要及时覆土;冬天升温时不要直接在棚内进行,炉灶应设在棚外,通过管道或地沟等将热气送进棚内;及时打开门窗或棚中的通风换气孔,以利通风换气。

五、酒红球盖菇国外栽培技术简介

酒红球盖菇是欧美各国最早人工栽培的一种食用菌。为吸收国外的实践经验,少走弯路,现将美国、波兰等国总结的有关栽培技术要点介绍如下,供广大菇农参考。

1.培养基制作。有以下两种:①小麦、大麦、高粱、玉米、小米等谷粒浸泡,煮透(没有白心),加2%碳酸钙,装瓶,高压或常压蒸煮灭菌,冷却备用;②木屑或小木片80%,麸皮20%。还可用平菇或金针菇的培养基重新灭菌,冷却后备用。

2.接种。可以用培养3～4天的液体菌种接种。若用固体菌种,必须加大接种量,接种量最少10%,最好15%～20%。

3.培养。接种后,将菌体瓶或袋放在20～28℃培养室中培养。酒红球盖菇菌丝生长一段时间后,其生长速度逐渐缓慢,加速生长速度的办法是搅拌。用液体菌种接种的无菌麦粒培养基,每隔3～7天摇瓶1次,把菌丝摇断,可以刺激菌丝再生,以保证菌丝生长旺盛。

4.栽培方法。酒红球盖菇可以在菇房中进行地床栽培、箱式栽培和床架栽培,但所得产量较低。因此,德国、波兰、美国主要在室外(果园、花园)采用阳畦进行粗放式裸地或保护地栽培,其栽培技术要点如下。

(1)栽培季节:在中欧各国,酒红球盖菇是从5月中旬至6月中旬开始进行栽培的。

(2)栽培场地的选择:应选择避风、遮阳、温暖的地方进行栽培,大半荫蔽的地方更适合酒红球盖菇生长发育。但持续荫蔽或荫蔽度太大(如大树下)会严重妨碍酒红球盖菇的生长和发育。

(3)培养料的制备:用农作物秸秆(麦秆或稻草)或亚麻秆为原料,

295

而不必加任何有机肥作培养料,酒红球盖菇的菌丝就能正常生长并出菇。如果在秸秆内加入氮肥、磷肥或钾肥,酒红球盖菇的菌丝生长反而很差。木屑、厩肥、树叶、干草栽培酒红球盖菇的效果也不理想。麦秆、稻草必须新鲜,无污染、无创变(质韧不易折断)。秸秆的长短并不重要,可以用长的(不经切断),也可用短的(切断)。新鲜、清洁、干燥的秸秆,不利于各种霉菌和害虫发生,因而在这种培养料上,酒红球盖菇菌丝生长很快,鲜菇产量很高。实验表明,酒红球盖菇在新鲜的秸秆中,每平方米可产鲜菇5千克。如生长在陈腐秸秆上,每平方米仅产鲜菇1千克。由此可见,培养料的新鲜与否与产量有极为密切的关系。培养料选好后,在堆料播种之前,秸秆要先用水浸湿,最适宜的湿度即培养料含水量为70%～75%,用手拧秸秆或麦秸等草料,指间有水滴下就可以了。另一种方法是将草料堆叠成堆,每天淋水2～3次。用装有喷头的水管浇水6～7天,使秸秆等草料达到应有的含水量。料堆如果很大,要翻堆2～3次,以使秸秆等草料含水均匀。

(4)制作菇床:将处理好的秸秆等草料,堆到菇床上,草料厚度25厘米,最厚不得超过30厘米,也不要少于20厘米。每平方米栽培面积大约需投干料20～30千克。在花园、果园或菜园里堆制菌床,最重要的一条是把堆料压平踏实,以利播种后菌丝定植萌发。

(5)播种:将菌种从瓶中或袋中挖出或取出,分成鸽蛋大小,穴播于菌料中,播种深度5～8厘米。播种后及时覆盖湿麻袋或几层湿报纸,以利于保温发菌。

(6)覆土:栽培酒红球盖菇绝对要覆土。覆土可提供必需的微生物群,可促使出菇。不覆土的菇床,料面上完全不出菇或只零零星星长几朵小菇。覆土材料要能够持(吸)水,以利于排除培养料中产生的二氧化碳和其他有害气体。覆土材料以选用含腐殖质较高、有团粒结构的肥沃壤土为宜。赤土、沙土或泥炭土不适合作覆土材料。针叶林或阔叶林中的森林土壤适合作覆土材料。覆土材料的pH值应为5.7～6的偏酸性土壤,碱性土壤不能用作覆土材料。

（7）管理措施：菇床应防雨淋，也要防止过干，且要保持菌丝生长和出菇的最适温度（"花园巨人"菌丝生长最宜温度为28℃，"葡酒红"菌丝为25℃），菇床温度低于20℃时，发菌时间极长。但菌床温度超过30℃时，也会降低菌丝的活力，并可导致菌丝死亡。酒红球盖菇的菌丝对温度极为敏感。用没有窗框的阳畦栽培，白天料温可上升到30℃，夜间则可降低到5℃。变温易使水蒸气凝结，水滴则渗入料内，这样会引起菌丝萎缩，并使稻草、麦秆等培养料变黑。这比料面过干更有害。因此，播种后菌床面要覆盖薄膜加以保护。

（8）采收：酒红球盖菇比一般食用菌个头大，一般食用菌朵重约10克，而酒红球盖菇朵重60～2500克，直径约5～40厘米。应根据市场需求及时采收鲜销。酒红球盖菇成熟过度菌柄易出现中空，菌盖展开，菌褶变为暗紫灰色，口感、风味也变差，影响商品价值，因此要适时采收。采收后如不及时上市，要将鲜菇放在通风、低温处，以防菌盖表面生出气生绒毛菌丝而影响美观。

由于篇幅所限，本章仅从目前常见的酒红球盖菇的各类高产栽培模式中精选出一部分，介绍给大家。大家在栽培实践中，要善于总结经验，不断地有所发展，有所创新，创造出更多的优质高产栽培模式，以共同推动我国酒红球盖菇的栽培技术不断向前发展。

第七章 酒红球盖菇病虫害防治

　　酒红球盖菇的抗性较强,在生产过程中一般不会发生严重的病虫危害。但在某些不利情况下,如草料堆制发酵不良、长期高温、阴雨期长、环境不洁等,也会出现一些病虫害。特别是在发菌期或出菇前,偶尔也会发生一些杂菌,如鬼伞、木霉、曲霉、青霉等,其中以鬼伞较多见。常见的虫害,主要有螨类、跳虫、菇蚊、蛞蝓和蜗牛等。在病虫害的防治上,应按照无公害生产的要求,以预防为主,采取综合防治措施。菇场最好不要多年连作,以降低病虫源的积累;使用的稻草、麦秸等原料,要求新鲜、足干、无霉变,并经暴晒、碾压,用石灰水浸泡及短期堆积发酵等处理;使用无病虫感染和适龄的优质菌种;在栽培前,应对畦床的床面、覆土及周围环境,用无公害杀虫剂、灭蚁药进行处理;在栽培过程中,畦床周围放蘸有0.5%敌敌畏的棉球驱虫;搞好栽培场所及其周围经常性的清洁卫生;在不得已用药时,要选用高效、低毒或无毒、低残留或无残留的无公害农药。现将有关病虫的危害情况及防治措施分述如下,供大家参考。

第一节 酒红球盖菇的病害防治

一、鬼伞

　　鬼伞又名野蘑菇,属于真菌门,担子菌亚门,层菌纲,伞菌目,鬼伞科。其种类很多,易发生在酒红球盖菇菌床上的鬼伞,主要有墨汁鬼伞、毛头鬼伞、长根鬼伞等。

1. 形态特征。鬼伞是一类菌柄长而纤细、菌盖小而薄的竞争性真菌。因种类不同,鬼伞的形态也各有差异。现分述如下,以便识别防治。

(1)墨汁鬼伞:墨汁鬼伞的菌盖早期呈卵形,伸展后呈钟形,顶端钝圆,有近褐色小鳞片,中央稍具乳突,为黄白色,后变成铅灰色,表面布以纤维状物或粉状物,边缘有辐射状沟;菌肉初白色,后为烟煤色,较薄;菌褶稠密、宽广,与柄离生,老熟后自溶成墨汁状;柄长纺锤形,白色,中空;孢子椭圆形,黑褐色,光滑。

(2)长根鬼伞:长根鬼伞的菌盖初为卵形,白色,覆有白绒毛状鳞片,后渐伸展呈圆锥形;菌肉白色,极薄;菌褶初时白色或灰紫红色,后变为黑色,老熟后自溶成墨汁状;柄白色,中空,具白绒毛状鳞片;孢子黑褐色,椭圆形,光滑。

(3)毛头鬼伞:毛头鬼伞的菌盖初时近圆筒形,后呈钟形至渐平展,白色,顶部淡土黄色,后变深色,布以显著的反卷毛;菌肉较薄,白色;菌褶早期白色,后转为粉灰色至黑色,老熟后自溶为墨汁状;菌柄中空,圆柱形,白色;孢子椭圆形,黑色,光滑。

2. 发生及危害。鬼伞的孢子大量存在于草料和空气中。在子实体老熟自溶之前,散发出大量孢子,借孢子传播,孢子落在菌床上即可生长、蔓延。它常在菌丝生长不良的菌床上或使用质量差的草料作培养料栽培时发生。在培养料偏生、料堆内温度较低、培养料含水量过大,或遇高温、高湿及料中氨气含量高等条件下,最易发生鬼伞。鬼伞发生的时间,多在酒红球盖菇子实体原基形成之前。待鬼伞子实体长出料面后,可见许多灰黑色小型伞菌出现,且生长极快。它们往往只生长在菇床的局部区域,不侵害酒红球盖菇的菌丝体和子实体,但与酒红球盖菇争夺培养料中的养分和水分,严重发生时,也会影响酒红球盖菇的生长。鬼伞老熟自溶物污染菌床,容易导致其他杂菌和病害发生,从而影响酒红球盖菇的产量和质量。

3.防治方法。防治方法有如下几点：①保持良好的环境卫生。酒红球盖菇在铺料播种前，要清扫场地四周，并撒石灰粉或用石灰水泼洒，进行消毒灭菌；②选用新鲜无霉变的草料。培养料使用前，在烈日下暴晒2～3天，借阳光中的紫外线杀灭鬼伞菌及其他杂菌孢子，以减少或降低发病基数；③配料时，严格控制适宜的水分，防止培养料含水量过高或过低。以利酒红球盖菇菌丝的健壮生长，让其菌丝占绝对优势。堆料发酵后，要散堆后再投料播种，让氨气等有毒气体挥发，以利菌丝生长；④鬼伞出现后，要立即摘除，以减少培养料的养分消耗，防止鬼伞孢子扩散蔓延。

二、木霉

木霉又名绿霉，属于真菌门，半知菌亚门，丝孢纲，丝孢目，丛梗孢科，木霉属。该属有数十种，危害酒红球盖菇生长的主要有绿色木霉和康氏木霉等，在酒红球盖菇制种和栽培的各个阶段均可能发生危害，但主要在制种阶段发生。

1.形态特征。木霉菌丝无色，具分隔，多分枝。分生孢子梗从菌丝的侧枝上生出，直立，分枝，小分枝常对生，顶端不膨大，呈瓶形，上生分枝孢子团。分生孢子球形或椭圆形，光滑或粗糙，绿色。在PDA培养基上，菌落生长迅速，棉絮状，开始为白色，以后呈绿色。

2.发生及危害。木霉广泛分布在自然界中，是空气和土壤中的常见霉菌。其孢子可借助气流、水滴、昆虫、原料、工具及操作人员的手和衣服等传播。它适应性广，生长迅速，可侵染所有食用菌的菌种和菇床，是一种常见的污染性杂菌，也是一种病原菌。木霉在培养基碳水化合物含量过高、偏酸性及高湿的条件下极易发生。除在制种阶段发生外，酒红球盖菇子实体采收后遗留下的残根，也极易被其侵染。它具有较强的分解纤维素的能力，并产生毒素，抑制酒红球盖菇菌丝及子实体的形成和生长。

3.防治方法。防治方法有如下几点：①培养料配制要合理，碳水化合物含量不能过高;②堆制发酵要处理好;③培养料的pH值要适宜,过于偏酸时,可在菇床上喷较浓的石灰水以调整氢离子浓度;④木霉局部发生时,可挖除其培养料,或用5%的浓石灰水涂抹,以抑制其发展;⑤酒红球盖菇采收后,要及时清除老菇根和清理菇床,不让菇根及残次菇体留于菌床。

三、曲霉

又名黄霉菌、黑霉菌等,属于真菌门,半知菌亚门,丝孢纲,丝孢目,丛梗孢科,曲霉属。其种类很多,常见的有黑曲霉、黄曲霉和灰绿曲霉等。主要在酒红球盖菇制种阶段污染危害。

1. 形态特征。曲霉的菌丝粗短,初期为白色,随种类不同,以后会出现黑、黄、棕、红、绿等颜色。其菌丝有隔膜,为多细胞霉菌。黑曲霉菌落在 PDA 培养基上,初为白色,后变为黑色,分生孢子球形,炭黑色;黄曲霉菌落初带黄色,后渐变为黄绿色,最后呈褐绿色,分生孢子球形,黄绿色;灰绿曲霉菌落初为白色,后为灰绿色,分生孢子椭圆形至球形,淡绿色。

2. 发生及危害。曲霉广泛分布于空气、土壤及各种有机物上,适宜在25℃以上、湿度大、偏碱性、空气不新鲜的环境下发生,主要靠空气传播。曲霉菌属菌落的颜色多种多样,而且比较稳定。黑曲霉呈黑色,黄曲霉呈黄绿色,灰曲霉呈灰绿色,白曲霉呈乳白色。曲霉与酒红球盖菇菌丝争夺养料,也能分泌毒素,抑制酒红球盖菇菌丝的生长。特别是黄曲霉,不但污染菌种及培养料,与酒红球盖菇争夺养料和水分,而且分泌的毒素还危害人体健康。

3. 防治方法。防治方法有如下几点:①搞好制种室及栽培场地的清洁卫生,及时清除废料和杂物,以减少侵染源;②制种时,菌种瓶装料不要过满,料不能与棉塞接触。装完瓶后,要洗净瓶口,除去有机物,保持棉塞和瓶身清洁,以减少杂菌传播;③发现感染曲霉的菌床,可用50%的多菌灵粉剂1000~1500倍液喷雾,以抑制其生长和扩散。

四、青霉

青霉在分类上属于真菌门,半知菌亚门,丝孢纲,丝孢目,丛梗孢科,青霉属。在酒红球盖菇的生产中,常见的污染种类为产黄青霉、圆弧青霉和苍白青霉等。

1.形态特征。青霉菌丝前期多为白色,后期转为绿色、蓝色、灰绿色等。青霉的菌丝也与曲霉相似,但没有足细胞。孢子穗的结构与曲霉不同,其分生孢子梗的顶端不膨大,无顶囊,而是经过多次分枝产生几轮对称或不对称的小梗,最后小梗顶端产生成串的分生孢子,呈蓝绿色。

2.发生及危害。青霉种类多,分布广,在很多有机物上均能生长。温度在25℃～30℃,相对湿度在90%以上时,极易发生。青霉孢子小,但数量多,是酒红球盖菇制种、栽培过程中广泛引起污染的一类杂菌。青霉污染的地方,酒红球盖菇的菌丝生长受到抑制或不能生长。培养料中碳水化合物含量过高时,易发生此菌。

3.防治方法。防治方法有如下几点:①搞好制种和栽培场所的环境卫生,尽量减少污染源。制种时尽量避开高温和潮湿环境;②发现青霉后及时处理。对菌种瓶外已形成的橘红色块状分生孢子团,先用湿纸或湿布小心包好后拿掉,浸入多菌灵等灭菌药液中,切勿用喷雾器直接对其喷药,以免孢子飞散传播。

第二节 酒红球盖菇的虫害防治

一、螨类

螨类,又名红蜘蛛、菌虱等,属于节肢动物门,蛛形纲,蜱螨目,是一类形体很小的害虫。一般有针尖大小,用肉眼难以看清,要用显微镜或放大镜才能观察到。其种类很多,常危害多种农作物的叶片及各类食用菌。危害酒红球盖菇等食用菌的螨类,主要有蒲螨和粉螨等。

1.形态特征。蒲螨的体形很小,长圆至椭圆形,体长一般在0.3～0.8微米,肉眼不易发现,多呈淡黄或深褐色,喜群体生活,成团成堆,为害时,似土黄色药粉状;粉螨的体形较大,椭圆形或近圆形,体长一般在0.3～0.7毫米,色白发亮,不成团,数量多时,呈白色面粉状。

2.发生及危害。螨类是酒红球盖菇及其他食用菌栽培过程中常见的一类害虫。它们主要潜藏在厩肥、饼粉、米糠、麦麸等内,多随这些原料侵入培养料。螨类喜栖温暖、潮湿的环境,在18℃～30℃条件下,栽培场地所含湿度大,最适合其繁殖生长。特别是在栽培环境卫生不良,消毒灭菌不彻底,或栽培场所靠近鸡舍、谷物仓库、碾米厂、面粉厂及垃圾场时,最易引起螨虫发生。螨类的嗅觉十分灵敏,常聚集于酒红球盖菇菌种块的周围,嗜食菌丝体,使菌种不能萌发和生长。若在菌丝生长或子实体形成时侵入,则把菌丝咬断,引起菌蕾死亡,或子实体萎缩至死;严重时,可将菌丝全部吃光,以致不能出菇。

3.防治方法。防治方法有如下几点:①菌种培养室和栽培场所,应远离谷物仓库、鸡舍和饲料间,以杜绝虫源;②培养料要干燥、无霉变,使用前要在阳光下暴晒2天左右,以减少虫源;③培养料高温发酵期间,当料温达60℃以上时,螨类耐受不住,会自动往外爬出,此时可对料面喷73%的克螨特乳油2000～3000倍液对其杀灭。覆土则用蒸汽或加福尔马林消毒防治;④菌床上出现螨类时,可用烟梗和柳树叶按2:5的比例,加20倍水熬成混合液喷杀;⑤用糖醋水溶液加0.6%左右的敌敌畏药液,浸纱布后覆盖在菌床表面诱杀;或在菌床底部按一定距离塞进蘸有5%敌敌畏药液的棉球进行驱杀;也可用纱布浸红糖水后覆盖在菌床表面诱集,然后轻轻收起,用开水泡纱布烫杀;⑥草料堆上出现螨类为害时,可在草堆四周放上蘸有0.5%敌敌畏的棉球;或在草堆上铺盖旧报纸后,喷糖水或敌敌畏药液进行驱避或诱杀;⑦菌床上发现螨类后,可直接喷洒73%的克螨特乳油2000～3000倍液,或50%的辛硫磷乳油5000倍液,或40%的乐果乳油1000～2000倍液。这些药剂均对酒红球盖菇菌丝生长没有多大影响,但应考虑药液对菌床湿度有一定影响,不可喷药液过多,以免造成菌丝腐烂,更不要将药液喷于子实体上,以免残毒影响菇质。

二、跳虫

跳虫,又名香灰虫、烟灰虫、弹尾虫、地蛆蚤等,属于节肢动物门,昆虫纲,弹尾目,跳虫科。其种类很多,常见的有短角跳虫、紫跳虫、棘跳虫、姬园跳虫、黑角跳虫等。

1.形态特征。跳虫是一种无翅的小昆虫,其虫体坚硬,形如跳蚤,比芝麻粒还小。颜色和个体大小因种类不同而略有差异,但都具有灵活的尾部,弹跳自如。通常若虫为白色,成虫蓝黑色、蓝紫色或深灰色,体长1~3毫米。体表散生有灰白色小点,长有棘毛或有其他色斑,具有油质,不怕水,可浮于水面运动,成堆密集时似烟灰。其口器为咀嚼式。

2.发生及危害。跳虫一般由培养料或覆土带入菌床。发生条件,以潮湿和老菇房最为适宜。酒红球盖菇播种后,跳虫常聚集于菌种周围,吃食菌丝体;子实体形成时,可从伤口或菌褶部分侵入,将子实体咬成千疮百孔,使其失去食用价值和商品价值。大量发生时,常群集在菌蕾或菌盖上为害,使小菇蕾枯萎死亡。并能携带和传播病菌,使其发生病害。

3.防治方法。防治方法有如下几点:①对培养料和覆土进行处理,方法同螨类防治;②注意栽培场所的环境卫生。跳虫常在烂菇、垃圾、菇房门后聚集,应注意清除打扫。亦可用3%的烟碱石灰粉进行地面清洗;③菌床发生跳虫时,可适当喷水将跳虫引至床面,然后喷药杀灭。如菌床湿度过大,可用30%的烟碱泥土粉喷撒于床面。也可用80%的敌敌畏乳油1000倍液加少量蜂蜜诱杀;④也可用以下药剂直接喷于菌床:出菇前,用50%的美曲膦酯可湿性粉剂500倍液或40%的乐果乳油800倍液喷洒菇床面。出菇后,可用2.5%的鱼藤酮乳油1000倍液或3%的除虫菊酯500~800倍药液喷洒床面。40%的烟碱30克加水约5公斤,喷菌床17平方米亦可。还可用蜂蜜1份、水10份和90%的美曲膦酯2

份混合进行诱杀。

三、菇蚊

菇蚊又叫菌蚊,包括眼菌蚊、瘿蚊及粪蚊等,其中眼菌蚊是食用菌产区发生较普遍的一种害虫的优势种,在酒红球盖菇栽培中也不例外。这里主要介绍有关眼菌蚊的防治方法等。对其他菇蚊,也可参照眼菌蚊的防治方法进行防治。

1.形态特征。眼菌蚊的成虫大小如米粒,细长,黑色或深褐色。触角和足细长;翅长;爬行很快,能飞翔。静止和爬行时,双翅平叠于背上。幼虫白色,近透明,头黑色发亮,无足,软体,又称菌蛆。

2.发生及危害。只要有虫源,眼菌蚊在13℃~20℃的室温和90%~95%的相对湿度下均可繁殖,一年可发生10代左右,完成1代需16~21天,成虫寿命6天。在22℃~30℃条件下,幼虫历经5~7天,脱皮两三次,即在培养料表面做茧化蛹,蛹期3~5天。它的卵、幼虫、蛹均可通过培养料或栽培室残留杂物带入菇房。播种后,其幼虫蛀食菌丝体;子实体形成后,咬食菌柄和菌盖,严重时使菇体死亡。幼虫具有趋糖性、趋光性、趋温性和群集性。成虫不直接为害,但可传播病菌及螨类。

3.防治方法。防治方法有如下几点:①眼菌蚊等菇蚊类主要来源于培养料,因此,要注意培养料使用前的消毒杀虫,方法同螨类防治。如在菇房内栽培,其门窗要装60目的细纱网,防止成虫入侵菇房;②注意环境卫生,加强栽培场所管理,方法基本同跳虫防治;③菇蚊类有趋光性,成虫发生时,可在栽培场所装灯诱杀。方法是:在菇床上方约60厘米的地方,装一盏20瓦的黑光灯,灯下放一个盘子或口径约为30厘米的盆子,盘或盆中装80%的敌敌畏乳油1000倍液,诱来的菇蚊等即可掉入其中被毒杀。7天左右换1次药液;④采用菇房栽培时,可在室内进行熏蒸,方法是:用80%的敌敌畏乳油,每3.3平方米用药100克,用纱条浸湿后,挂在床架上进行熏蒸;⑤也可直接用下列药剂喷雾菇床:2.5%的鱼藤酮1000倍液喷菇床;20%的乐果乳油500倍液喷菇床;3%的烟碱泥土粉,每隔1天喷撒床面和地面1次,连续3~5天。除鱼藤酮外,考虑到对菇体的污染，一般应在出菇前或采菇后喷药。

四、蛞蝓

蛞蝓也称鼻涕虫、水蜒蚰、无壳蜒蚰、软蛭、粘虫等，属于软体动物门，腹足纲，柄眼目，蛞蝓科。常见的有黄蛞蝓、野蛞蝓和双线嗜黏液蛞蝓等。

1.形态特征。黄蛞蝓体裸露柔软，无外壳，深橙色或黄褐色，有零星的浅黄色或白色斑点，伸展时体长120毫米，宽12毫米，分泌淡黄色黏液；野蛞蝓暗灰色、黄白色至灰红色，伸展时体长30~40毫米，宽4~6毫米，分泌无色黏液；双线嗜黏液蛞蝓具外套膜，全身灰白色或淡黄褐色，背有黑色斑点组成的纵带，伸展时体长35~37毫米，宽6~7毫米，分泌乳白色黏液。

2.发生及危害。蛞蝓为卵生，卵产于培养料或土壤中。喜欢在阴湿环境中生活，多随培养料或覆土带入菌床或菇房（棚）。蛞蝓白天多躲藏在阴暗、潮湿处或土、石缝中，黄昏后出来觅食。噬食菇体，并于所过之处留下一道白色黏液，使球盖菇失去商品价值。

3.防治方法。蛞蝓喜生在阴暗潮湿的环境，故应选择地势较高、排灌方便、荫蔽度在70%~80%的栽培场，最好是林果园下。同时，要注意培养料和覆土的消毒。蛞蝓发生时，可利用其昼栖夜出、晴伏雨现的规律，进行人工捕杀。也可用1∶50∶50的砷酸钙、麦麸、水制成毒饵，放于栽培场四周诱杀。或用漂白粉、石灰粉按1∶10混合后，撒于蛞蝓经常活动的地方或料堆四周，使其接触后死亡。每隔3~4天撒药1次。还可用1%的菜籽饼浸出液喷洒地面驱除，或5%的盐水或5%的碱水喷洒地面杀除。

五、其他害虫

室内外栽培酒红球盖菇时，也常发现有菇蝇危害。其防治方法基本同菇蚊防治。露地栽培时，还常有一些地下害虫破坏畦面，吃食酒红球盖菇，主要有蚯蚓、地老虎、蝼蛄、甲虫、蚂蚁、蜗牛等。老鼠也常在草堆做窝,破坏菌床,伤害菌丝及菇蕾。对这些害虫,防治时可用毒饵诱杀,或将药液淋入畦床四周毒杀,但切忌将化学农药直接喷洒在子实体上。蚯蚓、地老虎,可用茶籽饼及石灰水毒杀。蝼蛄、甲虫及蚂蚁,可用1500克麦麸或米糠炒香、糖50克溶于250克醋中制成糖醋液,将炒香的麦麸或米糠与糖醋液混匀后,加入美曲膦酯50克,搅拌均匀,制成毒饵,撒于畦床周围诱杀,害虫食后即死。对蚂蚁类,还可单独杀灭。红蚂蚁类,可用红蚁净药粉撒在有蚁路的地方,蚂蚁食后,即能整巢死亡;若是白蚂蚁,可用白蚁粉1~3克喷入蚁巢,经5~7天即可见效。蜗牛的生活习性与蛞蝓相似,可参照蛞蝓防治措施进行防治,也可用50公斤豆饼加1.5~3公斤蜗牛敌的配方,配成毒饵诱杀。老鼠一般可用杀鼠剂诱杀,也可用捕鼠器捕杀,或将刚杀死的老鼠的血,滴在栽培场四周吓退老鼠。

第八章 酒红球盖菇贮藏及生产

酒红球盖菇从现蕾至子实体成熟,一般需5~10天。温度低,子实体长速较慢,而菇体肥厚,不易开伞;相反,在高温时,朵形小,易开伞。不同成熟度的菇,其品质、口感差异甚大,以没有开伞的为佳。一般当菇体长至七八分成熟,菇盖呈钟形、未反卷,菌褶呈灰白色,表层菌膜未破裂、未开伞时,为采收适期。采收过早,影响产量;采收过迟,成熟过度,菌柄易出现中空,菌盖展开,菌褶变为暗紫灰色或黑褐色,口感、风味也差,商品价值人降。采收时,用拇指、食指和中指掐住菌柄下部,轻轻扭转一下,松动后再向上拔起。注意不要松动四周的小菇蕾,以免影响下潮出菇。采下来的菇,应切去其带泥土的菇脚,剔除有病虫的部分,装入干净、牢固、无不良气味的容器,如木箱、竹筐、塑料筐中,尽快鲜销或加工。鲜菇要放在通风阴凉处,以避免菌盖表面长出绒毛状气生菌丝,而影响商品美观。鲜菇可短期贮藏,一般在2℃~5℃下可保鲜2~3天,时间长了,品质将下降。若需要长途运输,异地销售,最好适当提前采收,以确保菇的品质。

第一节 酒红球盖菇保鲜贮藏方式

酒红球盖菇栽培原料来源丰富、技术简单、产量高、成本低,经济效益可观,在广大农村极易推广,在福建三明、南平一带广泛种植。酒红球盖菇菇味清香、肉质脆嫩、适口性好、产量高,其子实体中富含蛋白质、维生素、矿物质和多糖等营养成分①。酒红球盖菇采后鲜菇在2～5℃温度下可保鲜2至3天,随着时间延长,品质下降极快。贮藏过程中酒红球盖菇容易散失水分,菌盖边缘展开,菌褶易转变成暗紫灰色或黑褐色,质地变得疏松,甚至软腐。由于酒红球盖菇的保鲜期短,目前其加工主要集中在盐渍和清水罐头,营养流失严重,且加工后酒红球盖菇的风味散失较多。无水亚硫酸钠、抗坏血酸溶液、半胱氨酸溶液、柠檬酸、氯化钠等均对食用菌护色有一定的影响②,EM菌也有报道对果蔬的保鲜作用,但是不同食用菌使用不同保鲜剂的效果不同。

一、酒红球盖菇护色保鲜技术研究

以下试验通过比较几种食用菌常用的化学保鲜剂以及EM菌处理后,通过对酒红球盖菇感官品质的评价及对失质量率、呼吸强度、褐变度、丙二醇等指标的测定,判断酒红球盖菇保鲜护色的方法,作为对采后酒红球盖菇生理生化指标的影响依据。

(一)材料、试剂与主要仪器

1.材料。酒红球盖菇:需要选择大小一致、色泽均匀、无病虫害、无机械损伤、饱满的果实。

2.试剂。试剂主要有EM益生菌液、焦亚硫酸钠、氯化钠、抗坏血酸、柠檬酸、EDAT-2Na、半胱氨酸、氯化钡、氢氧化钠、酚酞、草酸、硫代巴比妥酸等,均属于分析纯。

3.主要仪器。主要仪器有722s型可见分光光度计,上海精密科学仪器有限公司产品;BS224S型电子天平,赛多利斯科学仪器有限公司产品;TGL-16C型高速台式离心机,上海安亭科技产品;BCD-228D11SY型容声冰箱,海信容声广东冰箱有限公司产品。

(二)试验方法

1.酒红球盖菇的护色保鲜。选取新鲜有光泽、无腐烂的酒红球盖菇

①颜淑婉.大球盖菇的生物学特性[J].福建农林大学学报,2002,31(3):401-403.
②王相友,石启龙,王娟,等.双孢蘑菇护色保鲜技术研究[J].农业工程学报,2004,20(6):205-208.

为原料,进行分组,对酒红球盖菇进行感官评定,分析其色泽、口感,并测定酒红球盖菇质量,清洗沥干水分。

根据食用菌常用的保鲜剂配方①,并经过初步筛选后选定以下配方,配置不同的化学保鲜剂,分别对酒红球盖菇进行喷洒,装入塑料周转筐中进行自然晾干。晾干后分别放入PE保鲜袋中,贴上标签,放入4℃的冰箱中贮藏。贮藏期间每天测定呼吸强度、褐变度、质量和丙二醇等理化指标。酒红球盖菇护色保鲜剂见表8-1。

表8-1　酒红球盖菇护色保鲜剂

组别	配方
1	空白对照
2	0.5%柠檬酸溶液
3	0.5%抗坏血酸溶液
4	0.5%氯化钠溶液
5	0.5%VC+0.2%柠檬酸
6	EM菌溶液(原液稀释100倍)
7	0.3%焦亚硫酸钠溶液
8	0.1%EDTA-2Na
9	24mg/mL半胱氨酸溶液

2.酒红球盖菇外观评定标准。酒红球盖菇幼嫩子实体初为白色,随着子实体逐渐长大,菌盖渐变成红褐色至暗褐色,老熟后褪为褐色至灰褐色;菌盖边缘内卷,常附有菌幕残片;菌肉肥厚,色白;菌褶直生,排列密集,初为污白色,后变成灰白色,随菌盖平展,逐渐变成褐色或紫黑色;菌环以上污白,菌环以下带黄色细条纹。菌柄早期中实有髓,成熟后逐渐中空;菌环膜质,为白色或近白色,上面有粗糙条纹,深裂成若干片段,裂片先端略向上卷,易脱落,在老熟的子实体上常消失。以贮藏期间不同保鲜剂对酒红球盖菇感官品质的影响,进行酒红球盖菇外观评定。酒红球盖菇外观评分标准见表8-2。

---

① 祝美云,王安建,侯传伟,等. 食用菌双孢菇的化学保鲜试验[J]. 浙江农业科学,2008,(6):702-704.

表8-2 酒红球盖菇外观评分标准

评分/分	酒红球盖菇外观状态
10	色泽艳丽,菌盖呈红褐色,菌盖边缘内卷,腿粗盖肥,清香,肉质滑嫩,柄爽脆
8	菌盖呈暗褐色,菌盖稍平展,菌柄略变黄,菌环膜质近白色
6	菌盖呈褐色,边缘平展,菌褶褐变,菌柄开始中空
4	菌盖呈褐色,菌褶转变成暗紫灰色,菌盖边缘平展,菌环发黄,菌环膜质脱落
2	菌盖与菌褶灰褐色,菌盖发黏,菌环膜脱落,菌柄发黄,中空
0	菌盖与菌柄脱落,发黏腐烂,变色变味

3. 呼吸强度的测定。采用静止法,吸取5mL的0.4mol/L的NaOH于培养皿中,培养皿置于呼吸室底部。呼吸室内放入500g样品,盖上盖子,密封。静置1h后,取出培养皿,把碱液移入三角瓶中,用蒸馏水冲洗4~5次,加入饱和氯化钡溶液5mL,加1~2滴酚酞指示剂,用0.1mol/L草酸溶液滴定至无色,记下所用的草酸毫升数。按上述步骤作对照测定,即呼吸室内不放样品,由对照样品消耗草酸溶液体积差,计算呼吸强度。

$$呼吸强度CO_2 = \frac{(V_1 - V_2) \times C \times 44}{M \times h}$$

式中:呼吸强度CO_2单位为$mg/kg \cdot h^{-1}$;

V_1——对照所消耗草酸溶液的毫升数,单位为mL;

V_2——样品所消耗草酸溶液的毫升数,单位为mL;

C——草酸溶液的当量浓度,单位为mol/L;

44——CO_2的毫克当量,单位为kg;

M——样品质量,单位为kg;

h——测定时间,单位为h。

4. 失质量率的测定。酒红球盖菇装入PE保鲜袋中,放入4℃的冰箱中贮藏。每天称质量,并记录。用公式计算失质量率。

$$失质量率 = \frac{每次称质量 - 原始质量}{原始质量} \times 100\%$$

5. 褐变度的测定。酒红球盖菇按质量比1:10加蒸馏水,低温匀浆

2min后,以转速6000r/min离心15min,取上清液于波长416nm处用分光光度法测定其吸光度,即为样品的褐变度。

褐变抑制率计算公式:

$$R = \frac{A_0 - A_m}{A_0} \times 100\%$$

式中:R——褐变抑制率;

A_0——空白试验所测吸光度;

A_m——添加抑制剂所测吸光度。

6.丙二醇的测定。硫代巴比妥酸(TBA)法:将5朵酒红球盖菇切碎,充分混合后称取1g鲜样,加入5mL100g/L的TCA溶液,冰浴研磨匀浆后,于4℃,以转速10000r/min离心25min,取上清液(参比,2.0mL的TCA代替提取液),加入2mL0.67%的TBA充分混匀后,在沸水浴中煮20min,取出冷却后,依次测上清液于波长600、532、450nm处的吸光度,重复3次。

丙二醇的计算公式:

$$丙二醇含量 = \frac{C \times V}{VS} \times M \times 1000 \mu mol/g$$

式中:C$(\mu mol/g) = 6.45 \times (OD_{532} - OD_{600}) - 0.56 \times OD_{450}$;

C——反应混合液中丙二醇浓度,单位为$\mu mol/g$;

V——样品提取液总体积,单位为mL;

VS——测定时所取的样品体积,单位为mL;

M——样品质量,单位为g。

(三)结果与分析

1.贮藏期间酒红球盖菇的外观评定。酒红球盖菇菇体色泽艳丽、腿粗盖肥、食味清香、肉质滑嫩、柄爽脆,贮藏期间容易散失水分,菌褶转变成暗紫灰色或黑褐色,菌环膜脱落,质地变得疏松,甚至软腐。根据评分标准,对贮藏期间的酒红球盖菇外观进行评分。不同保鲜剂对酒红球盖菇感官品质的影响见表8-3。

表8-3 不同保鲜剂对酒红球盖菇感官品质的影响

组别	第1天	第2天	第3天	第4天	第5天	第6天
1	10	6	4	2	0	0
2	10	6	4	2	0	0
3	10	8	6	4	2	0
4	10	8	6	4	0	0
5	10	8	6	4	4	2
6	10	8	8	6	6	4
7	10	8	8	6	4	2
8	10	8	4	4	2	0
9	10	6	4	2	0	0

结果表明,与未处理的对照组相比,不同保鲜剂对酒红球盖菇的感官品质均有影响,主要体现在酒红球盖菇菌褶的褐变和质地的变化。稀释100倍后的EM菌溶液处理的酒红球盖菇保鲜效果最佳,0.3%焦亚硫酸钠和0.5%VC+0.2%柠檬酸处理的次之。贮藏到第3天菌褶没有明显褐变,菇柄仅出现轻微褐变;贮藏第5天,质地才开始疏松。而其他保鲜剂与对照组均未出现明显差异,于第4天均失去食用价值。

2.不同护色保鲜剂处理对酒红球盖菇呼吸强度的影响。酒红球盖菇在贮藏中仍然是有生命的活机体,采收后,同化作用基本停止,呼吸作用成为新陈代谢的主要方面。呼吸作用直接、间接地联系着各种生理生化过程,因此也影响着耐贮性、抗病性的发展变化。不同护色保鲜剂处理对酒红球盖菇呼吸强度的影响见图8-1。

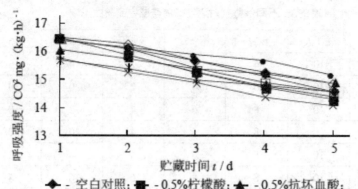

图8-1 不同护色保鲜剂处理对酒红球盖菇呼吸强度的影响

结果表明,采后酒红球盖菇的呼吸强度随着贮藏时间的延长,呼吸强度下降。与对照组相比,采用EM菌稀释液与0.3%焦亚硫酸钠处理的酒红球盖菇呼吸强度下降较慢,用0.5%VC+0.2%柠檬酸复合处理的酒红球盖菇呼吸强度下降速率次之。

3. 不同保鲜剂处理对酒红球盖菇失质量率的影响。食用菌在贮藏过程中易失水,使其组织细胞膨压下降甚至失去膨压,原有的饱满状态消失,呈现萎蔫、疲软的形态,可以用失质量率来衡量食用菌的新鲜度。不同保鲜剂处理对酒红球盖菇失质量率的影响见图8-2。

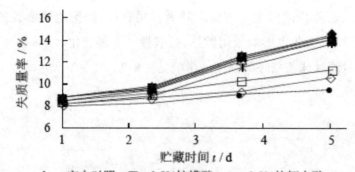

图8-2 不同保鲜剂处理对酒红球盖菇失质量率的影响

结果表明,各组酒红球盖菇的失质量率随着贮藏时间的延长呈现失质量率上升的趋势。贮藏到第3天,除了EM菌稀释液与0.3%焦亚硫酸钠处理的酒红球盖菇,其他组的失质量率均达到10%以上;而0.3%焦亚硫酸钠处理的酒红球盖菇在第5天时失质量率也达到10%,EM菌稀释液保鲜效果明显。

4.不同保鲜剂处理对酒红球盖菇褐变度的影响。酒红球盖菇幼嫩子实体初为白色,随着子实体逐渐长大,菌盖渐变成红褐色至暗褐色,老熟后为褐色至灰褐色。随着菌盖平展,菌褶逐渐变成褐色或紫黑色。在贮藏期间酒红球盖菇的菌柄色泽褐变较轻,因此选取10朵酒红球盖菇的菌盖混合均匀后测定褐变度。不同保鲜剂处理对酒红球盖菇褐变度的影响见图8-3。

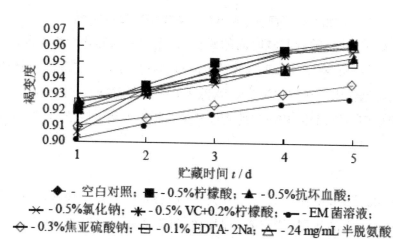

图8-3 不同保鲜剂处理对酒红球盖菇褐变度的影响

由图8-3可知,随着贮藏时间的延长,当菌盖展开、菌褶出现灰褐色时,各组褐变度随之上升。EM菌稀释液与0.3%焦亚硫酸钠处理明显对酒红球盖菇起到护色作用,外观上菌褶未明显变成暗紫灰色或黑褐色,菌柄也仅轻微褐变。从褐变度的数据看,EM菌稀释液对酒红球盖菇的保鲜效果优于0.3%焦亚硫酸钠,而其他保鲜剂未出现明显差异。

5.不同保鲜剂处理对酒红球盖菇丙二醇的影响。丙二醇为膜脂过氧化作用的主要产物,会损伤细胞膜,严重影响食用菌的贮藏品质。不同保鲜剂处理对酒红球盖菇丙二醇的影响见图8-4。

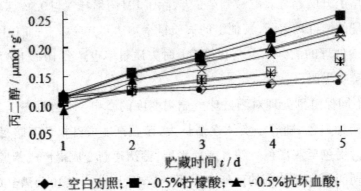

- ◆ - 空白对照；■ -0.5%柠檬酸；▲ -0.5%抗坏血酸；
- ✳ - 0.5%氯化钠；✳ - 0.5% VC+0.2%柠檬酸；● - EM菌溶液；
- ◇ - 0.3%焦亚硫酸钠；⊟ - 0.1% EDTA- 2Na；△ - 24 mg/mL 半胱氨酸

图8-4　不同保鲜剂处理对酒红球盖菇丙二醇的影响

结果表明，随着贮藏时间的延长，各组的丙二醇含量均不断增加。EM菌稀释液与0.3%焦亚硫酸钠溶液对酒红球盖菇丙二醇增长起到一定的抑制作用。在贮藏第3天后，除了EM菌稀释液与0.3%焦亚硫酸钠溶液处理的组别外，其他组的酒红球盖菇均出现菌盖脱落，且部分组别已经出现苦味。

（四）结论

100倍EM菌稀释液与0.3%焦亚硫酸钠溶液均对酒红球盖菇保鲜护色有一定的作用，能有效抑制酒红球盖菇菌褶的褐变、降低失质量率，并抑制酒红球盖菇的呼吸作用。EM菌稀释液的效果较好，在贮藏5天后仍具有可食性，至少能延长酒红球盖菇的保鲜周期2天；而其他常用的抗坏血酸溶液、半胱氨酸溶液、柠檬酸、氯化钠等溶液对酒红球盖菇的保鲜护色效果不明显。

二、低温贮藏

低温贮藏就是冷冻保鲜。其原理是通过低温来抑制鲜菇的新陈代谢及腐败微生物的活动，使之在一定的时间内，保持产品的鲜度、颜色、风味基本不变。其方法主要有人工冷藏和机械冷藏两种。

1.人工冷藏。人工冷藏就是利用天然和人工制冷来降低温度,以达到冷藏保鲜的目的。其具体做法有以下几种。

(1)短期休眠保藏:将采收的酒红球盖菇,放置在0℃左右的冷藏室内处理24小时,使其菌体组织进入休眠状态。在20℃以下贮运,可保鲜4~5天。

(2)简易包装降温贮藏:将采收的酒红球盖菇鲜菇,先用聚乙烯塑膜袋分装,每袋内放入适量干冰或冰块,不封袋口,在10℃以下可存放15~18天,在6℃下也可存放13~14天。但贮藏温度要稳定,不可忽高忽低,否则影响保鲜效果。

(3)块冰制冷运输保鲜:将采收的鲜菇,用聚乙烯小塑料袋分装,然后将其置于运输包装盒(箱)的中格内,其他上下两格放置冰块(冰块要装入塑料袋中),并要定时更换冰块,以利安全运到目的地。

2.机械冷藏。机械冷藏是利用机械制冷把热绝缘系统内的热传到系统外,使系统内的温度降低,如冰箱、冰柜、冷库、冷藏车等。将采收的鲜菇及时包装后,立即放入冷藏室、冷藏车或冰柜、冰箱中,控制温度在1℃~5℃,空气相对湿度在85%~90%,可存放10天左右。

3.低温贮藏。将采收的鲜菇,剪去菇柄基部,按大小和开伞状况进行分级,用清水洗净。为防止菇色发黄或褐变,可将其放入0.05摩尔/升的柠檬酸溶液中漂洗3~5分钟,捞起立即用冰水对菇体进行预冷处理,使菇体温度降至0℃~3℃,沥干水分,装于通气的塑料框中,放入冷库贮藏。冷库温度控制在0℃~30℃,空气湿度控制在90%~95%。经常通风,使冷库内二氧化碳浓度不超过0.3%。可保鲜8~10天。

三、气调保鲜

气调保鲜,就是通过调节空气组分比例,以抑制生物体(菇菌类或果菜类等)的呼吸作用,来达到保鲜的目的。气调主要是调节氧气和二氧化碳的浓度,一般来说,降低氧气浓度或增加二氧化碳浓度,都可延长保鲜时间。目前,气调保鲜主要是采用自然降氧法和人工降氧法两种方法。后者需要一定设备,成本高,尚未普遍使用。一般主要采用自然降氧法。

自然降氧法,即将采收的鲜菇保存在具有一定透气性的容器里,利用菇体自身的呼吸作用使氧气浓度下降,二氧化碳浓度上升,从而达到延长保鲜时间的目的。酒红球盖菇采用此法保鲜时,可将采收的鲜菇装于0.06毫米厚的聚乙烯塑料袋内。每袋装0.5公斤左右,在室温下可保鲜5~7天。若用纸塑复合袋包装,加上天然的去异味剂,在5℃下,可保鲜10~15天。用此方法贮藏5天后,袋内的氧气由19.6%降到2.1%,二氧化碳浓度由1.2%上升到13.1%。且由于纸塑复合袋减少了冷凝水的出现,从而避免了菇盖边缘及菌褶吸水软化和出现褐斑。

另据日本报道,将活性炭同吸水剂混合,配制成一种新型保鲜剂,也可起到调气保鲜的作用。其方法是:将活性炭0.5克与吸水剂0.35克、氯化钙0.15克直接混合,用透气性好的纸塑复合袋包装成小包。使用时,将该剂与需要保鲜的菇类100克,一起装入密封容器中贮藏。常温下可保鲜5~7天。

四、化学保鲜

即用无公害的化学药品,处理需要保鲜的酒红球盖菇等菇类,从而达到保鲜的目的。主要有以下两种方法:氯化钠和氯化钙液浸泡保鲜法和麦饭石水浸泡保鲜法。

1.氯化钠和氯化钙液浸泡保鲜法。用0.2%的氯化钠(即食盐),加0.1%的氯化钙制成混合水溶液,将采收的酒红球盖菇鲜菇浸泡其中,用一竹篾盖上,压上石块等重物,使菇体浸入液面以下30分钟,捞起用保鲜塑料袋分装。在5℃~6℃下贮存,可保鲜10天左右。

2.麦饭石水浸泡保鲜。将采收的酒红球盖菇鲜菇,装入塑料袋或塑料盒中,用麦饭石水浸没鲜菇,置于零下20℃下低温贮藏,其保鲜期可达70天左右。氨基酸含量与鲜菇差别不大,且色泽、口感均较好。

第二节 酒红球盖菇的加工

　　酒红球盖菇鲜菇在常温下容易变质,不耐贮存。虽可采用适当的保鲜方法,但也只能在较短的时间内贮藏。而经过干制、盐渍等方法加工后的产品,则具有便于运输、易于贮存、食用方便等优点。同时,也只有加工后的产品才能更好地供应国际市场。所以,酒红球盖菇的生产开发,除鲜销外,还必须走加工增值之路。只有这样,才能使我国的酒红球盖菇产业真正上规模、上档次,从而产生更大的经济效益与社会效益。

　　目前,酒红球盖菇的加工方法主要有干制、盐渍、罐藏、速冻等几种形式。这几种形式的加工产品,也是出口创汇的主导产品,在国际市场上备受欢迎。酒红球盖菇的加工工艺,除盐渍法较为简单,设备投资较低,适于普及外,其他几种产品的加工工艺要求均较高,设备投资也较大,须由条件较好的专业食品厂加工生产。

一、干制酒红球盖菇

干制有晒干、火炕烘干和远红外线烘干等方法。

(一)晒干

　　酒红球盖菇晒干脱水方法简单,即在强光下使体内的游离水蒸发掉。游离水占菇体水分的70%~80%,其流动性较大,容易蒸发掉。体内的结合水性质较稳定,很难靠日光蒸发掉。晒干时,先将采摘的鲜酒红球盖菇放在竹席或竹筛上,按大小分级摆放,竹席放在架子上,便于通风,晒干的速度快。鲜酒红球盖菇摆放均匀,不要叠放,每1~2小时翻一次,将背阳面翻到上面。这样定时翻晒,在强烈的阳光下,1~2天就能晒干。晒干后在室内停放1天,让其返潮,然后再在强阳光下复晒1天,随即装入塑料袋内密封,这样保存的效果好。

（二）火炕烘干

鲜酒红球盖菇在烘干房内，表面水分受热后先蒸发掉，内部水分不断向表层移动，这样水会慢慢地被烘干。火坑烘干是在较高的温度下，使水强制性蒸发，时间快，效率高，一次能达到干品出口所要求的10%的含水量。火炕烘干和晒干相比，晒干时间长，需要1~2天，晒干后的含水量为15%左右，出口外销之前还需进一步脱水。为节约燃料，可在日光下晒1天后放入烘干房内进一步脱水，这样能一次脱水到10%的含水量要求。

利用火炕来烘干酒红球盖菇，可用现成的烘房，如用来烘干香菇、烟叶、黄花菜等的烘房，虽然形式各异，但其烘干原理是一样的。也可以根据酒红球盖菇生产规模新建烘房，其结构主要有加热灶、火道和烟囱等部分。加热灶在烘房的一端，烟囱在另一端，中间由火道连接。火道用砖或土坯砌成，火道宽和高均为40厘米，也可用陶瓷管代替砖砌。火道连接灶的一端要低，连接烟囱的一端要高，使火道成为一个斜的抽气道，热气流能顺利地由加热灶流向烟囱。烘房的顶部要安装一排拔气筒，使菇体的水分蒸发后由拔气筒排出。在烘房四周墙上，每隔1米开一个20平方厘米的地窗，离地面高20厘米。在加热烘干时，空气由地窗门进入，空气受热后上升从拔气筒中排出，将蒸汽一同带出。酒红球盖菇烘干程序如图8-5所示。

图8-5 烘干程序

具体烘干程序及其注意事项如下所述。

1.烘房预热。无论是新建烘房还是利用其他农产品烘房，都要事先加火预热，将烘房内温度升到40℃左右，然后将鲜菇运进烘房。

2.鲜酒红球盖菇上架。鲜酒红球盖菇采后运往烘房，整齐地摆放在烘盘内，再将烘盘放在架上，关闭房门进行烘干。

3.烘干脱水。烘干的起始温度要低,温度调节到40℃左右。如起始温度过高,会影响干品的形状,会使菇色变褐,降低干品的商品价值。升温时要慢,每隔1小时,气温上升3~4℃为宜,当气温升到55~60℃时,要维持到烘干为止,不能超过以上温度。

4.定时翻菇。鲜酒红球盖菇在烘房烘6~7小时后,菇体内含水量会蒸发过半。要及时翻菇,将菇体翻个面,并将架子上的烘盘上下调换位置。如连续烘干时,边出干菇边进鲜菇,将鲜菇放在架子的上层,把下层的干菇取出,这样循环烘干。

5.复烘。酒红球盖菇为大型真菌,单体较大,呈圆球状,一次烘干需要的时间长,一般需要二次复烘。当菇体烘至八成干时,由烘房取出,放入塑料袋中密封,存放1天,让菇心水分向表层移动,达到内外水分一致。然后重新放入烘房内进行复烘。经二次供干,体内水分可降到12%以下。

6.干品贮藏。烘干后的干品要趁干装入塑料袋内密封。装袋之前进行分级,个体较大、颜色浅黄、体态圆整、菌刺完好、无损伤的为一级,装入小袋,每袋20~25克。使用精致的塑料袋,能提高酒红球盖菇干菇的品位。小包装干品再放入纸箱中,运输中防止压碎。在仓储中,温度保持在15℃左右,空气湿度在65%左右,以防止在贮藏中受潮变质。

(三)远红外线烘干

远红外线是一种穿透力很强的非可见光,常用碳化硅通电后产生3~9微米波长的远红外线,其具有极强的加热烘干能力。用碳化硅为热源材料进行烘干的,称远红外线烘干法。

远红外线烘房是用碳化硅片在烘房的顶部和底部安装成排,顶部和墙壁用隔热材料作保暖层,顶部和四周墙壁打若干个通气孔,便于蒸汽排出。烘房规格为长3米、宽2米、高2米,门上安装观察孔。远红外线烘房在使用前要预热,温度升到35~40℃之间,将鲜酒红球盖菇移入烘房,每隔1小时温度调高3~4℃,最后升到50~60℃之间,保持4小时,菇体内的含水量降到30%左右时,停止通风,继续保温1~2小时,会使含水量降到12%左右,一次烘干到要求的含水量。远红外线烘干的特点是速度快(可一次烘成),干菇质量好,但远红外线烘房一次性投资较大。

二、酒红球盖菇的盐渍加工

盐渍是用食盐将鲜菇腌制加工的过程。经盐渍加工的菇产品,叫盐水菇。盐水酒红球盖菇作为近年来推出的一种新的外贸出口产品,具有日益广阔的国际市场。其腌制工艺简单,所需设备也少,投资不大,国企、集体或个人,都可根据当地产菇量设点收购或直接加工。盐渍的工艺流程及操作方法如下。

1. 选料清洗。用于盐渍外销的酒红球盖菇,应在六七分成熟,即菌盖呈现钟形、菌膜尚未破裂时采收。采收后,及时清除杂质,剔去霉变及病虫危害的个体,按等级标准进行分级,也可在预煮后或腌制后进行分级。然后用不锈钢刀或竹片,刮去菇脚的泥沙,用清水清洗干净。要当天采收,当天加工,不能过夜。

2. 预煮冷却。清洗干净的酒红球盖菇,要及时进行预煮(杀青)。预煮时,要使用铝锅、不锈钢锅或搪瓷锅,忌用铁锅,以免菇体色泽褐变影响品质。预煮方法是:先将5%浓度的食盐水加热至沸,接着把清洗后的鲜菇,按菇体大小,分别下锅预煮。预煮时,每100公斤盐水中放入约40公斤鲜菇,使菇体全部浸没于沸水中。火力要旺,水沸后计时,经常用木棒或笊篱上下搅拌翻动菇体,并随时除去泡沫。具体煮制时间,应视菇体大小而定,煮至菇体熟而不烂、菇体中心熟透为止。一般大菇需煮9~12分钟,小菇需煮6~8分钟。

检查菇体是否熟透,可用以下方法:一看,将菇捞出投入凉水中,下沉者为已煮熟,浮在水面者为未煮透;或停火片刻后看菇体沉浮情况,沉入水中者为已煮熟,浮于水面者为未煮透;二捏,用手指捏压菇体,有弹性、有韧性、捏陷复原快者为已煮熟,反之则未煮透;三咬,用牙试咬,熟菇不黏牙,未熟菇黏牙;四尝,熟菇脆嫩清香,未熟菇有苦味。锅中盐水可连续使用五到六次,但连续使用二到三次后,要补充适量的盐分。

当天采收的鲜菇,要当天预煮加工完毕。加工数量较大时,来不及预煮的鲜菇,可放在0.6%的盐水中保存。杀青后的菇体,从锅中捞出后,要立即放入流动的清水池(槽)中,或用四五口冷水缸连续轮流冷却。冷却用水量要大,要求不断注入冷水,并不断排去变热的水,使菇体快冷,菇心冷透,冷却均匀。冷却后捞出,滤水5~10分钟,沥干待用。

3. 装缸腌制。首先配制40%的饱和食盐水溶液。即以100升清水加入40公斤食盐的比例,将水与食盐混合,加热煮沸、搅拌至食盐完全溶化时为止,用波美比重计测其浓度为23波美度左右,再放入少量明矾,静置沉淀。冷却后,取其上清液,用6~8层脱脂纱布过滤,使盐水达到清澈透明,即为饱和食盐水。存入专用缸中,用布盖好,再盖缸盖备用。饱和食盐水制好后,即可开始腌制。先将腌缸洗刷干净,用0.5%的高锰酸钾溶液消毒并经开水冲洗后,把冷却沥干后的预煮菇,按每100公斤菇加25~30公斤精盐的比例,逐层盐渍。先在缸底放一层盐(厚2厘米左右),接着放一层菇(厚8~10厘米),依次一层盐一层菇至装满缸为止。然后,把制好的饱和盐水注入缸内,以浸没菇体为准。液面需加竹片或木条等盖帘,并压上石头,使菇体完全浸没在盐水中。盐渍后,3天内必须倒缸1次,把菇捞出,移入另一只缸中,盐渍方法同上。以后,每5~7天倒缸1次。腌制过程中,要经常用波美比重计测盐水浓度,使其保持在23波美度左右,低了就需倒缸。为保证盐水浓度上下一致,可在缸中插入一根塑料管,每天打气两三次,使盐水上下循环,可减少倒缸次数。整个腌制过程约需20天。还有一种快速腌制方法,就是把预煮处理后沥去水分的菇装入缸内,加入饱和食盐水,盐水用量约占腌制菇体积的60%,以浸没菇体为准。再用10%的精细盐封面,每隔12小时轻轻翻动1次菇体,并测定盐水浓度。若盐水浓度低于18波美度,必须逐步加盐调整到18波美度。当腌制酒红球盖菇稳定在18波美度盐水中12小时以上时,即可分级、检验、装桶。整个腌制过程需4~6天。

4. 装桶贮存。要根据盐水酒红球盖菇各级别具体要求,如色泽、重量、盐水浓度等指标,全面把好质量关。方法是:先将腌制好的酒红球盖菇用分级机分筛,然后分别倒在台板上,由人工进一步分级。分级时,要按菇体大小、色泽、紧实度、弹性等指标全面衡量,凡不符合标准的菇体必须剔除。分级后,即可称重装桶。成品菇的重量,以沥水断线不断滴为准。包装桶的规格要求,由收购方统一制定,一般用塑料桶,出口需用外贸部门拨给的专用塑料桶。包装桶在使用前,要内外清洗干净。装桶时,桶内先加3～4公斤饱和食盐水,使装入的菇浮于水中不致相互压损。菇体按标准装完后,再加满饱和食盐水,并按盐液和菇体总重的0.2%～0.4%添加柠檬酸,调整盐液pH值在3～3.5。然后,按70公斤成品菇加精盐5公斤的比例,加精盐封口,使菇体全部浸没在盐水中,排除桶内空气,盖紧内外盖。注上标记、代号,经仓检后,便可封存贮藏或外销。加工完毕后的食盐水,可用加热蒸发的方法回收食盐,供循环使用。

盐渍加工的酒红球盖菇,一般可保鲜6个月左右。食用时,将菇体从盐水中捞出,放入清水中浸泡脱盐,即可烹调食用;也可将盐水菇放入1%的柠檬酸液中浸泡7分钟脱盐,捞起后用清水漂洗干净。烹调时可不放盐,以免增大咸度。

三、酒红球盖菇的罐藏加工

罐头是一种保鲜形式的食品。鲜菇经过一系列处理之后,装入铁罐或玻璃瓶中,经抽气密封、高温杀菌,即可制成酒红球盖菇罐头。其产品鲜脆,营养丰富。开罐后可凉拌,可煲汤,可烹炒,具有食用方便、携带容易、保存时间长等优点,很受国内外市场欢迎。罐藏加工的主要设备,有洗槽、夹层锅、排气封罐设备、杀菌锅、锅炉等。

将酒红球盖菇制成罐头是其加工中最常见的方法,加工制成的罐头贮藏期1～2年。酒红球盖菇玻璃瓶罐头以内销为主,外销是以马口铁罐头为主。其加工工艺流程如图8-6所示。

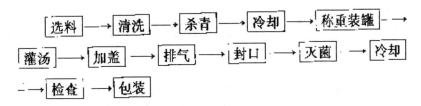

图8-6 制罐工艺流程

具体制罐工艺流程及其注意事项如下所述。

1.选料。罐头的质量跟选料关系很大,酒红球盖菇成熟度在七八成时应该采收,此时菌刺较长,菇体大小均匀。要将病菇、畸形菇淘汰,并将酒红球盖菇按菌盖直径大小进行分级加工装罐。其分级标准如下。

一级:菇色洁白,菇形完整,单体直径在5厘米以上,菌刺长短均匀,菇香浓郁,无虫蛀。

二级:菇色洁白,菇形完整,单体直径在3厘米以上,菌刺较均匀,无虫蛀。

三级:菇色较白,单体直径在3厘米以下,无虫蛀,无疤痕、无杂质。

2.清洗。精选后的鲜菇立即放入0.6%的淡盐水中漂洗,然后捞出沥去水分。

3.杀青。清洗后的鲜菇放入沸水中煮透,杀死体细胞的活性物质,即破坏体内的氧化酶,防止菇体变褐,排出菇体内的氧气,使菇体软化,增加其弹性,利于装罐。杀青液是5%的食盐水加入0.6%的柠檬酸,在沸腾状态下煮5~8分钟即可制成。菇和水的重量比为1:1.5。

4.冷却。煮透的酒红球盖菇立即捞出,放入冷水中。菇体温度降得越快越好,在冷却过程中要不断翻动,防止因温度降得慢而焖烂。用流水冷却较为理想。

5.称重装罐。标准玻璃罐内装物重为500克,其中菇体固形物重275克,汤重225克,每罐允许误差为±3%。

6.灌汤。汤汁配制方法是,100千克水中加入精盐2.5千克,煮沸后加入50克柠檬酸,将pH值调至3.5以下,用4~5层纱布过滤即成。汤汁灌入罐中的温度要保持在90℃。

7.加盖。罐头盖上有一橡胶垫圈,在嵌入盖子内之前,橡胶圈要在开水中煮60分钟,这样既能将橡胶垫圈消毒,又能将其软化,增加橡胶垫圈的韧性,并且提高盖子的密封性。

8.排气。将加上盖的罐移入排气箱内,箱内的温度保持在90℃,在此温度下排气15分钟。排气时,罐中心的温度要在75℃以上,如果罐中心温度低于75℃,排气时间即使超过15分钟,罐中的气体也排不彻底。所以排气的时间应从罐中的温度达到75℃后算起。

9.封口。排过气的罐要立即从排气箱中取出,置于真空封口机上进行封口。在封口的同时能进一步将罐内气体排除。

10.灭菌。封过口的罐立即置入灭菌柜中进行灭菌。玻璃罐在灭菌柜中达到100℃所需要的时间为10分钟,在100℃下保持灭菌时间为20分钟,停止加热保持20分钟之后取出。在高压灭菌时,在1千克/平方厘米的压力下,保持30分钟能达到灭菌效果。

11.冷却。火过菌的罐立即从灭菌柜中取出冷却,先在空气中冷却到60℃,然后再浸入冷水中降到40℃,冷却到40℃的时间越快越好。

12.擦罐检查。冷却后的罐从水中取出,用布擦去盖上的附着物和水珠,防止盖子生锈。将罐置于37℃的环境条件下保持5~7天,分批抽样检查,以汤汁清澈、菇体完整,保持原菇的颜色为合格品,同时淘汰"胖罐"和"漏罐"。

13.包装。将合格的酒红球盖菇罐头贴上标签,装箱入库或销售。

四、酒红球盖菇制酱油

酱油,用豆、麦、麸皮酿造的液体调味品。色泽红褐色,有独特酱香,滋味鲜美,有助于促进食欲,是中国的传统调味品。酱油俗称豉油,主要由大豆、淀粉、小麦、食盐经过制油、发酵等程序酿制而成的。酱油的成分比较复杂,除食盐的成分外,还有多种氨基酸、糖类、有机酸、色素及香料等成分。以咸味为主,亦有鲜味、香味等。它能增加和改善菜肴的味道,还能增添或改变菜肴的色泽。

酒红球盖菇富含蛋白质、多糖、矿质元素、维生素等生物活性物质,氨基酸含量达17种,人体必需氨基酸齐全。酒红球盖菇子实体粗蛋白含量为25.75%,粗脂肪为2.19%,粗纤维为7.99%,碳水化合物68.23%,氨基酸总量为16.72%,矿质元素中磷和钾含量较高,分别为3.48%和0.82%。生物活性物质中的总黄酮、总皂甙及酚类的含量均大于0.1%,牛磺酸的含量为81.5mg/100g,VC含量为53.1mg/100g。

本发明公开了一种酒红球盖菇酱油的加工方法,其特征在于该方法采用了原料处理,酱油制备,包装等工艺步骤。

步骤一:原料处理。选取非硫黄熏制、无霉变、无异味的酒红球盖菇干品1千克,加水18千克或选取鲜酒红球盖菇1千克,加水8千克,在70℃~80℃下加热1小时,滤去残渣,得酒红球盖菇热水提取液。

步骤二:酱油制备。取普通酿造酱油100千克,加酒红球盖菇热水提取液10千克、蔗糖4千克、花椒260克、胡椒260克、八角170克、桂皮85克、姜2千克,在90℃下加热1小时,过滤,加入0.15%~0.4%的防腐剂,即得酒红球盖菇酱油。

步骤三:包装。将步骤二制得的酒红球盖菇酱油在100℃下进行杀菌15分钟,冷却至90℃时装入透明玻璃瓶真空或充氮包装,即得酒红球盖菇酱油成品。

制备的酒红球盖菇酱油,味道鲜美,能促进食欲,而且具有酒红球盖菇的保健功能。本发明方法制作简单,工艺易掌控,能够规模化生产,可以满足市场的需求。

五、酒红球盖菇玉米营养粉

本发明为了使酒红球盖菇资源寻求一条新的深加工途径,尽量保持酒红球盖菇的营养成分不被流失,另外使玉米能够得到进一步充分的利用,提供了一种酒红球盖菇玉米营养粉及制备方法。

本发明由如下技术方案实现的:一种酒红球盖菇玉米营养粉,由玉米粉、酒红球盖菇、钙盐、维生素 B_1、维生素 B_2、磷酸二氢钾、硫酸镁、硫酸锌、水和糖制成;其中糖为蔗糖、葡萄糖或木糖醇;所述酒红球盖菇玉米营养粉按以下步骤制备。

（1）制备酒红球盖菇液体菌种：酒红球盖菇液体培养基的处理方法是常规 PDA 培养基中加入磷酸二氢钾 2g，硫酸镁 1.5g，硫酸锌 0.3 ~ 0.5g，维生素 B_1 0.05g，维生素 B_2 0.05g，120℃ ~ 125℃ 灭菌 30 ~ 40min；酒红球盖菇接种于处理好的液体培养基中，25℃ ~ 28℃ 培养 10 ~ 15 天，待菌丝体片段的浓度为 10 ~ 10^3 个/mL 时取出备用。

（2）配制酒红球盖菇培养基：将玉米粉 20 ~ 40 份、钙盐 0.5 ~ 1.5 份、维生素 B_1 为 0.05 ~ 0.1 份、维生素 B_2 为 0.05 ~ 0.1 份、磷酸二氢钾 0.05 ~ 0.5 份、硫酸镁 0.05 ~ 0.1 份、硫酸锌 0.05 ~ 0.1 份、糖 1 ~ 5 份和水 500mL 混合均匀，然后将其装入食用菌培养袋，制备成酒红球盖菇培养基。

（3）培养酒红球盖菇：将步骤（1）中培养好的酒红球盖菇菌丝体片段接种入灭菌好的酒红球盖菇培养基中，25℃ ~ 30℃ 培养 30 ~ 40 天，待菌丝体长满整个培养袋后取出。

（4）制备酒红球盖菇玉米营养粉：将获得的酒红球盖菇菌丝体连同培养基一起粉碎成 200 ~ 300 目后干燥，即得酒红球盖菇玉米营养粉。

所述钙盐为乳酸钙或磷酸钙。步骤（2）中的酒红球盖菇培养基在 100℃ ~ 120℃ 条件下灭菌 30 ~ 60min 或者 128℃ ~ 140℃ 灭菌 20 ~ 30min；然后冷却至 20℃ ~ 30℃。

本发明以玉米粉为原料培养酒红球盖菇，生产酒红球盖菇玉米营养粉，提高了玉米的附加值。本发明酒红球盖菇玉米营养粉的制备方法利用玉米粉发酵培养酒红球盖菇，不但降低了生产成本，还因不曾添加土豆浸提物和酵母膏，保证了最终产品酒红球盖菇玉米营养粉的纯正口感和风味、没有异味。本发明酒红球盖菇玉米营养粉的制备方法中直接利用酒红球盖菇菌丝体和培养基粉碎，省去了分离等工艺，大幅节约了能源和成本。

本发明酒红球盖菇玉米营养粉的制备方法步骤四中进行破碎，既可以将玉米中未被分解利用的玉米渣粉碎，又能够破碎食用菌，释放食用菌的代谢产物和胞内酶。这些被释放出来的胞内酶包括蛋白酶等，能够对玉米中未分解的蛋白进行适度水解，使得终产品酒红球盖菇玉米营养粉中蛋白分子量小，可以被婴幼儿直接吸收和利用，扩大了产品的适用人群；而且小分子量蛋白更易被人体吸收，提高其营养利用率。由于酒红球盖菇的分解，改变了玉米成分的分子结构，使得本发明制备的酒红球盖菇玉米营养粉的溶解性、润湿性和分散性都有所提升。

本发明不采用生物酶制剂，能有效节约成本，使用酒红球盖菇发酵玉米粉进行生物转化，提高了玉米的生物利用率，还将酒红球盖菇菌丝体内所包含的多糖等成分融入玉米营养粉中，提高了产品的品质，能有效补充人体营养，提升食用者的免疫力。

第三节 酒红球盖菇的无公害生产

一、无公害食用菌

按照我国有关无公害食品的要求和规定，无公害食品生产有三大类技术标准的支撑，即产地环境条件、过程技术保证和产品质量标准。对产地环境条件和过程技术的要求，不但要确保产品达到无公害标准，还要求在实施过程中对环境无害，对环境生物无害，就是说，无公害食用菌不仅仅是只针对产品，而且涵盖产地环境、生产技术规程和产品卫生要求的整个体系。从要求的严格程度上讲，无公害较绿色、有机两类产品的要求要宽松得多，达到无公害标准实际上只是取得了进入市场的准入证。从这个意义上说，无公害食品要求是最低要求。就无公害食用菌的要求来说，只要栽培基质中不添加成分不明的添加剂和食用菌禁用农药，栽培过程中按我国农药使用准则规范合理使用农药，使用符合GB15618中规定的二级土壤作覆土材料和符合生活饮用水标准的水源，适时采收，采用适当方法保鲜和贮运，相应要求的标准是完全可以达到的。那么，优质食用菌又是什么呢？

评价食品的质量首要的一条是营养价值，食用菌多作为蔬菜食用，在这个意义上,评价食用菌的质量,除营养价值外,还包括口感、风味和外观等,同时必须符合食品卫生要求。优质食用菌应该具备如下三种特征。

第一,具有食用菌固有的营养价值。众所周知,食用菌是高蛋白、低脂肪、富含多种矿物质和维生素,富含膳食纤维的营养食品。这是食用菌自身固有的特性,但是当栽培或采收贮存不当时,其营养价值会降低。如采收前大量喷水的菇蛋白质含量大大降低,采收过熟的菇,其蛋白质、必需脂肪酸和维生素含量都大大下降,营养价值大减。

第二,具有食用菌固有的口感和风味。食用菌口感滑润清脆,风味独特。然而,栽培技术不当、采收不当或贮存不当,都会改变其质地和风味,甚至导致食用价值降低或丧失。如误用了槐树根种植的菇时,其菇体有一种令人厌恶的异味;用纯棉籽壳栽培的香菇风味远不及木屑;采收过晚,菇体纤维化增加,口感变差,风味大减;贮存不当或时间过长,多数食用菌都会产生异味,口感和风味都不同程度地变差。

第三,符合国家食品卫生安全标准。任何食品,不论食用价值多高,从理化指标上,前提条件是对人体有害的物质必须在食品卫生规定的限量值之内,即必须是安全的。离开这一点,营养价值、食用价值都无从谈起。评价食品的食用安全性,检测项目主要有下列三大类:①重金属。主要元素有砷、铅、汞、镉等;②杀虫剂。主要是有机氯、有机磷和菊酯类等;③杀菌剂。食用菌主要有多菌灵、百菌清、甲醛等。

按照食用菌栽培技术规程进行规范化生产的食用菌,可完全符合食品卫生和安全标准。但是,由于食用菌在发菌期是封闭生长及子实体具有较强的吸水性和吸附性,一旦违反栽培技术规程,农药残留问题将较绿色植物严重得多。因此,食用菌培养料中添加剂的使用、栽培期的病虫害防治、保鲜加工过程中化学药剂的使用,都要十分谨慎,都要严格按技术规范进行。

第四,具有食用菌特有的外观。不同种类的食用菌都有其特定的外观,这包括形态、色泽、圆整度等。其外观受品种(产前)和栽培技术

(产中)的影响,也受采后(产后)处理技术的影响。

二、高效生产

高效生产从经济学上划分有两大基本内涵:其一是指产出投入比的高低,产出投入比越高,效益越高;其二是指规模效益,将产出投入比放在次要位置。不同的市场需求使生产者采用不同的经济效益模式达到高效生产。例如,栽培香菇、双孢蘑菇、黑木耳、平菇等大宗产品的食用菌,产量多,市场需求的绝对量也大,但由于价格平稳,产出投入比相对较白灵侧耳、杏鲍菇、杨树菇等珍稀种类低很多,栽培者则以规模生产获得效益;侧耳等珍稀种类由于产量少栽培难度较大,虽市场需求量远远小于香菇等大宗产品,但价格较高,产出投入比远远高于香菇大宗产品,栽培者则以产出投入比高,即利润高获得效益。

这两类效益模式在一定时间和空间内又是紧密关联、相互制约的。在规模一定的情况下,产出投入比越高效益越高,但生产规模越接近或超过市场需求,产品相对过剩价格下降,产出投入比下降。任何种类的产品,多以新品种利润率高,即产出投入比高。

随着经济的发展,科学技术的进步,高利润率的生产必然要向规模效益生产发展,这是不以人们的意志为转移的。任何食用菌都将逐渐成为百姓餐桌上的食品。食用菌产业发展的最终目标是让普通消费者都吃得起,提高人类健康水平,而不是成为少数人的奢侈品。因此,食用菌生产者应尽早从追求过高回报的不现实的愿望中走出来,向规模生产要效益,向技术要效益,向质量要效益。

总体说来影响效益的因素主要是两个,也就是生产的成本和售价。但是,这两大因素又都受诸多具体因素影响。

(一)生产成本

食用菌的生产成本涉及因素主要有消耗性原料和材料能耗、运输成本、过程成本、人工费、管理成本、固定设施折旧费等。不同地区各项成本所占比例不同,不同的栽培方式和技术路线等因素导致成本也不相同。

1.消耗性原料和材料。消耗性原料主要指生产用的各种培养料,如木屑、棉籽壳、麦麸、石膏等;消耗性材料主要是各种包装物、容器等,如玻璃瓶、塑料袋,塑料薄膜等。在选择栽培种类时,生产原料来源是否方便可靠,是重要因素。如平原地区应选择以秸秆皮壳为主要原料的栽培种类,如平菇、双孢蘑菇、金针菇等;林区则应选择适宜以木屑为主料栽培的种类,如黑木耳、毛木耳、香菇等。生产食用菌的原料都是农林副产品,价格低廉,但若不能就地取材,则运输成本大增,增加生产成本。生产用材料多为工业化生产,不同地区间虽有一定差异,但差别不大,但不同厂家的产品质量相差悬殊,特别是塑料袋,切勿贪图便宜使用次品。初次生产食用菌的栽培者,有相当比例是因为使用了不合格的塑料袋而造成高比率的污染,使生产成本大大提高,甚至赔本。就经验而言,一般食用菌主产区的塑料袋品质较好,价格公道,如福建古田、浙江庆元。

2.能耗。多数食用菌都需灭菌,进行熟料栽培,因此,构成食用菌能耗成本的主要是热能。欲节约能耗,需要合理选择使用灭菌器械和热源,科学设计灭菌灶炉,并实行培养料发酵预处理,采用这一技术可有效地缩短灭菌时间,节约能源。

3.运输成本。这里的运输成本主要指产品到市场的运输成本。不同的产品形式,不同品种,不同的市场距离,运输成本大不相同。相对而言,干品运输成本低,鲜品运输成本高,耐贮藏耐运输的品种运输成本低,相反则高,如鲜草菇难以低温贮存,采后生理活性又强,要每天采收2~3次并及时送往市场,运输成本就高于其他鲜销种类。

4.过程成本。食用菌生产是劳动密集型产业,从生产一开始,到产出成品,其时间间隔较工业生产周期长得多。过程成本的可塑性较强,减少过程,简化过程,可有效地提高成品率,增加效益。如拌料后的分装至接种这一过程中,可有不同的操作过程和环节。比如一种采取分装后直接入筐,整筐灭菌、冷却和接种的过程;另一种分装后散放,分散搬运,逐个码放灭菌,灭菌后逐个拣出搬入冷却室,冷却后再逐个装入容器搬入接种室接种,这样过程的时间大大增加,劳动效率降低,过程成本大增。食用菌生产的过程成本主要在于物品的传递和转移,应尽量减少。

5.人工费。我国食用菌生产一直以手工操作为主,降低劳工成本主要通过技术路线合理、设备设施及场所配套合理、器械和用具适宜、劳动者技术熟练、行之有效的管理等途径与办法。

6.管理成本。作为企业规模化生产,管理成本在总成本中占有一定比例,管理水平越高的企业管理成本比例越低。我国食用菌企业一般都规模小,管理经验不足。规模越小,管理成本越高。我国食用菌企业的管理水平亟待提高。

7.固定设施折旧。固定设施包括厂房、菇房(棚)、室内场地、基本建设投资等。

(二)售价

不同层面的市场售价不同,总体说来零售市场是产品的最终市场。但是,作为生产者,除小农式庭院生产外,均做不到完全直接零售,绝大多数生产者只能得到出厂价,得不到零售价。不论批发还是零售,相同的品种,相同的品质,售价也不尽相同,影响售价的主要因素有以下几点。

1.市场层面。不同市场层面,对产品的要求不同,包括品质和数量,比如金针菇,如果直接销往宾馆,要求白色柄长12厘米、整齐均匀、日供货或隔日供货,数量稳定,且周年供货,价格高达20~40元/千克,农业式的生产做不到这种供货要求。如果销往普通菜市场,对品质的要求较松,数量上也无严格限制,价格随行就市,一般4~10元/千克,比较适合目前的农业式生产。

2.供求关系。不同季节食用菌的供求关系不同,由于我国是农业式生产,在自然环境条件较适宜的春秋季产品多,而夏冬季产品少,但恰恰是这两个季节价格高。如在北京市场,春秋季平菇3元/千克左右,夏季和1~2月份的严冬季节5~6元/千克。近年栽培技术较好的菇农看准了这一市场变化规律,想方设法夏季降温出菇,冬季增温增产,取得了较好的经济效益。近年食用菌栽培技术的普及,使食用菌栽培遍及全国城乡,有的品种时有销售困难的情况发生。因此生产者要随时了解市场行情、产业发展动态,以防盲目生产,不能获得预期效益。

(三)高效生产的技术选择

高效生产的经济学原理和途径尽管人尽皆知——降低成本和卖出好价钱,但是,实施起来并不容易,并不简单。食用菌整个产业链的高技术特点,要求生产者和企业管理者不但能精打细算,尽量降低成本,有开拓和驾驭市场的能力,卖出好价钱,更要会分析市场,以市场需求为中心,选择高效生产的技术路线。

不同的市场需求需要不同的技术路线,不同的技术路线是通过不同的设施设备、不同品种、不同栽培模式、不同管理运作等诸多方面来体现的。

1.工业化生产。工业化生产是完全不受自然环境条件影响的工厂化、规模化、电控化的周年生产。工业化生产投入资金较多,并且要使用适合其要求的与农业生产条件不同的品种。与农业式生产比较,工业化生产投资高、成本高、产量连续稳定、品质优良稳定。就目前和近期内我国城乡居民的消费水平而言,由于工业化生产的产品价格相对较高,不适于大众消费,市场消化量有限,就国内市场而言其适合面对宾馆和酒店,也更适于栽培农业式生产难以栽培的品种。工业化生产的产品应以国际市场为主,做订单生产。

2.农业式规模集约生产。这种生产以自然环境条件为主,人工调节为辅,通过建造较为适宜的设施满足食用菌生产的需要,常通过不同品种的调节基本上达到周年生产。这种生产多以集约栽培的企业为龙头,栽培面积多在1公顷以上,园艺设施状态良好,产量和质量相对较稳定,生产成本较工业化生产明显降低,在对外出口贸易中有比较明显的价格优势和质量优势,在国内市场也有较强的竞争力。这种生产方式,在设施建造上,需要有适于不同季节出菇的菇房和发菌棚,如在北方要有适于寒冷季节发菌和出菇的日光温室,也要有适于夏季发菌和出菇的荫棚。在使用品种上,要根据不同设施在不同季节的可用性,选择栽培不同的品种,以达到周年产菇。如日光温室可晚秋至春季栽培香菇、平菇、双孢蘑菇、白灵侧耳、杏鲍菇等,晚春至早秋则应以生产高温出菇的品种为主。荫棚的利用则与此不同,秋季至早春可栽培金针菇、杏鲍菇和白灵侧耳,晚春至初秋则栽培平菇、茶树菇和姬松茸较为适宜。这就要求生产者周密计划,妥善安排品种的轮作。

3.农业式分散生产。这种生产以家庭为单位,以自然环境条件为主,人工调节为辅的季节性生产。这种生产的特点是投入少、成本低、利润高、栽培品种比较单一。这种生产方式多就地挖土打墙,建造简易菇棚,就地接种发菌,就地出菇,且栽培体较大,单位栽培体投料量也较大(袋子大、铺料厚),出菇周期长,产量不连续,产量分布不均匀,品质也不够稳定,其产品的市场主要在自由市场和收购产品的企业。

综上所述,作为生产经营者,若把产品市场定位在国际市场,而且是越洋贸易,选择工业化生产和规模集约化生产较为适宜;如果将市场定位于国内宾馆饭店和超市,则以规模集约生产更为适宜;如果市场定位于自由市场和收购产品的企业,应尽量降低成本,以分散法生产效益较高。

这里需特别引起注意的是,高效生产没有固定的技术方法,必须以市场需求为中心,在充分调查研究分析的基础上,制订适宜自己实际情况的技术路线并应用适宜的技术措施。

三、无公害优质食用菌生产环境

直接影响食用菌质量的生产环境可分为大环境和小环境。大环境也称产地环境,是指生产场地所在地的整个大环境质量,如大气质量、水源、土壤状况等。小环境也称生产环境,是指生产过程中场所的环境卫生和质量状况,如地势、周围环境卫生、污染源及生长的生态小环境等。

（一）产地环境

产地的环境质量直接影响食用菌的食用安全性和商品质量，产地环境的不良是难以通过栽培措施改善的。产地环境的气、水、土三大要素中影响食用菌的主要是水和土两个因素。

1.空气。大气污染对农业生态环境的影响已成为当今国际世界十分关注的问题，它直接影响人类食物的安全。我国大气污染现状资料表明，二氧化硫和降尘污染比较突出，这不但影响绿色植物的生长发育，也直接影响食用菌的生长发育和品质。

第一，二氧化硫。二氧化硫是我国主要大气污染物之一。我国是产煤和燃煤大国，二氧化硫的污染源分布广，排放量大。食用菌子实体含水量较高，吸水性强，极易将空气中的二氧化硫吸附，二氧化硫进入子实体后迅速与细胞间隙的水反应生成亚硫酸盐和亚硫酸氢盐。2001年，我国出口鲜香菇曾因亚硫酸盐超标被加拿大海关扣留，其原因至今未明。但是从二氧化硫在生物体内的代谢途径上分析，通过控制产地大气的二氧化硫污染和生产过程中的二氧化硫污染来防止亚硫酸盐超标是肯定有效的。

第二，降尘。我国北方干旱，大气中含尘量大，近年沙尘暴发生频繁，特别是华北和西北，2~5月间都是沙尘天气发生期，而此期间也正是多种食用菌出菇旺季。因此，笔者一直提倡食用菌的设施栽培，不主张在林地、大田、蔬菜等套种露地栽培。一旦沙尘天气发生，对室外栽培的食用菌将束手无策。为使食用菌有效地避开气尘污染，唯一的方法是采取设施栽培。为此，新建栽培场要与扬尘较多的公路隔开一定距离，隔离带最好种植树木作为隔离物。

2.水。水是食用菌生长发育的基本条件，也是食用菌菌体的最大组分，各种人工栽培的食用菌子实体含水量都在87%~93%之间，多数在90%左右。水是食用菌生理代谢的介质，按照食品安全性的要求，食用菌栽培应使用符合饮用水标准的水源。在实际生产中，多数熟料栽培的种类易于达到这一要求，但发酵料栽培和生料栽培的种类较难控制，如用稻草栽培草菇时,接种前的稻草常置于河水中浸泡或用河水预湿,非饮用水的使用存在着有害于人类健康物质污染的隐患,应引起注意。

我国农用水污染源中直接影响食用菌食用安全性的污染源主要是汞、铬、镉、铅、砷等重金属及其化合物,此外还有氰、酚、醛、苯、硝基化合物等。机械加工、化工、选矿等工业废水中含有这些有害物质,在有这些工业的山区和农村的地上水源如小河、排灌水渠等,存在着被重金属等污染的可能。此外还有雨水冲刷流入河中的分解较慢的有机氯类农药残留物。因此,不宜使用非饮用水栽培食用菌。我国南北方栽培的姬松茸(巴西蘑菇)中重金属含量大不相同,也说明了这一点。

3.土壤。土壤对食用菌生长发育的影响不像对作物那样举足轻重,因为土壤不是食用菌的营养源。但是,有些种类子实体的形成必须覆土,如双孢蘑菇、大肥菇、姬松茸、鸡腿菇、灰树花、酒红球盖菇等。对那些子实体形成不需要覆土的种类,覆土也具有显著的增产和延续生长的作用。因此,在食用菌栽培中,不需要覆土的种类也常采取覆土增产措施,如平菇、鲍鱼菇、白灵侧耳等。

覆土在食用菌的子实体发生期能提高产量,其主要作用机理可能在于以下5点:①增加保水性;②造成菌体与外界的二氧化碳浓度差,刺激出菇;③土壤中的一些微生物刺激子实体形成;④土壤中的微量元素可能利于出菇;⑤便于补肥增加营养。

覆土后的出菇期管理,外来水源将被直接吸入覆土层,然后再被菌体吸收。因此,覆土材料的污染状况直接影响食用菌的食用安全性。与食用菌食用安全性关系最为密切的是覆土中的重金属和农药残留物。

第一,重金属。按元素周期表,密度大于5的金属为重金属,共38种,其中易对土壤造成污染的有12种,镉(Cd)、铬(Cr)、钴(Co)、铜(Cu)、铁(Fe)、汞(Hg)、锰(Mn)、钼(Mo)、镍(Ni)、铅(Pb)、锡(Sn)和锌(Zn)。目前对食品中做出含量规定的重金属主要有镉(Cd)、铬(Cr)、汞(Hg)和铅(Pb),此外还有砷(As)。

未受污染的土壤上述重金属含量都很低,如镉(Cd)在地壳中的平均浓度为0.15毫克/千克,铅(Pb)在农业土壤中的含量30毫克/千克左右。但是,近年由于工业废水和农药对土壤的污染,土壤重金属含量在增加,特别是常作为覆土材料的河泥和菜园土常污染严重。如上海蚂蚁浜地区个别田地土壤含镉量高达1.441毫克/千克。因此,覆土材料不可随便取用,应符合我国土壤环境质量标准规定的二级要求,具体指标为:镉的含量不超过0.3毫克/千克,汞的含量为0.3~0.5毫克/千克,砷的含量为25~30毫克/千克(水田)、30~40毫克/千克(旱地),铜的含量为50~100毫克/千克,铅的含量为250~300毫克/千克,铬的含量为250~300毫克/千克(水田)、150~200毫克/千克(旱地),锌的含量为200~250毫克/千克,镍的含量为40~50毫克/千克,六六六的含量不超过0.5毫克/千克,滴滴涕的含量不超过0.5毫克/千克。

第二,农药残留物。农药残留物主要有两大类:一类是重金属及其化合物,如含汞的杀菌剂类和含砷的杀菌剂类;另一类是有机氯、有机磷类杀虫剂,特别是有机氯类农药不易在环境中分解,半衰期长,对土壤的污染程度远远大于有机磷类杀虫剂。我国制订的食品卫生指标中有机氯农药残留是必须测定的项目,食用菌卫生标准中也有规定。此外,近期修订的食用菌卫生标准还将对有机磷和其他农药残留作出规定。

4.培养基质。食用菌自身的养分完全来自培养基质,培养基质的理化性状直接影响食用菌的产品质量。与食物安全关系较密切的关键点不在于培养基质的种类,而在于基质的内在安全质量,如生长环境造成的农药残留量、重金属含量等。栽培基质使用合理,可有效地降低食用菌产品中的重金属含量,相反,也能使产品中重金属超标。如厩肥较各种农作物秸秆及木屑的重金属含量高,过量使用时食用菌产品重金属含量也高。常用的过磷酸钙常有镉的污染,使用过多时易被食用菌大量富集。因此,我们建议用磷酸二氢钾取代过磷酸钙作磷肥,减少食用菌产品中镉(Cd)的富集。

（二）生产环境

较大田作物而言，食用菌生长发育主要在小环境——园艺设施内完成，受外界环境如温度、湿度、光照等的影响较大田作物小得多。那么，这种小环境对其生长发育就更为重要，也是其生长发育的决定因素。然而，食用菌属于进化程度低于高等植物的真菌，受自然环境的影响远大于高等植物。同时，其特有的生长发育和生产特点又造就了其特殊的生态小环境。

1.场所外环境。这包括生产场地周围地势、卫生状况、污染源的有无等综合环境质量，这些因素都直接影响食用菌产品质量。

第一，地势。食用菌栽培场要求地势平坦，以利于通风、控制杂菌并利于排水，避免涝灾和减少病虫源。

第二，环境卫生。远离一切产生虫源、粉尘、化学污染物等的场所，以减少杀虫剂的使用，确保产品卫生，避免化学污染。产生虫源的场所主要有禽畜场、堆肥场、垃圾站等，产生粉尘污染的主要有矿业工厂（如石灰厂、煤矿等）、木材加工厂等，产生化学污染的有各类化工厂、印染厂、制革厂、皮毛厂等。

2.场所内生态小环境。场所内生态小环境是当地气候和食用菌生长发育二者共同相互作用形成的。由于食用菌生长发育的整个过程都处于设施内，因此，食用菌生长发育及其所需的环境条件在场所内生态小环境的形成中起主导作用。这种小环境的特点是温差小、湿度大、光照少，利于病虫害少发生，这是食用菌生长发育和生产特点所决定的。栽培管理的最终目标是创造利于食用菌生长发育的环境，减少和控制病虫害发生，获得稳产高产优质的产品。在温度、湿度、光照和菇房通风这四大管理调节的要素中，与病虫害发生和控制关系最为密切的因子是湿度。因此，在场所内生态小环境的控制中重点是湿度，以减少农药的使用，保证食品安全。

四、无公害优质食用菌的生产场所和设施

生产场所的设计、建造和设施的安装使用是否科学合理，直接影响

栽培技术的实施,影响产品的产量和品质,从而影响生产效益。场所设计建造合理,设施安装使用科学,生产效益事半功倍;反之,事倍功半。生产场所和设施建造安装应遵守以下原则。

第一,利于创造食用菌生长发育的环境条件。食用菌生长发育的环境条件主要是温度、大气相对湿度、光照和通风,不论采用哪类菇房,都要利于这四大要素的人工调控。

第二,利于病虫害的控制。这主要体现在菇房要大小适当,以便于病杂菌或虫害发生时的处理。另外,与外界条件直接交换处如门、窗、通风孔等要安装窗纱,以阻止外来虫源进入。

第三,便于操作和提高工作效率。适宜的菇房和设施,使人出入方便,运输顺畅,操作自如,工作效率高。如通道平坦无障,宽窄适度,床架高度和层距适中,都便于货物的运出,便于操作,提高工作效率。

五、无公害优质食用菌的基质

食用菌栽培基质以植物残体如秸秆、皮壳、木屑等为主,有的添加较大量的牛马粪等有机肥,添加少量氮肥、磷肥和钾肥及少量无机盐类。基质中的各种成分都对食用菌品质有影响,不同的配方还影响杂菌的发生,从而影响到农药的使用,进而影响食用菌子实体内农药的残留量。另外,基质的安全状态也直接影响食用菌的食用安全性,因为食用菌有较强的重金属富集能力,基质中如果重金属含量过高,将直接影响食用菌的重金属含量。

六、无公害优质食用菌的栽培管理技术

栽培管理技术直接影响食用菌的生长发育,影响病虫害的发生,从而影响食用菌的品质和食用安全性。栽培管理技术包括的内容繁多,与安全、优质和高效密切相关。这涉及场所的处理、品种的使用、品种性状的了解、科学合理的培养料配方和含水量及 pH、覆土材料的选择处理和覆土方法、菇房环境条件的控制方法及其病杂虫害的预防和综合防治等诸多环节,这里仅原则性地介绍栽培技术与食用菌产品质量控

制的关系。广义的栽培技术是指从备料开始经拌料、分袋、灭菌、接种、发菌、出菇直至采收的整个过程的技术处理和方法。

1.原料与栽培效果。食用菌生产的具体实施是完成设施基本建设后从备料开始的。原料选择不当,将导致产品风味下降,直接影响栽培效果。原料不够干燥时极易霉变,造成灭菌困难,增加能源消耗,也不利于食用菌生长。霉变严重者甚至可造成食用菌不能生长。

2.培养基制备与栽培效果。培养基制备包括拌料、分装和灭菌,无论哪一环节技术不完全到位,都会导致不良后果。如果拌料干湿不均,可造成灭菌不彻底,菌丝生长不均匀;分装时装料过松出菇不好,子实体个体较小;装料过紧透气性差,发菌困难。水分过大增大污染率;灭菌升温过慢也易造成灭菌不彻底,出现大量污染;甚至搬运不当都会使污染率大增。这些都会导致农药的使用量增加,造成产品农药残留的可能性增大。在实际生产中常通过培养基的科学制备达到高产优质高效。如双孢蘑菇栽培中的二次发酵有效地提高了单产,香菇和平菇培养料的预发酵可有效缩短灭菌时间,提高灭菌效果,节约能源;高温季节接种时香菇的免糖和低水培养料配方可有效降低污染率;增加石灰用量提高培养料pH可有效地控制平菇生料栽培的污染。

3.接种与栽培效果。规范的接种操作可将污染率降至最低,使用优良品种、优质菌种,适当加大接种量都可有效地减少污染发生,减少农药的使用。

4.发菌条件控制与栽培效果。发菌期间给予适宜的环境条件,一方面利于菌丝的生长,利于菌体内养分的积累,为以后大量子实体的产生奠定了物质基础;另一方面还可有效地预防污染,提高成品率,提高食用菌产品产量和品质。如果发菌期大气相对湿度大,温度高,通风不良,污染率会大大增加,因而使用农药控制污染的概率增加,不利于食品安全的保证。发菌期温度过低,显然利于控制污染,但影响子实体质量,如香菇发菌期温度不够,常出现畸形菇。

5.出菇期环境条件控制与栽培效果。菇房的温度、湿度、通风、光照等都直接影响栽培效果,诸因子综合作用于食用菌的产量和品质。就一般而论,温度高于适宜温度,子实体生长加快,但品质下降,表现为菌盖变薄,菌柄变长,组织疏松,易破碎;湿度高于适宜湿度时,特别是高度恒湿情况下,菇质疏松,甚至畸形,且利于病杂菌和害虫的发生;光照也直接影响子实体菌盖的大小、柄的长短和色泽,就多数食用菌而言,适量的光照使菌盖增大,菌肉变厚,组织紧密,菌柄变短,色泽加深,菇体健壮,口感和风味都得到提高,光照不足则与此相反。从出菇期管理的规律上看,要获得优质子实体,主要应控制以下四点:①略低于子实体生长的适宜温度;②干湿相间的变湿环境,避免高度恒湿;③通风良好;④适宜的光照。

做好以上几点,不但利于子实体生长,还可有效控制病杂菌和虫害的发生,减少或避免农药的使用,保证食品安全,生产出绿色食品,获取好的经济效益。

七、无公害优质食用菌的加工贮藏和运输

食用菌采收后上市前仅是产品。获得了优质产品只是获得高效的前提,不等于一定可以获得高效。目前食用菌的产品形式除鲜品外,还有干品、盐渍品和罐头等初加工产品。鲜品若贮藏和运输不当,商品质量大大下降,如草菇的开伞、平菇的破碎、香菇的褐变。干品若干制设施设计不合理,干制工艺不当,食用菌会丧失应有的色泽或外观,丧失应有的风味。如香菇干制工艺不合理时,菌褶倒伏断裂,香味不足,猴头会菌刺褐变。盐渍工艺不妥时,金针菇菌柄会发生褐变,双孢蘑菇菇体变黄或灰色。制罐工艺不合理时,香菇和草菇罐头口感都会变得非常绵软,罐汤浑浊。诸如此类,使好产品不能变成好商品,经济效益大大降低。因此,生产优质食用菌需要环环扣紧,要获得高效环环都不可错。

八、无公害优质食用菌的环境管理

食用菌的生产环境,不论是场所外环境还是场所内环境,都需科学

严格地管理,否则环境将日益恶化。按照自然界食物链形成的规律,有了食用菌,必然就会滋生以食用菌为食物的生物,如各种病原菌、杂菌、害虫等。实际生产中也确实如此,一旦控制不好,扩展迅速,甚至会迫使菇场关闭。因此,环境管理至关重要,特别是规模集约栽培的菇场应制订环境控制制度和规范。

环境管理主要应做到以下四点:①环境卫生。勤清理、勤打扫、勤消毒、勤灭虫,环境卫生制度化;②污染物处理。及时拣出污染物并保持封闭状态,不随便丢弃,采取深埋、灭菌或远离回田等阻断扩散的措施处理;③种菇后废料处理。及时清除和灭虫,发酵消毒,防止病杂菌和害虫扩散;④定期检测环境质量(见表8-4)。

表8-4 几种食用菌产品保鲜防腐剂限定用量

物质名称	限定用量	使用方法
氯化钠(食盐)	0.3%～0.6%	浸泡鲜菇10分钟
氯化钠+氯化钙	0.2%+0.1%	浸泡鲜菇30分钟
L-抗坏血酸液	0.1%	喷鲜菇表面至湿润或注罐
L-抗坏血酸液+柠檬酸	0.5%+0.02%	浸泡鲜菇10～20分钟
稀盐酸	0.05%	漂洗鲜菇体
亚硫酸钠	0.1%～0.2%	漂洗和浸泡鲜菇10分钟
苯甲酸钠(安息香钠)	0.02%～0.03%	作汤汁注入罐、桶中
山梨酸钠	0.05%～0.1%	作汤汁注入罐、桶中
冷水	15℃以下	浸泡鲜菇(及时加工)
γ-射线照射剂量	(250～400)×10^3拉德	鲜菇及产品在放射源前通过
Co-60射线照射剂量	5万～10万拉德	鲜菇及产品在放射源前通过

参考文献

[1]黄来年.中国食用菌百科[M].北京:农业出版社,1993.

[2]李志超,杨姗姗.食药用菌生产与消费指南[M].北京:中国农业出版社,1997.

[3]罗信昌,王家清,王汝才,等.食用菌病虫杂菌及防治[M].北京:中国农业出版社,1994.

[4]卯晓岚.中国大型真菌[M].郑州:河南科学技术出版社,2000.

[5]谢宝贵,吕作舟,江玉姬.食用菌贮藏与加工实用技术[M].北京:中国农业出版社,1994.

[6]严鸿,张竹青,严奉伟.球盖菇杏鲍菇鲍鱼菇[M].北京:科学技术文献出版社,2002.

[7]严泽湘,刘健仙,张家富,等.30种珍稀食药用菌栽培与加工[M].成都:四川科学技术出版社,2001.

[8]杨新美.中国食用菌栽培学[M].北京:农业出版社,1988.

[9]中国食用菌协会.18种珍稀美味食用菌栽培[M].北京:中国农业出版社,1997.